U0240302

电路基础

主　编　刘宗行
副主编　颜　芳
编　者　刘宗行　颜　芳　方　敏　宋焱翼

重庆大学出版社

内容提要

本书按照"教育部高等学校电子信息科学与电气信息类基础课程教学指导分委员会"2004 年制订的"电路理论基础课程教学基本要求"和"电路分析基础课程教学基本要求"选编全书的内容,着重于课程教学基本要求中的基本内容。

全书分 8 章,内容有:电路模型和电路定律、电路分析方法和电路定理、正弦电流电路的分析、含耦合电感元件的电路和三相电路、二端口网络、电路的频率特性、线性动态电路暂态过程的时域分析、线性动态电路暂态过程的复频域分析。书末附有习题答案。

本书适合于普通高等学校电气、电子、通信、自动化等电气信息类专业作为电路课程的教材使用,也可供有关科技人员参考。

图书在版编目(CIP)数据

电路基础/刘宗行主编.—重庆:重庆大学出版社,2013.2(2020.2 重印)

ISBN 978-7-5624-7230-8

Ⅰ.①电… Ⅱ.①刘… Ⅲ.①电路理论—高等学校—教材 Ⅳ.①TM13

中国版本图书馆 CIP 数据核字(2013)第 026151 号

高等学校用书

电路基础

主 编 刘宗行
副主编 颜 芳
策划编辑 王 勇
责任编辑:王 勇 版式设计:黄梭棚
责任校对:陈 力 责任印制:赵 晟

*

重庆大学出版社出版发行
出版人:饶帮华
社址:重庆市沙坪坝区大学城西路 21 号
邮编:401331
电话:(023)88617190 88617185(中小学)
传真:(023)88617186 88617166
网址:http://www.cqup.com.cn
邮箱:fxk@cqup.com.cn(营销中心)
全国新华书店经销
POD:重庆新生代彩印技术有限公司

*

开本:787mm×1092mm 1/16 印张:19.25 字数:480 千
2013 年 2 月第 1 版 2020 年 2 月第 2 次印刷
ISBN 978-7-5624-7230-8 定价:39.00 元

前言

电路课程是高等学校电气信息类专业的重要基础课,是电类专业学生的必修课。1985年教育部委托"工科电工课程教学指导委员会"制订了"高等工业学校电路课程教学基本要求"(参考学时:130～160学时)、"高等工业学校电路分析基础课程教学基本要求"(参考学时:90～120学时),将教学内容分为甲、乙两类,甲类内容要求深刻理解、牢固掌握,乙类内容要求理解、掌握。随着电气信息类专业人才培养方案和教学内容课程体系改革的不断深入,电路课程的教学内容和学时都在不断地变革。1995年"电工课程教学指导委员会"曾对课程教学基本要求进行了修订。2005年"教育部高等学校电子信息与电气学科教学指导委员会电子信息科学与电气信息类基础课程教学指导分委员会"又重新制订了"电路理论基础课程教学基本要求"和"电路分析基础课程教学基本要求",将教学内容分为基本内容和扩展内容。近20多年来,尽管电路课程的教学内容以及部分知识点讲述的深度都有一定的变化,但从整体上讲,其基本内容是相对稳定的,而学时数已经减少。如何在有限的学时内使学生牢固地掌握电路理论的基本知识、基本理论、基本方法是承担电路课程的教师所面临的课题。

作为电子信息科学与电气信息类专业基础课程,其主要任务是通过课程的学习,使学生掌握电路理论的基本知识、基本理论和分析电路的基本方法,为后续课程准备必要的电路理论知识。在内容的选择和整体安排上,根据课程教学基本要求,本书力求削枝强干,着力于基本内容。全书以线性电路的分析的内容为主,分8章。第一章讲述电路模型和电路定律;第二章讲述电路分析方法和电路定理;第三章讲述正弦电流电路的分析;第四章讲述含耦合电感的电路和三相电路;第五章讲述二端口网络;第六章讲述电路的频率特性;第七章讲述线性动态电路的时域分析;第八章讲述线性动态电路的复频域分析。

在内容的安排上本书采用了先稳态,后暂态。随着教育教学改革的不断深化,在一些专业的人才培养方案中,电路课程已经安排在一年级第二学期。先稳态,后暂态的安排可以保障学生在高等数学课程讲授常系数线性微分方程内容以后再学习动态电路,使学生有足够的数学基础。在讲授电路的基本分析方法和电路定理之后,接着讲述正弦电流电路的分析,在内容的承前启后上也是有利的。在线性动态电路的时域分析之后接着安排复频域分析,内容的联系更为紧密,有利于学生的学习。

基于教学内容在课程体系中整体优化的考虑,状态变量分析的内容归入"信号与系统""自动控制原理"课程。含有运算放大器的电路的分析仍然归入"模拟电子技术"课程之中。减少课程之间的内容重复,有利于用有限的学时来阐述本课程的基本内容。基于着重基本内容的考虑,本书未过多地涉及网络图论、电路方程的矩阵形式等内容。

本书的编写尽力着眼于对学生学习的适应性。教材的读者主要是学生,学生是学习的主体,使教材更有助于学生的学习是编者努力的目标。在内容的表述上本书力求深入浅出,将基本概念、基本理论、基本方法讲清讲透;对一些难点内容(例如含耦合电感元件的电路的分析、动态电路的分析),适当增加篇幅,阐述得细一点,增加例题,便于学生阅读和理解;同一个例题从不同的角度去阐述,用不同的方法去求解,让学生能更深刻地理解、更好地掌握基本内容。

本书的第一、二、三、四章由刘宗行执笔,第五章由宋焱翼执笔,第六章的后半部分和第七章由颜芳执笔,第七章的前半部分和第八章由方敏执行。颜芳选编了各章的习题并承担了大量的绘图工作。全书由刘宗行统稿、定稿。

在本书的编写过程中,重庆大学通信工程学院给予了很多支持。李新科、雷剑梅对本书提出了有益的建议。重庆大学电气工程学院谭邦定教授对本书提出了宝贵的修改意见,作者深表谢意。限于编者的水平,书中难免存在错误和不妥之处,敬请读者批评指正。意见请寄重庆大学通信工程学院(邮编400044),电子邮件至 yanfang@cqu.edu.cn。

编 者

2012 年 10 月

目录

绪论

　　人类的活动已经无法离开电。可以毫不夸张地说,在当今世界,如果没有电,人类的社会生活是无法想象的。电是一种使用非常方便的能量,为了实现电能传输、分配的延绵数百千米的电力线路,为了利用电能而设计、制造的各种电气装置及设备无处不见。电又是一种信息的载体,实现信息获取、信息处理的电子系统,由电子器件、电气部件等构成的各种自动控制系统,已经深入到人类活动的各个领域。

　　大到延绵数百千米的输电线路,小到由电子元器件组成的电子线路以及在半导体材料上制造的各种集成电路等,都是实际的电路。这些实际电路是由各种电子器件、电气部件相互连接而成的,具有某种特定功能。实际电路尽管形式多样、功能各异,但它们的工作情况总是用电路中的电流、电压、电荷量、磁通量以及功率、能量等物理量来描述,都遵循一些共同的规律,这种共同的规律正是电路理论所要研究的内容。

　　电路理论以分析电路中的电磁现象,研究电路的基本规律以及电路的分析与设计方法为主要内容。电路理论所涉及的内容曾经是物理学中电磁学的一个分支,由于电力工程、电子工程、通信工程、控制工程及系统理论的迅速发展,促进了电路理论的不断完善和丰富,至20世纪30年代发展成为一门独立的学科。

　　20世纪以来,电力网络的复杂性的增加使得电力网络的分析、潮流计算等需要用电路理论的观点来研究与电路理论紧密地结合,电路理论所提供的电路分析方法是电力系统分析的坚实基础。电子工程、通信工程、控制工程的发展,技术的更新更是日新月异,在电子电路分析、电路频率特性的研究、集成电路设计中,电路理论所给出的诸如直流电路分析、交流电路分析、动态电路分析等手段成为电路分析和设计的有力支撑。与此同时,新型电子器件的不断出现使得电路理论中的电路元件的种类不断地丰富。系统理论的概括性和抽象方法对电路理论的渗透也给电路理论注入了新的内容。计算机科学的发展及计算机技术的广泛应用为大规模电路的分析提供了强有力的工具,促进了电路理论的发展和内容的更新。

作为基础理论学科的电路理论与诸多工程学科有着紧密的联系,并相互融合。工程学科的成就丰富了电路理论的内容,电路理论的发展及其所取得的成果又促进了电力工程、电子工程、通信工程等领域相关技术的不断进步。电路理论是电工学科与电子科学的重要基础理论之一,是电子工程师、电气工程师必备的基础理论知识。有鉴于此,电路课程成为电子科学与技术、通信工程、电子信息工程、计算机科学与技术、电气工程及其自动化、自动化、生物医学工程等电气信息类专业的必修课,也是电类专业学生学习后续的"信号与系统""模拟电子技术""自动控制理论"等课程的基础。

在电路理论中,电路分析与电路综合是两个主要的部分。电路分析问题一般是已经确定了电路的结构和各元件的参数,要求分析和确定电路的特性。电路综合问题正好相反,要求设计者根据所提出的性能指标要求,设计出电路并使其性能指标能达到规定的要求。分析是设计的基础,设计出的电路也需要通过分析来检验是否符合要求,电路分析是电路综合的基础。

数学知识是学习电路理论必不可少的工具,微积分、微分方程、线性代数、傅立叶级数、复数等相关知识是学习本课程所必备的。同时,具备物理学中的电磁学的基础知识对于学习本课程也是十分有益的。

电路模型和电路定律

本章介绍建立实际电路模型的若干理想元件,包括电阻元件、电容元件、电感元件、独立源、受控源。基尔霍夫定律描述了电路中的各元件电流之间的约束关系、各元件电压之间的约束关系。

1-1　电路和电路模型

在有电流通过的实际电路中,总伴随着电场能、磁场能、热能、机械能等能量的相互转换。为了模拟实际电路中所发生的电磁现象,在电路理论中引入了各种抽象的理想元件。一种理想元件近似地描述实际器件或电路的某一种物理性质,每一种理想元件的特性都有精确的定义和数学描述,用这些理想元件作为基本的构造单元构成实际电路的模型。由理想元件相互连接而成的,作为实际电路的模型电路即电路理论中所指的电路。在电路理论中,电路又称为电网络,简称网络。

在多数情况下,实际电路中所发生的电磁现象是复杂的,要想精准地描述这些电磁现象是困难的。在电磁学中导出了电路的三种参数:电阻、电容、电感。理论和实验研究的结果表明,当电路部件及电路的尺寸远小于工作的电磁信号的波长时,电路参数的分布性对电路性能的影响不那么明显,可以不考虑电路的空间尺寸而用集总的电阻、电容、电感作为电路的参数。有相当部分的实际电路都满足这样的条件,因而在上述集总假设的条件下,可以定义若干种理想的集总参数元件来构造这类电路的模型。一种理想的集总参数元件只描述一种电磁现象。由理想的集总参数元件相互连接而成的电路称为集总参数电路。在集总假设的前提条件下,电路中的电压和电流是时间的函数,而与空间坐标无关。就具有二个引出端子的二端集总参数元件而言,在任一时刻从一个端子流入的电流恒等于从另一个端子流出的电流,元件中的电流和两个端子之间的电压都具有完全确定的值,仅为时间的单值函数。当实际电路部件及电路尺寸可以与工作的电磁信号的波长相比较(一般认为当电路的最大尺寸大于等于 100 倍电磁信号波长)时,则不能作为集总参数电路处理,而应当作分布参数电路。本书只涉及集总参数电路,全部内容是在集总假设前提下论及的,所指的电路是由集总参数元件相互连接而成的集总参数电路,所指的电路元件是理想的集总参数元件。

为了建立实际器件和电路的模型,除了需要定义(集总)电阻元件、(集总)电容元件、(集总)电感元件以外,在电路理论中还定义了如电压源、电流源、受控源、耦合电感元件等理想元件。按照与外部连接的端子的数目,元件可分为二端、三端、四端元件等。每种元件都规定了相应的图形符号,用规定的图形符号和理想的连接导线可绘制电路图。部分电路元件的图形符号见表 1-1-1。

表 1-1-1　部分电路元件的图形符号

元件名称	元件的图形符号	元件名称	元件的图形符号
线性电阻元件	R	非线性电阻元件	$+\ u\ \ \ i\ -$
电压源	$+\ u_s\ -$	电流源	i_s
线性电容元件	C	线性电感元件	L
电压控电流源	u_1 　 gu_1	耦合电感元件	M 　 L_1 　 L_2

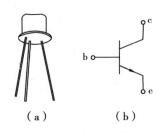

（a）　　　　（b）

图 1-1-1　晶体管外型及符号

以电子线路中的典型器件之一的 NPN 型晶体三极管为例,它的外型和在电子电路中所使用的图形符号如图 1-1-1(a)、(b)所示。根据电子学的研究结果,工作在放大区,在输入信号频率不高、幅度较小的条件下,用规定的理想元件的符号画出的晶体管电路模型如图 1-1-2(a)所示。在高频情况下,计及极间电容的电路模型如图 1-1-2(b)所示。在分析含有

NPN 型晶体管的电路时,需根据其实际的工作情况,分别选用图 1-1-2(a)或图 1-1-2(b) 的电路模型,按电路理论所提供的方法分析相应的电路。构造实际器件的电路模型属于 专门的建模问题,需要专门的知识,将由专门的专题去研究。

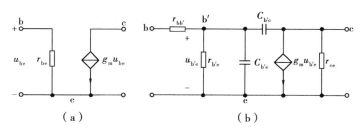

图 1-1-2 晶体管的电路模型

仅以简单的手电筒照明电路为例,图 1-1-3(a)的电气图表示了电池、开关、灯三个部件的连接关系。图 1-1-3(b)是手电筒照明电路的集总参数电路模型,用以模拟该照明电路中发生的电磁现象。电压源 u_s 和电阻元件 R_S 是电池的电路模型,u_s 是电压源,模拟作为电源的电池,R_s 模拟电池的内阻,电阻元件 R_L 模拟灯的电阻特性,反映电能转换为热能的现象,连接导线和开关 S 是理想的,导线和闭合(接通电路)的开关的电阻为零。

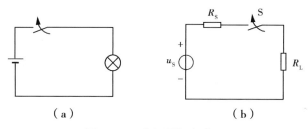

图 1-1-3 电气图与电路图

1-2 电路变量

电流、电压、电荷、磁通是电路中的基本变量。在本书中,时间的符号是 t,电流的符号是 i,电压的符号是 u,电荷[量]的符号是 Q,磁通[量]的符号是 ψ。当电流、电压为常量时,称为直流电流、直流电压,可分别用符号 I、U 表示。在国际单位制的 SI 基本单位中,时间的单位名称是秒,单位符号是 s;电流的单位名称是安[培],单位符号是 A。在 SI 导出单位中,电荷[量]的单位名称是库[仑],单位符号是 C;电压的单位名称是伏[特],单位符号是 V;磁通[量]的单位名称是韦[伯],单位符号是 Wb。

1-2-1 电流及其参考方向

大量的电荷作定向运动形成电流。为了表示电流的大小,在物理学中是这样规定电

流的:如果在 dt 时间内通过导体某一截面的电荷为 dq,则通过这一截面的电流为

$$i = \frac{dq}{dt}$$

基于历史的原因,将正电荷流动的方向规定为电流的方向。

如果电流的方向是随时间改变的,那么如何表示电流的实际方向呢? 即使电流的方向不随时间变化,当求解的电路较复杂时,往往也很难事先判断其电流的实际方向。为此,我们采用经典力学中引入一个参照系用以描述物体的空间位置的方法,在电路分析中引入了参考方向的概念。

用方框和与之相连接的两条端线表示一个二端元件如图 1-2-1 所示,a、b 是元件的两个端子。在端线上标以从 a 端子向 b 端子方向的箭头并在箭头旁标注 i(如图 1-2-1 所示),即表示指定的二端元件中的电流的参考方向是从 a 端子向 b 端子。

在指定了电流的参考方向以后,用代数量表示的电流的正、负有着明确的意义:正值的电流,其实际方向与参考方向一致;负值的电流,其实际方向与参考方向相反。以图 1-2-2 所示的二端元件为例,如果该元件中的电流为 2 A,其实际方向是从 a 端子流向 b 端子,图 1-2-2(a)中,电流的参考方向是从 a 端子向 b 端子,电流 $i = 2$ A 表示元件中的电流大小是 2 A,实际方向与参考方向相同,是从 a 端子流向 b 端子;图 1-2-2(b)中,电流的参考方向是从 b 端子向 a 端子,电流 $i = -2$ A 表示元件中的电流大小为 2 A,负值表明电流的实际方向与参考方向相反,即电流的实际方向是从 a 端子流向 b 端子。由此可见,用代数量表示的电流,根据所指定的参考方向,视其是正值还是负值即可确定该电流的实际方向。

图 1-2-1　二端元件电流 i 的参考方向　　　图 1-2-2　元件中的电流的表示方法

还可使用双下标的方法表示参考方向。对图 1-2-2(a)所示的元件电流还可表示为 $i_{ab} = 2$ A,双下标中,a 在前,b 在后即表示电流的参考方向是由 a 端子指向 b 端子;同理,对图 1-2-2(b),元件电流可表示为 $i_{ba} = -2$ A。显然,如果一个二端元件的两个端子为 a 和 b,在表示该元件中的电流时,应有 $i_{ab} = -i_{ba}$。

1-2-2　电压及其参考方向

在电磁学中,引入了电位能的概念,电荷在电场中一定的位置处具有一定的位能。电场中某点的电位在量值上等于放在该点处的单位正电荷的位能。电场中任意两点 a

和b的电位差也称为电压。a、b 两点间的电压 U_{ab} 在量值上等于电场力将单位正电荷 q 从 a 点移动到 b 点所做的功 W_{ab},即

$$U_{ab} = \frac{W_{ab}}{q}$$

在电场力作用下,正电荷从 a 点移动到达 b 点,位能减少,a 点为高电位点,b 点为低电位点,电压的方向是电位降的方向。

为了正确地表示电路中某两点间的电压 u,也需要指定电压的参考方向(或参考极性)。指定电压的参考方向用"＋""－"号来表示(如图 1-2-3 所示)。"＋"号表示指定的高电位点,"－"号表示指定的低电位点,电压的参考方向即由"＋"端子指向"－"端子。有时也用箭头(从"＋"端指向"－"端子)来表示电压的参考方向。在指定了电压的参考方向后,用代数量表示的电压的正、负值就有了明确的意义,电压为正值表示电压的实际方向与参考方向相同,即指定的高位点("＋")也是实际的高电位点;电压为负值表示电压的实际方向与参考方向相反,即指定的高位点("＋")为实际的低电位点。

图 1-2-4 所示的元件为一个电压是 1.5 V 的电源,电源电压的实际方向是从正极到负极,电源的正极接 a 端子,负极接 b 端子。如果指定 a、b 两点间电压 u 的参考方向如图 1-2-4(a)所示,因为元件电压 u 的实际方向与参考方向相同,所以 $u = 1.5$ V。在图 1-2-4(b)中,指定的电压参考方向是 b 端子为"＋",a 端子为"－",因为元件电压 u 的实际方向与参考方向相反,所以 $u = -1.5$ V。

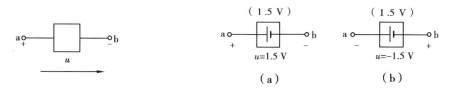

图 1-2-3　a、b 两点间的电压 u 的参考方向　　　图 1-2-4　元件电压的表示方法

用代数量表示的电压,根据所指定的参考方向,视其是正值还是负值即可表明该电压的实际方向。

电路中,某两点间的电压也可以用双下标表示。对图 1-2-4(a)所示元件电压可表示为 $u_{ab} = 1.5$ V,双下标中,a 在前,b 在后即表示 a 为指定的高电位点,b 为指定的低电位点;同理,图 1-2-4(b)中元件电压可表示为 $u_{ba} = -1.5$ V。如果一个二端元件的两个端子为 a 和 b,在表示该元件电压时,应有 $u_{ab} = -u_{ba}$。

电路中的电流、电压可以是时间的函数。例如日常生活中使用的各种电气设备,其工作电压、电流大多是随时间按正弦函数规律变化的。按照指定的参考方向,根据各个时刻电流、电压的值即可判断该时刻电流、电压的大小和实际方向。

参考方向的指定是事关紧要的,在电路分析中所需要建立的各种关系式都要依赖于所指定的电流和电压的参考方向。

同一个元件上的电流和电压的参考方向的指定可以是图1-2-5中的任一种。在图1-2-5(a)中,元件电流的参考方向为从指定的元件电压的高电位点指向低电位点,即电流和电压的参考方向是一致的,这种情况被称为元件电压和电流的

（a）关联参考方向　　（b）非关联参考方向

图 1-2-5　电压、电流的参考方向

参考方向是关联参考方向(或一致参考方向);在图1-2-5(b)中,元件电压和电流的参考方向不一致,是非关联参考方向。

表1-2-1列举了部分SI词头,用于构成有关物理量的十进倍数单位与分数单位。例如$1\ \mu A = 10^{-6} A$,$1\ kV = 10^3 V$。词头不得重叠使用,也不得单独使用。

词头符号和单位符号一律用正体字母,其字母的大、小应符合规定。

表 1-2-1　部分 SI 词头

因数	词头名称		符号	因数	词头名称		符号
10^9	吉	giga	G	10^{-6}	微	micro	μ
10^6	兆	mega	M	10^{-9}	纳（诺）	nano	n
10^3	千	kilo	k	10^{-12}	皮（可）	pico	p
10^{-3}	毫	milli	m				

1-3　电功率和能量

根据电流和电压的定义,可以得到电路中元件的功率的计算式。在电路中工作的元件有的是电源,它向电路输出功率;有的是负载,它从电路吸收功率。在引入了电流、电压的参考方向以后,电流、电压都是代数量,用电流和电压计算功率时,功率也成为代数量。

当二端元件的电压和电流为关联参考方向时(如图1-3-1所示),表示在元件中,正电荷沿电流的参考方向从高电位点(" + "号端子)移动到低电位点(" - "号端子),即电场力作功,正电荷释放能量,被元件吸收。在二端元件的电压和电流为关联参考方向的条件下,元件吸收的功率为

$$p = ui \qquad (1-3-1)$$

由于u和i是代数量,式(1-3-1)的计算结果有两种可能:

若 $p > 0$,元件确实是吸收功率;

若 $p < 0$,元件吸收的功率为负值,表明此时元件实际上是输出功率。

换句话说,在电流、电压取关联参考方向的条件下,计算元件的输出功率的计算式应为

$$p = -ui \qquad (1\text{-}3\text{-}2)$$

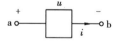

图 1-3-1　u、i 为关联参考方向

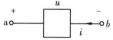

图 1-3-2　u、i 为非关联参考方向

当二端元件的电压和电流为非关联参考方向时(如图 1-3-2 所示),表示在元件中,正电荷沿电流的参考方向从低电位点("－"号端子)移动到高电位点("＋"号端子),即元件上非静电力作功,正电荷获得能量,元件向电路输出能量。故在二端元件的电压和电流为非关联参考方向的条件下,元件输出的功率为

$$p = ui \qquad (1\text{-}3\text{-}3)$$

式(1-3-3)的计算结果也有两种可能:

若 $p > 0$,即元件确实是输出功率;

若 $p < 0$,元件输出的功率为负值,表明此时元件实际上是吸收功率。

由此可见,在电流、电压为非关联参考方向的条件下,计算元件的吸收的功率的计算式应为

$$p = -ui \qquad (1\text{-}3\text{-}4)$$

在元件电压、电流为关联参考方向条件下,元件在 t_0 到 t 时间内吸收的能量为

$$W(t_0, t) = \int_{t_0}^{t} p(t')\,\mathrm{d}t' = \int_{t_0}^{t} u(t')i(t')\,\mathrm{d}t' \qquad (1\text{-}3\text{-}5)$$

在国际单位制中,功率的单位名称是瓦[特],符号是 W,$1\,\mathrm{W} = 1\,\mathrm{V} \times 1\,\mathrm{A}$。能量的单位名称是焦[耳],符号是 J。

例 1-3-1　求图 1-3-3 所示元件的功率,并确定该元件在电路中是电源还是负载。

解　图 1-3-3 (a) 所示的元件的电压 u 和电流 i 为关联参考方向,元件吸收的功率为 $p = ui = -1 \times 2 \times 10^{-3}\,\mathrm{W} = -2\,\mathrm{mW}$。元件吸收 $-2\,\mathrm{mW}$,即实际上元件输出功率 $2\,\mathrm{mW}$,元件是电源。

图 1-3-3(b) 所示的元件电压 u 和电流 i 为关联参考方向,元件吸收的功率为 $p = ui = 1 \times 2 \times 10^{-3}\,\mathrm{W} = 2\,\mathrm{mW}$。元件是负载。

图 1-3-3(c)所示的元件电压 u 和电流 i 为非关联参考方向,元件输出的功率为

$p = ui = 1 \times 2 \times 10^{-3} \text{ W} = 2 \text{ mW}$。元件是电源。

图 1-3-3(d)所示的元件电压 u 和电流 i 为非关联参考方向,元件输出的功率为

$p = ui = 1 \times (-2 \times 10^{-3}) \text{ W} = -2 \text{ mW}$。元件输出 -2 mW,即实际上元件吸收功率 2 mW,元件是负载。

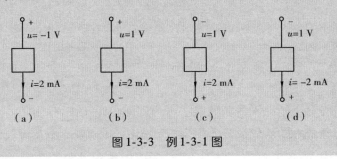

图 1-3-3 例 1-3-1 图

值得指出的是:由于电压和电流是代数量,因此电功率也是代数量。在分析或计算电功率时,首先应当根据电压和电流的参考方向确定所使用的功率计算式是计算元件吸收的功率还是输出的功率;然后再根据计算的结果是正值还是负值确定其实际的工作状况。

1-4 基尔霍夫定律

在由各种理想元件相互连接而成的电路中,元件之间的连接关系对元件中的电流、元件两端的电压构成了约束,这种只取决于元件相互连接关系的约束称为拓扑约束。基尔霍夫定律描述了相互连接的元件电流之间的约束关系和元件电压之间的约束关系。

为了叙述方便,先介绍表述电路结构的有关术语。

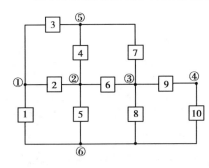

图 1-4-1 电路结构术语用图

支路——每一个二端元件称为一条支路。作为元件端线或连接线的理想导体不算作支路。在个别的情况下(会特别声明),连接两个端点的短接线被称短接支路。按上述定义,图 1-4-1 所示电路有 10 条支路。

节点——每条支路的端点称为节点。两条或两条以上的支路连接于一点,该连接点为一个节点。只连接两条支路的节点常被称为简单节点。图 1-4-1 所示的电路有 6 个节点。支路 1、5、8、10 连接到节点⑥。节点④是简单节点。

路径——在电路中,由 m 条支路依次连通 $m+1$ 个节点,除始端节点和终端节点只连接一条支路以外,其余节点均连接且只连接两条支路,这 m 条支路构成的通路称为路径。图 1-4-1 所示电路中,支路 3、4、6、8 依次连通节点①、⑤、②、③、⑥,构成一条路径。而支路 2、

6、8、5、4 依次连通节点①、②、③、⑥、②、⑤,虽然也构成了一条"通路",因为其中的节点②连接了 4 条支路,所以支路 2、6、8、5、4 不能算作路径。

回路——始端节点与终端节点重合的闭合路径称为回路。在图 1-4-1 中,支路 1、2、5,支路 1、2、6、8,支路 1、3、4、5,均构成回路。

基尔霍夫定律包括基尔霍夫电流电律和基尔霍夫电压定律,是集总电路的基本定律。

1-4-1　基尔霍夫电流定律

基尔霍夫电流定律(Kirchhoff's Current Law,KCL)描述了集总电路中连接于一个节点的各个支路电流之间的约束关系。定律的内容如下:

对于集总电路中的任一节点,在任一时刻,流入该节点的支路电流之和等于流出该节点的支路电流之和。

上面陈述中的"流入""流出"是对支路电流的参考方向与节点的关系而言的,即:支路电流的参考方向是指向该节点的为"流入";支路电流的参考方向是离开该节点的为"流出"。基尔霍夫电流定律是电荷移动时电荷量守恒的体现,是电流连续性原理的表现形式。图 1-4-2 为某电路的一部分,应用基尔霍夫电流定律可以解得未知的支路电流 i_4 和 i_6。对于节点①,根据基尔霍夫电流定律列出的关系式为

$$i_1 + i_2 = i_3 + i_4$$

可解得　　　　　$i_4 = i_1 + i_2 - i_3 = [0.1 + (-0.2) - (-0.3)]\,\text{A} = 0.2\,\text{A}$

对于节点②,根据基尔霍夫电流定律列出的关系式为

$$i_4 + i_5 = i_6$$

可解得　　　　　$i_6 = [0.2 + (-0.5)]\,\text{A} = -0.3\,\text{A}$

在电路分析中,电路中的各个支路电流大都是未知的,基尔霍夫电流定律的数学表达式实际上是以支路电流为未知量的代数方程,因此基尔霍夫电流定律可以换一种形式陈述。

对于集总电路中的任一节点,在任一时刻,流出(或流入)该节点的所有支路电流的代数和等于零。其数学表达式为

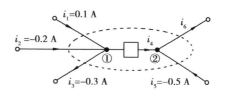

图 1-4-2　基尔霍夫电流定律的应用

$$\sum i = 0 \qquad\qquad (1\text{-}4\text{-}1)$$

上述方程称为基尔霍夫电流方程或节点电流方程。求和运算应包括连接到该节点的所有支路电流。"流入"是指支路电流参考方向指向该节点;"流出"是指支路电流参考方向离开该节点。"代数和"的含义是根据电流的参考方向是指向该节点还是离开该节点而确定支

路电流在和式中应取的符号,如果流出节点(参考方向离开节点)的支路电流在和式中取
"＋"号,则"流入"节点(参考方向指向节点)的支路电流在和式中取"－"号。

以图 1-4-2 所示电路为例,根据上述符号规则,支路电流 i_1、i_2 的参考方向指向节点①,
在和式中"－";支路电流 i_3、i_4 的参考方向离开节点①,在和式中取"＋"号。节点①按
照式(1-4-1)形式的基尔霍夫电流方程为

$$-i_1 - i_2 + i_3 + i_4 = 0$$

可解得 $\qquad i_4 = i_1 + i_2 - i_3 = [0.1 + (-0.2) - (-0.3)]\ A = 0.2\ A$

节点②的基尔霍夫电流方程为

$$-i_4 - i_5 + i_6 = 0$$

可解得 $\qquad i_6 = i_4 + i_5 = [0.2 + (-0.5)]\ A = -0.3\ A$

基尔霍夫电流定律也适用于电路中的任意一个闭合面(又称广义节点或超节点)。例
如在图 1-4-2 所示的电路中,设想一个包围①、②节点以及连接①、②节点的支路如图中虚
线表示的闭合面,该闭合面的基尔霍夫电流方程为

$$-i_1 - i_2 + i_3 - i_5 + i_6 = 0$$

显然,上式等于①、②两节点的基尔霍夫电流方程之和。

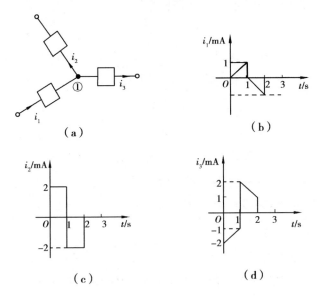

图 1-4-3　KCL 应用举例

需要再次提醒读者注意的是:式(1-4-1)中每一项电流 i 前面的"＋""－"号取决于该
支路电流的参考方向是离开节点还是指向节点;式中每一项电流 i 自身是正值还是负值取
决于该支路电流的实际方向与参考方向相同还是相反。以图 1-4-2 中虚线表示的闭合面的
基尔霍夫电流方程为例,5 项电流前面的"＋""－"号取决于支路电流的参考方向是离开闭

合面还是指向闭合面,参考方向离开闭合面的取"+"号,指向闭合面的取"-"号。5个支路电流自身有正、有负,分别为 $i_1 = 0.1$ A、$i_2 = -0.2$ A、$i_3 = -0.3$ A、$i_5 = -0.5$ A、$i_6 = -0.3$ A。将5个电流代入上式得

$$-0.1 - (-0.2) + (-0.3) - (-0.5) + (-0.3) = 0$$

例如,对于图 1-4-3(a)所示的节点①,如果已知支路电流 i_1 和 i_2 的波形图 1-4-3(b)和 1-4-3(c)所示,根据 KCL 可画出图 1-4-3(d)所示支路电流 i_3 的波形。

1-4-2 基尔霍夫电压定律

基尔霍夫电压定律(Kirchhoff's Voltage Law,KVL)描述了集总电路中构成回路的各个支路电压之间的约束关系。定律的内容如下:

对于集总电路中的任一回路,在任一时刻,构成该回路的所有支路的支路电压的代数和等于零。其数学表达式为

$$\sum u = 0 \qquad\qquad (1\text{-}4\text{-}2)$$

此式称为基尔霍夫电压方程或回路电压方程。求和运算应包括构成回路的所有支路的支路电压。列写上述方程需要先指定一个回路的绕行方向。支路电压的"代数和"是指:如果支路电压的参考方向与回路绕行通过该支路的方向一致,则该支路电压前面取"+"号;如果支路电压的参考方向与回路绕行通过该支路的方向相反,则该支路电压前面取"-"号。

基尔霍夫电压定律是电场力作功与路径无关的体现。

图 1-4-4 是某电路的一部分,已知 $u_1 = 6$ V,$u_2 = -3$ V,$u_3 = -1$ V,$u_5 = 5$ V,应用基尔霍夫电压定律可以求得未知的支路电压 u_4。图中的 1、2、3、4 支路构成回路,指定回路绕行方向如虚线所示。根据支路电压与回路绕行方向的关系,回路电压方程为

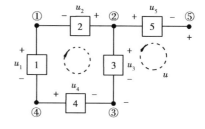

图 1-4-4 基尔霍夫电压定律的应用

$$-u_1 - u_2 + u_3 - u_4 = 0$$

式中,u_1、u_2、u_4 的参考方向与回路绕行通过该支路的方向相反,前面取"-"号;u_3 的参考方向与回路绕行通过该支路的方向相同,前面取"+"号。由上式可得

$$u_4 = -u_1 - u_2 + u_3 = \left[-6 - (-3) + (-1)\right] \text{ V} = -4 \text{ V}$$

与基尔霍夫电流方程相似,式(1-4-2)中也存在两种符号规则:每一项电压 u 前面的"+""-"号取决于支路电压 u 的参考方向与回路绕行方向相同还是相反;每一项电压 u 自身的正、负值取决于该支路电压的实际方向与参考方向相同还是相反。具体规则不再

赘述。

基尔霍夫电压定律也可用于假想的回路。在图 1-4-4 电路中,欲求节点⑤、③之间的电压 u,其参考方向如图所示。可以假想在节点⑤、③之间有一条断路的支路,其支路电压即为 u。对于由支路 3、5 及断路支路构成的假想回路,指定绕行方向如图 1-4-4 中的虚线所示。假想回路的电压方程为

$$u - u_3 + u_5 = 0$$

由上式可解得

$$u = u_3 - u_5 = (-1 - 5)\ \text{V} = -6\ \text{V}$$

基尔霍夫定律是电路的基本定律,是今后建立电路方程的基本依据。基尔霍夫定律所反映的支路电流之间的约束关系和支路电压之间的约束关系与元件的性质无关。也就是说,连接于一个节点的若干支路,无论它们是何种集总元件,KCL 总是成立的;构成回路的若干支路,无论它们是何种集总元件,KVL 也总是成立的。

1-5 电阻元件

在电路理论中,引入了电阻元件来构造实际电路和实际器件的模型。电阻元件是一类理想元件,它可以模拟电子线路中如电阻器、晶体二极管、三极管等器件的某一方面的特性,模拟诸如电阻加热炉、白炽灯、变阻器等电气设备中存在的电能转换为热能的现象。

一般地说,端电压 u 和流经它的电流 i 之间的关系可以表示为代数关系的元件称为电阻元件。对二端电阻元件而言,在任一瞬时,其端电压 u 和电流 i 之间的关系可用 $u—i$ 平面上的一条曲线表示。按照其 $u—i$ 特性是否是过原点的直线,可分为线性电阻元件和非线性电阻元件;按照其 $u—i$ 特性是否随时间变化,电阻元件可分为时变和非时变的。

1-5-1 线性电阻元件

在端电压 u 和电流 i 为关联参考方向条件下,电压 u 和电流 i 成正比的二端电阻元件称为线性电阻元件。线性电阻元件的符号如图 1-5-1(a)所示,R 是元件的参数——电阻,其值为正实常数。线性电阻的元件电压、电流关系如图 1-5-1(b)所示,是在第 1,3 象限内的过坐标原点的直线。

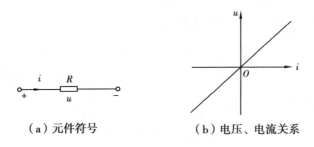

（a）元件符号　　　　　　　（b）电压、电流关系

图 1-5-1　线性电阻元件

在线性电阻元件的电压和电流为关联参考方向的条件下,其特性方程为

$$u = Ri \qquad\qquad (1\text{-}5\text{-}1)$$

或

$$i = Gu \qquad\qquad (1\text{-}5\text{-}2)$$

式中,G 是线性电阻元件的电导。对同一个线性电阻元件,电阻 R 与电导 G 互为倒数,即 $G = \dfrac{1}{R}$ 或 $R = \dfrac{1}{G}$。

在国际单位制中,电阻的单位名称是欧[姆],符号是 Ω;电导的单位名称是西[门子],符号是 S。

如果线性电阻元件的电压和电流为非关联参考方向(如图 1-5-2 所示),其电压电流的关系式应为

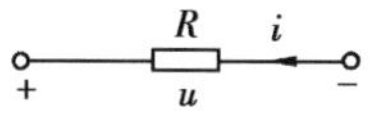

$$u = -Ri \qquad (1\text{-}5\text{-}3)$$

图 1-5-2 u、i 为非关联参考方向

或

$$i = -Gu \qquad (1\text{-}5\text{-}4)$$

线性电阻元件的参数 R 的值可以从 0 至 ∞。电阻等于零的线性电阻元件,无论电流为何值,其端电压恒为零,该元件相当于一条短接线(如图 1-5-3 所示);电阻为无限大($G = 0$)的电阻元件,其电流恒为零,该元件相当于断路线(如图 1-5-4 所示)。

图 1-5-3 $R = 0$ 的线性电阻元件相当于短接线

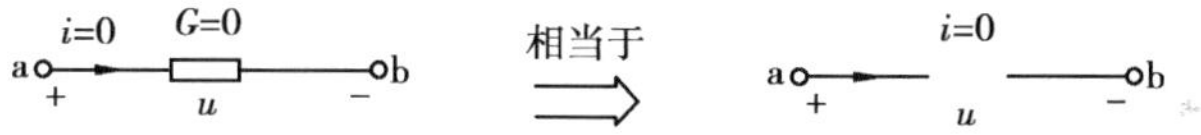

图 1-5-4 $G = 0$ 的线性电阻元件相当于断路

在元件电压和电流为关联参考方向情况下,线性电阻元件吸收的功率为

$$p = ui = Ri^2 \qquad\qquad (1\text{-}5\text{-}5)$$

由上式可知,具有正值的线性电阻元件吸收的功率是非负的,也就是说它只能从电路中吸收能量,因此线性电阻元件是一种无源元件。

例 1.5.1 图 1-5-2 所示线性电阻元件,已知 $R = 1\ \text{k}\Omega$,$i = 2\ \text{mA}$,试求该线性电阻元件的电压 u 和吸收的功率。

解 元件电压 u 和电流 i 为非关联参考方向,根据线性电阻元件的电压电流关系,得

$$u = -Ri = -1 \times 10^3 \times 2 \times 10^{-3}\ \text{V} = -2\ \text{V}$$

电阻元件吸收的功率为

$$p = -ui = -(-2) \times (2 \times 10^{-3})\ \text{W} = 4 \times 10^{-3}\ \text{W} = 4\ \text{mW}$$

计算元件吸收的功率的解法之二

$$p = Ri^2 = 1 \times 10^3 \times (2 \times 10^{-3})^2 \text{W} = 4 \times 10^{-3} \text{W}$$

线性电阻元件是一种理想元件,元件中的电流可以是无限的。在电子线路中实际使用的电阻器的工作电流是有限制的,为了保证电阻器的正常工作,不仅要注意其电阻值,还要注意在电阻器上所标明的额定功率。在额定功率的条件下,可以用线性电阻元件作为电阻器的电路模型。

为了便于叙述,在本书中除非特别声明,线性电阻元件被简称为电阻元件。

1-5-2 非线性电阻元件

u—i 特性不能用通过坐标原点的直线来表示的电阻元件称为非线性电阻元件。非线性电阻元件的符号如图 1-5-5 所示。用非线性电阻元件描述像 PN 结一类的 u—i 单值函数关系时,其 u—i 方程为

$$i = f(u) \tag{1-5-6}$$

构成晶体二极管和晶体三极管的 PN 结的 u—i 特性曲线如图 1-5-6 所示,其 u—i 特性的表达式为

$$i = I_s(\mathrm{e}^{\frac{u}{v_o}} - 1)$$

上式中,I_s 和 v_o 决定于具体的 PN 结,其典型值为 $I_s = 10^{-9} \sim 10^{-16} \text{A}$,$v_o = 26 \text{ mV}$。

对于非线性电阻元件可以引入静态电阻和动态电阻的概念。以图 1-5-6 所示的 PN 结的 u—i 特性为例,当 $u = u^*$ 时,$i = i^* = f(u^*)$。如果称 u—i 特性曲线上的点 $[u^*, f(u^*)]$ 为 Q 点,则定义 Q 点的静态电阻为

$$R_Q = \frac{u^*}{i^*}$$

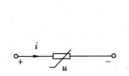

图 1-5-5　非线性电阻元件

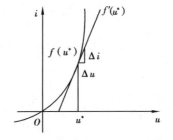

图 1-5-6　PN 结 u—i 特性曲线

如果在 PN 结的电压 u^* 上加一个小的增量 Δu,电流 i^* 也将有一个小的增量 Δi。电子电路通常都是工作在这种小信号的条件下。根据非线性电阻元件的 u—i 特性,有

$$i^* = f(u^*) \tag{1-5-7}$$

$$i^* + \Delta i = f(u^* + \Delta u) \tag{1-5-8}$$

应用泰勒级数将式(1-5-8)中的$f(u^* + \Delta u)$在u^*处展开并略去二阶以上的导数项得

$$i^* + \Delta i \approx f(u^*) + f'(u^*)\Delta u \tag{1-5-9}$$

比较式(1-5-7)与式(1-5-9)有

$$\Delta i = f'(u^*)\Delta u \tag{1-5-10}$$

或

$$\Delta u = \frac{1}{f'(u^*)}\Delta i \tag{1-5-11}$$

定义

$$G_d = \frac{di}{du} \quad 和 \quad R_d = \frac{du}{di}$$

分别为非线性电阻元件的动态电导和动态电阻。在式(1-5-10)中，$f'(u^*)$即为非线性电阻元件在 Q 点的动态电导；在式(1-5-11)中，$1/f'(u^*)$即为非线性电阻元件在 Q 点的动态电阻。在电子电路中，上述"小信号电阻"被用来构造晶体二极管、晶体三极管的小信号模型。

1-6　独立源

在实际电路中使用的电源是能量或信号的来源。在电路理论中引入了独立源，用独立源与其他元件的组合可以模拟实际电源的特性。独立电源是一种理想元件，根据其元件特性又分为电压源和电流源。

1-6-1　电压源

电压源是一类二端元件，其端电压能保证为给定的函数，与通过它的电流无关。电压源的符号如图 1-6-1(a)所示，图中u_S为电压源的电压。根据指定的支路电压 u 的参考方向，有

$$u = u_S \tag{1-6-1}$$

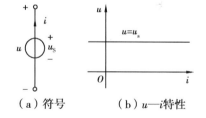

（a）符号　　（b）u—i特性

图 1-6-1　电压源的符号及其 u—i 特性

电压源的u—i特性如图 1-6-1(b)所示，是一条平行于 i 轴且纵坐标为 u_S 的直线。该特性曲线表明：电压源的端电压与流过它的电流无关。

电压源的电压可以是各种给定的时间函数，例如随时间按正弦规律变化的正弦函数以及三角波、方波等。当电压源的电压为常量时常被称为直流电压源。电压等于零的电压源相当于一条短接线，其u—i特性曲线与 i 轴重合，如图 1-6-2 所示。

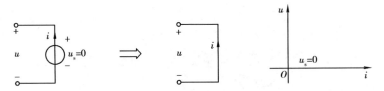

图 1-6-2 电压等于零的电压源

例 1-6-1 求图 1-6-3 所示电路中的电流 i 和电压源输出的功率。

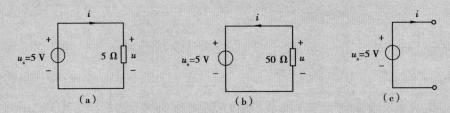

图 1-6-3 例 1-6-1 图

解 对于图 1-6-3(a) 所示电路, 应用 KVL 可得 $u = 5$ V。根据电阻元件的电压、电流关系可得

$$i = \frac{u}{R} = \frac{5}{5} \text{A} = 1 \text{ A}$$

对电压源而言, 电压 u_s 和电流 i 是非关联参考方向, 电压源输出的功率为

$$p = u_s i = 5 \times 1 \text{ W} = 5 \text{ W}$$

在图 1-6-3(b) 所示电路中, 电阻元件的电压和电流是非关联参考方向, 且 $u = 5$ V, 故有

$$i = -\frac{u}{R} = -\frac{5}{50} \text{A} = -0.1 \text{ A}$$

对电压源而言, 电压 u_s 和电流 i 是关联参考方向, 电压源输出的功率为

$$p = -u_s i = -5 \times (-0.1) \text{ W} = 0.5 \text{ W}$$

在图 1-6-3(c) 所示电路中, 电压源端部开路, 可视为外接了 $R = \infty$ 的负载, 故 $i = 0$, 电压源输出的功率为零。

电压源是一种理想元件, 实际的电源如干电池、蓄电池等不可能具有电压源的特性。实际电源在工作时, 电源内部是会耗能的, 其端电压会因工作电流不同而有所变化。如果将实际电源的电压、电流关系近似为图 1-6-4(a) 所示的一条直线, 则可用一个电压源和一个电阻串联构成它的电路模型(如图 1-6-4(b) 虚线方框内电路所示)。电压源、电阻串联电路的端部的 u—i 特性方程为

$$u = u_s - R_s i \qquad\qquad (1\text{-}6\text{-}2)$$

其 $u—i$ 曲线如图 1-6-4(c)所示。从图 1-6-4(c)所示的曲线和式(1-6-2)所示的特性方程可知,外接电路变化会引起电流 i 的变化,在 u_s 为定值的情况下,i 增大时,电压 u 减小。

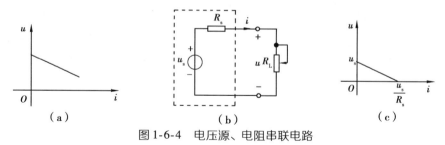

图 1-6-4 电压源、电阻串联电路

1-6-2 电流源

电流源是一类二端元件,其端电流能保证为给定的函数,与其端电压无关。电流源的符号如图 1-6-5(a)所示,图中 i_s 为电流源的电流。根据指定的支路电流 i 的参考方向,有

$$i = i_S \qquad (1-6-3)$$

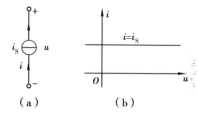

图 1-6-5 电流源的符号及其 $u—i$ 特性

电流源的 $u—i$ 特性如图 1-6-5(b)所示,是一条平行于 u 轴且纵坐标为 i_s 的直线,该特性曲线表明电流源的电流与它的端电压无关。

电流源的电流可以是各种给定的时间函数。当电流源的电流是不随时间变化的常量时,被称为直流电流源。电流等于零的电流源相当于断路,其 $u—i$ 特性曲与 u 轴重合,如图 1-6-6(c)所示。

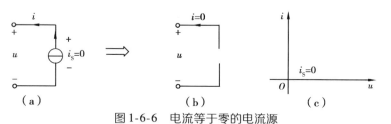

图 1-6-6 电流等于零的电流源

例 1-6-2 计算图 1-6-7 所示电路中电压源和电流源输出的功率。

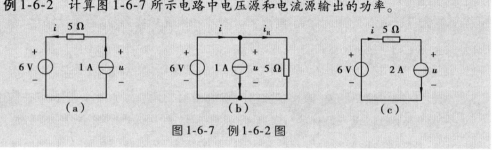

图 1-6-7 例 1-6-2 图

解 在图1-6-7(a)电路中,根据KCL有 $i=1$ A,根据KVL有

$$u=5i+6=(5\times1+6)\text{ V}=11\text{ V}$$

电压源输出的功率为

$$p=-6\times1\text{ W}=-6\text{ W}$$

电流源输出的功率为

$$p=ui=11\times1\text{ W}=11\text{ W}$$

在图1-6-2(b)电路中,根据KVL有 $u=6$ V。电阻元件的电流为

$$i_\text{R}=\frac{6}{5}\text{ A}=1.2\text{ A}$$

根据KCL有　　　　　　$i=1+i_\text{R}=(1+1.2)\text{ A}=2.2\text{ A}$

电压源输出的功率为

$$p=6\times2.2\text{ W}=13.2\text{ W}$$

电流源输出的功率为

$$p=-6\times1\text{ W}=-6\text{ W}$$

在图1-6-7(c)电路中,根据KCL有 $i=2$ A,根据KVL有

$$u=(-5\times2+6)\text{ V}=-4\text{ V}$$

电压源输出的功率为

$$p=6\times2\text{ W}=12\text{ W}$$

电流源输出的功率为

$$p=-(-4)\times2\text{ W}=8\text{ W}$$

在本例中,图1-6-7(a)电路中的电压源和图1-6-7(b)电路中的电流源实际上是吸收能量的,是负载。

电压源和电流源是定义的理想元件,为了保证电压源的电压和电流源的电流为给定的函数,电压不等于零的电压源不允许被短路,电流不等于零的电流源不允许被开路。

电流源与电阻并联也可以构成实际电源的电路模型。电子电路中的“电流源电路”的输出电流具有接近于“恒流”的特性,因此可以用电流源作为“电流源电路”的模型。

1-7 受控源

在电子电路中使用的晶体管、场效应管等电子器件均有输入端变量能控制输出端变量的特性。为了模拟实际器件的这种特性,在电路理论中引入了受控源。受控源是一类受控元件,既需要说明受控的变量是电压还是电流,还需要表明控制变量是何处的电压

或电流,因此,受控源是四端元件。控制变量所在的一对端子称为输入端口,受控变量所在的一对端子称为输出端口,受控源也是一种二端口元件。按照控制变量和受控变量的不同的组合,受控源可分为电压控制电压源(VCVS)、电流控制电压源(CCVS)、电压控制电流源(VCCS)、电流控制电流源(CCCS)[①]。4 种受控源的符号如图 1-7-1 所示,其受控变量与控制变量的关系也列写在相应的图中。

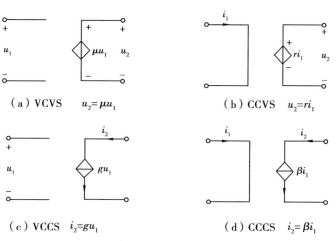

图 1-7-1 4 种受控源的元件符号及端口特性

在图 1-7-1 中,$\overset{+}{\diamondsuit}\overset{-}{}$ 表示受控电压源,即该元件的电压是受其他变量控制的,

" + "" – "标记为它的电压的参考方向;$\diamondsuit\!\!\!\rightarrow$ 表示受控电流源,即该元件的电流是受其他变量控制的,箭头方向为它的电流的参考方向。电压控受控源的控制电压用图形中的另一条开路支路的两个端子间的电压 u_1 表示(如图 1-7-1(a)(c)中的 u_1),电流控受控源的控制电流用图形中的另一条短路支路上的电流 i_1 表示(如图 1-7-1(b)(d)中的 i_1)。在图 1-7-1 中,μ、r、g、β 是 4 种受控源的控制系数。μ 和 β 是量纲一的量,μ 称为转移电压比,β 称为转移电流比;r 具有电阻的量纲,称为转移电阻;g 具有电导的量纲,称为转移电导。在电路图中,一般情况下不需要专门画出受控源符号中表示控制变量的开路支路或短路支路,只需标明控制变量所在位置及其参考方向即可。

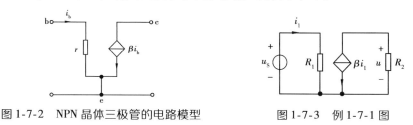

图 1-7-2 NPN 晶体三极管的电路模型   图 1-7-3 例 1-7-1 图

[①]Voltage-controlled voltage source,缩写为 VCVS;Current-controlled voltage source,缩写为 CCVS;Voltage-controlled current source,缩写为 VCCS;Current-controlled current source,缩写为 CCCS。

受控源是构成晶体三极管、场效应管等电子器件的电路模型的基本元件。图 1-7-2 是 NPN 晶体三极管工作在放大区,输入信号频率较低、幅值较小时的一种电路模型。

例 1-7-1 在图 1-7-3 中,已知 $u_S = 1\ \text{V}$,$R_1 = 100\ \text{k}\Omega$,$R_2 = 5\ \text{k}\Omega$,$\beta = 100$,求电压 u 和受控源输出的功率。

解 在图 1-7-3 所示电路中,电流控电流源的控制变量 i_1 是电阻 R_1 中的电流,其控制支路无须画出。对于电压源 u_S 和电阻 R_1 构成的回路,应用 KVL 可得 $R_1 i_1 = u_S$。对于由电流控电流源 βi_1 和电阻 R_2 构成的回路,根据 KCL 可知,电阻元件 R_2 中的电流应为 βi_1,故有 $u = -\beta i_1 R_2$。将 u_S、R_1、R_2、β 的数值代入上述方程有

$$100 \times 10^3 i_1 = 1$$

$$u = -500\,000 i_1$$

解得 $i_1 = 0.01\ \text{mA}$,$u = -5\ \text{V}$。

根据 u 和 i_1 可计算受控源的功率。在本例中,受控源的电压 u 和电流 βi_1 为关联参考方向,故受控源输出的功率为

$$p = -u\beta i_1 = -(-5) \times 100 \times 0.01 \times 10^{-3}\ \text{W} = 0.005\ \text{W}$$

由此可见,受控源可向电路中的其他元件提供能量,受控源是有源元件。

1-8 电容元件

导体的组合,例如用介质隔开的两块金属板,便形成了电容器。当电容器的两个极板分别带有等值异号的电荷 q 时,电荷量 q 与两极板间的电压 U 的比值

$$C = \frac{q}{U}$$

即为电容器的电容。

为了模拟电容器和实际电路表现出的电容特性,在电路理论中引入了电容元件。电荷瞬时值与电压瞬时值之间为代数关系的元件定义为电容元件。电容元件是一类理想元件。对于二端电容元件,可分为线性电容元件和非线性电容元件,时变电容元件和非时变电容元件。

线性电容元件的符号如图 1-8-1(a)所示。电压 u 的"＋"极性端极板上储存正电荷 $+q$,"－"极性端极板上储存等量的负电荷 $-q$。线性电容元件的 q—u 关系为

$$q = Cu \tag{1-8-1}$$

其 q—u 特性曲线是如图 1-8-1(b)所示的在第 1、3 象限内的过坐标原点的直线。在式(1-8-1)中,C 为线性电容元件的电容,它只决定于由极板所代表的导体的几何形状、尺寸和导体间的

介质的介电常数,是与电荷量、电压无关的正值常量。在国际单位制中,电容的单位名称是法[拉],符号是F。在实际应用中,常用电容的单位有微法(μF)、皮法(pF)。

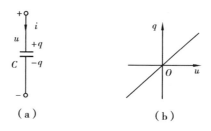

图 1-8-1 电容元件符号及 q—u 曲线

在本书中,为了叙述的方便,如果不加声明,电容元件即指线性电容元件。

在电路分析中,常用的是元件的电压、电流的关系。对线性电容元件而言,电荷 q 与电压 u 成正比地变化。元件极板上电荷量的变化表明有电荷的转移,即存在电容电流。电容电流等于电容极板上电荷的变化率,在电容电压 u 和电容电流 i 为关联参考方向的条件下有

$$i = C \frac{\mathrm{d}u}{\mathrm{d}t} \tag{1-8-2}$$

i 是电容元件端线上的传导电流,也等于电容极板间的电场中的位移电流。式(1-8-2)表明线性电容元件某一时刻的电流与该时刻的电压的变化率成正比,故称电容元件为动态元件。

当 $\frac{\mathrm{d}u}{\mathrm{d}t} > 0$ 时,$i > 0$,这表明电容电流的实际方向与参考方向相同,外部电荷转移到电容元件上,电容电荷量增加,电容电压上升,是电容充电的过程;当 $\frac{\mathrm{d}u}{\mathrm{d}t} < 0$ 时,$i < 0$,这表明电容电流的实际方向与参考方向相反,电容电荷量减少,电容电压下降,是电容放电的过程;当 $\frac{\mathrm{d}u}{\mathrm{d}t} = 0$ 时,$i = 0$,这表明电容元件与电路之间没有电荷的转移,电容电压不发生变化而为常量,此时,电容元件相当于断路,亦称电容元件有"隔直"(隔断直流)的作用。

对式(1-8-2)作从 t_0 到 t 的积分,可得电容元件电压、电流关系的积分形式

$$u = u(t_0) + \frac{1}{C} \int_{t_0}^{t} i(t') \mathrm{d}t' \tag{1-8-3}$$

上式中,$u(t_0)$ 是 t_0 时刻电容电压的值。若令 $t_0 = 0$,则有

$$u = u(0) + \frac{1}{C} \int_{0}^{t} i(t') \mathrm{d}t' \tag{1-8-4}$$

如果 $u(-\infty) = 0$,则上式中的 $u(0)$ 为

$$u(0) = \frac{1}{C} \int_{-\infty}^{0} i(t') \, dt' \qquad (1\text{-}8\text{-}5)$$

式(1-8-4)表明:某一时刻的电容电压 u 与从 $-\infty$ 到 t 时间内的电流有关,电容电压 u 取决于从 $-\infty$ 到 t 的全部历程中电容电流的积分所得到的电荷量及电容。如果以 $t=0$ 为计时的初始时刻,则任一时刻 t 的电容电压 u 等于电容电压的初始值 $u(0)$ 与从 0 到 t 的时间内电容电流的积分所确定的电容电压之和,而 $u(0)$ 确定了从 $-\infty$ 到 0 时间内电容电流积分所决定的电压。从上述的分析可知,某一时刻的电容电压并不取决于该时刻的电容电流,而是“记忆”了电容电流积分的全部“历史”。

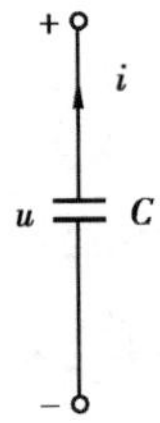

在电容电压 u 与电流 i 为非关联参考方向的条件下(如图 1-8-2 所示),其 u—i 关系式为

$$i = -C \frac{du}{dt} \qquad (1\text{-}8\text{-}6)$$

和

$$u = u(0) - \frac{1}{C} \int_{0}^{t} i(t') \, dt' \qquad (1\text{-}8\text{-}7)$$

图 1-8-2 u、i 为非关联参考方向

在电容电压 u 和电流 i 为关联参考方向的条件下,在任一瞬时 t 电容元件吸收的功率为

$$p = ui \qquad (1\text{-}8\text{-}8)$$

在电容元件两极板存储等量的异性电荷时,在电荷建立的电场中储存着电场能量,电容元件是一类储能元件。从 t_0 到 t 时间内,电容电压从 $u(t_0)$ 变为 $u(t)$,电容元件吸收的能量为

$$\Delta W_C = \int_{t_0}^{t} p(t') \, dt' = \int_{t_0}^{t} u(t') i(t') \, dt' = \int_{t_0}^{t} C u(t') \frac{du(t')}{dt'} dt'$$

$$= \int_{u(t_0)}^{u(t)} C u \, du = \frac{1}{2} C u^2(t) - \frac{1}{2} C u^2(t_0) \qquad (1\text{-}8\text{-}9)$$

上式中,$\frac{1}{2} C u^2(t)$ 和 $\frac{1}{2} C u^2(t_0)$ 分别为 t 和 t_0 时刻电容元件存储的电场能量。元件吸收的能量 ΔW_C 以电场能量的形式储存在电场中。从式(1-8-9)中可以看出:如果 $|u(t)| > |u(t_0)|$,有 $\Delta W_C > 0$,表明 t_0 到 t 时间内电容元件被充电,电容电压数值增大,电容元件吸收能量,电场能量增加;如果 $|u(t)| < |u(t_0)|$,则有 $\Delta W_C < 0$,表明 t_0 到 t 时间内电容元件放电,电容电压数值减小,电容元件释放能量,电场能量少。在任一瞬时 t 电容元件储存的电场能量为

$$W_C = \frac{1}{2} C u^2(t) = \frac{1}{2} C u^2(t_0) + \Delta W_C \geqslant 0 \qquad (1\text{-}8\text{-}10)$$

上式表明:电容元件所储存的电场能量 W_C 总是非负的,即电容元件释放的能量不能超过至该时刻以前所储存的能量,电容元件是一种无源元件。

例1-8-1　已知图1-8-3(a)所示的电容元件电压 u 的波形如图1-8-3(b)所示,求电容电流 i,画出该电容元件的功率和储存的能量的曲线。

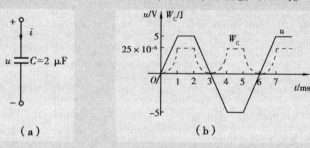

（a）　　　　　　　　（b）

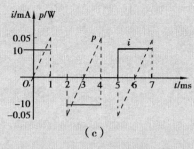

（c）

图1-8-3　例1-8-1图

解　本例中电容元件的电压和电流为关联参考方向,故有 $i = C\dfrac{\mathrm{d}u}{\mathrm{d}t}$,电容元件吸收的功率为 $p = ui$,任一瞬时 t 电容元件所储存的能量为 $W_C = \dfrac{1}{2}Cu^2$。根据已知的电容电压波形,可分段求解电流 i、功率 p 和能量 W_C 并画出曲线。

1. 在 $0 \leqslant t \leqslant 1$ ms 时间段

$$u = 5 \times 10^3 t \text{ V}, i = C\frac{\mathrm{d}u}{\mathrm{d}t} = 2 \times 10^{-6}\frac{\mathrm{d}}{\mathrm{d}t}(5 \times 10^3 t)\text{A} = 10 \text{ mA}$$

$$p = ui = 5 \times 10^3 t \times 10 \times 10^{-3} \text{ W} = 50t \text{ W}$$

$$W_C = \frac{1}{2}Cu^2 = \frac{1}{2} \times 2 \times 10^{-6} \times (5 \times 10^3 t)^2 \text{ J} = 25t^2 \text{ J}$$

在此时间段内电容电压和电流均为正值,电容被充电,$p \geqslant 0$,元件吸收功率。p—t 曲线为直线,W_C—t 曲线是二次曲线。在 $t = 1$ ms 瞬时,$p = 0.05$ W,$W_C = 25 \times 10^{-6}$ J。p—t 曲线和 W_C—t 曲线分别如图1-8-3(c)和(b)中的虚线所示。

2. 在 $1 \leqslant t \leqslant 2$ ms 时间段

$$u = 5 \text{ V}, i = C\frac{\mathrm{d}u}{\mathrm{d}t} = 0, p = ui = 0$$

$$W_C = \frac{1}{2}Cu^2 = \frac{1}{2} \times 2 \times 10^{-6} \times 25 \text{ J} = 25 \times 10^{-6} \text{ J}$$

在此时间段内电容电压为常量,电容电流为零,电容元件与外部没有电荷转移,没有能量交换,电容元件储存的电场能为常量。p—t 曲线与 t 轴重合,W_C—t 曲线是平行于 t 轴的直线。

3. 在 $2 \leqslant t \leqslant 4$ ms 时间段

$$u = (15 - 5 \times 10^3 t) \text{V}$$

$$i = C \frac{\mathrm{d}u}{\mathrm{d}t} = 2 \times 10^{-6} \frac{\mathrm{d}}{\mathrm{d}t} (15 - 5 \times 10^3 t) \text{A} = -10 \times 10^3 \text{A} = -10 \text{ mA}$$

$$p = ui = (15 - 5 \times 10^3 t) \times (-10 \times 10^{-3}) \text{W} = (-150 \times 10^{-3} + 50t) \text{W}$$

$$W_C = \frac{1}{2} Cu^2 = \frac{1}{2} \times 2 \times 10^{-6} \times (15 - 5 \times 10^3 t)^2 \text{J} = 25 \times 10^{-6} \times (3 - 10^3 t)^2 \text{J}$$

在此时间段内,电容电压由正值变化到负值 $u(2 \text{ ms}) = 5$ V,$u(3 \text{ ms}) = 0$,$u(4 \text{ ms}) = -5$ V,$i < 0$。

在 $2 \sim 3$ ms 时间内,$u \geqslant 0$,$i < 0$,$p \leqslant 0$,电容元件放电、输出功率、释放能量,$p(2 \text{ ms}) = -0.05$ W,$p(3 \text{ ms}) = 0$,$W_C(2 \text{ ms}) = 25 \times 10^{-6}$ J,$W_C(3 \text{ ms}) = 0$。

在 $3 \sim 4$ ms 时间内,$u \leqslant 0$,$i < 0$,$p \geqslant 0$,电容元件被反向充电、吸收功率,储存能量,$p(4 \text{ ms}) = 0.05$ W,$W_C(4 \text{ ms}) = 25 \times 10^{-6}$ J。p—t 曲线和 W_C—t 曲线如图 1-8-3(c)和(b)所示。

4. 在 $4 \leqslant t \leqslant 5$ ms 时间段

$$u = -5 \text{ V}, i = C \frac{\mathrm{d}u}{\mathrm{d}t} = 0, p = ui = 0$$

$$W_C = \frac{1}{2} Cu^2 = \frac{1}{2} \times 2 \times 10^{-6} \times (-5)^2 \text{J} = 25 \times 10^{-6} \text{J}$$

在此时间段内,电容电压为常量,电容元件工作状况与 $1 \leqslant t \leqslant 2$ ms 时间段相同。

5. 在 $5 \leqslant t \leqslant 6$ ms 时间段

$$u = (5 \times 10^3 t - 30) \text{V}$$

$$i = C \frac{\mathrm{d}u}{\mathrm{d}t} = 2 \times 10^{-6} \times 5 \times 10^3 \text{A} = 10 \text{ mA}$$

$$p = ui = (5 \times 10^3 t - 30) \times 10 \times 10^{-3} \text{W} = (50t - 300 \times 10^{-3}) \text{W}$$

$$W_C = \frac{1}{2} Cu^2(t) = \frac{1}{2} \times 2 \times 10^{-6} \times (5 \times 10^3 t - 30)^2 \text{J} = 25 \times 10^{-6} (10^3 t - 6)^2 \text{J}$$

在此时间段内,$u \leqslant 0$,$i > 0$,$p \leqslant 0$,电容元件放电,输出功率。在 $t = 6$ ms 瞬时,$u(6 \text{ ms}) = 0$,$p(6 \text{ ms}) = 0$,$W_C(6 \text{ ms}) = 0$。

当 $t \geqslant 6$ ms 以后,元件的工作状况可作同样的分析,不再赘述。

从图 1-8-3(b)中的 W_C—t 曲线和(c)中的 p—t 曲线可以看出:在 $0 \leqslant t \leqslant 1$ ms,电容元件吸收能量储于电场中,吸收的功率 $p \geqslant 0$;在 $2 \leqslant t \leqslant 3$ ms,电容元件释放能

量,吸收的功率 $p \le 0$;当 $t = 3$ ms 时,$W_C(3\,\text{ms}) = 0$。电容元件释放的能量不能超过至该时刻以前所储存的能量,表明了电容元件是无源元件。

1-9 电感元件

在载流导体周围的空间中存在着由电流产生的磁场。当载流回路中的磁通量发生变化时,在回路中将产生感应电压。在电路理论中,引入电感元件来模拟电流产生磁通和磁场储能的现象。电感元件是一类理想元件,磁通链瞬时值与电流瞬时值之间为代数关系的元件定义为电感元件。电感元件又可分为线性电感元件和非线性电感元件,时变电感元件和非时变电感元件。

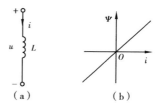

图 1-9-1 电感元件及其 $\Psi - i$ 特性

二端线性电感元件的符号如图 1-9-1(a)所示。当电感电流 i 与磁通链 Ψ 的参考方向(通常在图中不标注 Ψ 的参考方向)符合右螺旋关系时,其 $\Psi - i$ 关系为

$$\Psi = Li \tag{1-9-1}$$

$\Psi - i$ 特性曲线如图 1-9-1(b)所示是在第 1、3 象限内的过坐标原点的直线。上式中,L 为二端线性电感元件的电感(或自感),它只决定于该元件所代表的电感器的形状、几何尺寸、周围磁介质的磁导率以及实际电感线圈的匝数,是一个正值常量。

在国际单位制中,磁通和磁通链的单位名称是韦[伯],符号是 Wb;电感的单位名称是亨[利],符号是 H,1 H = 1 Wb/A。

在本书中,为了叙述的方便,如果不加声明,电感元件即指二端线性电感元件。

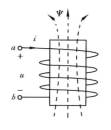

图 1-9-2 线圈

在电路分析中常用的是元件的电压、电流关系。为此需要回顾物理学中的电磁感应定律。图 1-9-2 表示一个电感线圈,该线圈有 N 匝,线圈中的电流 i 所产生的磁通为 ϕ,如果 ϕ 与 N 匝交链,则线圈所交链的磁通链为 $\Psi = N\phi$。假设线圈周围介质为非铁磁物质,即有 $\Psi = Li$,L 为线圈的自感。根据电磁感应定律,当线圈中的电流 i 随时间变化时,磁通链 Ψ 也随时间变化,在线圈两端将产生感应电压 u(即线圈的端电压)。由于已经规定磁通链 Ψ 与电流 i 的参考方向为右螺旋关系,如果指定线圈两端的感应电压 u 与电流 i 为关联参考方向如图 1-9-2 所示,按电磁感应定律可得

$$u = \frac{d\Psi}{dt} = L\frac{di}{dt}$$

可以分两种情况来检验上式的正确性,当 $\dfrac{di}{dt} > 0$ 时,$\dfrac{d\Psi}{dt} > 0$,即 $u > 0$,a 端电位高于 b

端电位,如果将 a、b 端子与外电路联通,将有由电感应电压 u 产生的感应电流从 a 端子经外电路流到 b 端子,再经线圈流到 a 端子,该电流产生的磁通阻止磁通链 $\boldsymbol{\Psi}$ 的增加,是符合楞次定律的;当 $\dfrac{\mathrm{d}i}{\mathrm{d}t} < 0$ 时,有 $u < 0$,其正确性不再赘述。根据上述分析,对于图 1-9-1 (a)所示的电感元件,在元件电压 u 与元件电流 i 为关联参考方向的条件下,其 u—i 关系应为

$$u = L \frac{\mathrm{d}i}{\mathrm{d}t} \tag{1-9-2}$$

上式表明:电感元件某一时刻的电压与该时刻电感电流的变化率成正比,电感元件也是一种动态元件。当 $\dfrac{\mathrm{d}i}{\mathrm{d}t} = 0$ 时,有 $u = 0$,即当电感电流为常量时,电感元件相当于短路。

对式(1-9-2)求 t_0 至 t 的积分可导出电感元件电压电流关系的积分形式

$$i = i(t_0) + \frac{1}{L} \int_{t_0}^{t} u(t')\,\mathrm{d}t' \tag{1-9-3}$$

上式中,$i(t_0)$ 是 t_0 时刻的电感电流。若令 $t_0 = 0$,则有

$$i = i(0) + \frac{1}{L} \int_{0}^{t} u(t')\,\mathrm{d}t' \tag{1-9-4}$$

如果 $i(-\infty) = 0$,则式(1-9-4)中的 $i(0)$ 为

$$i(0) = \frac{1}{L} \int_{-\infty}^{0} u(t')\,\mathrm{d}t' \tag{1-9-5}$$

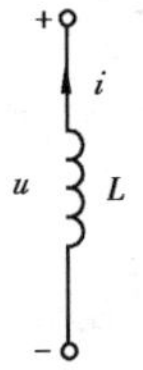

图 1-9-3 u、i 为非关联方向

显然,某一时刻的电感电流并不取决于该时刻的电感电压,而是"记忆"了电感电压积分的全部"历史"。

在电感电压 u 与电流 i 为非关联参考方向的条件下(如图 1-9-3 所示),其 u—i 关系式为

$$u = -L \frac{\mathrm{d}i}{\mathrm{d}t} \tag{1-9-6}$$

和

$$i = i(0) - \frac{1}{L} \int_{0}^{t} u(t')\,\mathrm{d}t' \tag{1-9-7}$$

在电感电压 u 和电流 i 为关联参考方向的条件下,在任一瞬时 t 电感元件吸收的功率为

$$p = ui \tag{1-9-8}$$

在电感电流建立的磁场中储存着能量,电感元件也是一类储能元件。从 t_0 至 t 时间内,电感电流从 $i(t_0)$ 变为 $i(t)$,电感元件吸收的能量为

$$\Delta W_{\mathrm{L}} = \int_{t_0}^t p(t')\mathrm{d}t' = \int_{t_0}^t u(t')i(t')\mathrm{d}t' = \int_{t_0}^t Li(t')\frac{\mathrm{d}i(t')}{\mathrm{d}t'}\mathrm{d}t'$$

$$= \int_{i(t_0)}^{i(t)} Li\,\mathrm{d}i = \frac{1}{2}Li^2(t) - \frac{1}{2}Li^2(t_0) \tag{1-9-9}$$

上式中$\frac{1}{2}Li^2(t)$和$\frac{1}{2}Li^2(t_0)$分别为t和t_0时刻电感元件储存的磁场能量。元件吸收的能量以磁场能量的形式储存在磁场中。在任一瞬时t电感元件储存的磁场能量为

$$W_{\mathrm{L}} = \frac{1}{2}Li^2(t) = \frac{1}{2}Li^2(t_0) + \Delta W_{\mathrm{L}} \geqslant 0 \tag{1-9-10}$$

而且总是非负的,电感元件也是一种无源元件。

用电感元件构造空心线圈的电路模型是典型的例子之一。

例1-9-1 已知图1-9-4(a)所示的电感元件的电压的波形如图1-9-4(b)所示,且$i(0)=0$,试画出电感元件的电流的波形。

解 在图1-9-4(a)中,电感元件电压、电流为关联参考方向,且$i(0)=0$,故有

$$i = \frac{1}{L}\int_0^t u(t')\mathrm{d}t'$$

1. 在$0 \leqslant t \leqslant 1$ ms 时间段

$u = 20$ mV

$$i = \frac{1}{L}\int_0^t u(t')\mathrm{d}t' = 0.5\times10^3\int_0^t 20\times10^{-3}\mathrm{d}t'\ \mathrm{A} = 10t\ \mathrm{A}$$

$i(1\ \mathrm{ms}) = 10\times10^{-3}\mathrm{A} = 10\ \mathrm{mA}$

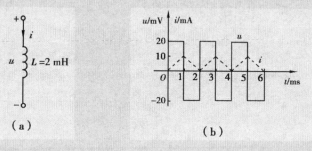

图1-9-4 例1-9-1图

2. 在$1 \leqslant t \leqslant 2$ ms 时间段

$u = -20$ mV

$$i = i(1\ \mathrm{ms}) + \frac{1}{L}\int_{10^{-3}}^t u(t')\mathrm{d}t' = \left[10\times10^{-3} + 0.5\times10^3\int_{10^{-3}}^t (-20\times10^{-3})\mathrm{d}t'\right]\mathrm{A}$$

$$= [10\times10^{-3} - 10(t-10^{-3})]\mathrm{A} = (20\times10^{-3} - 10t)\ \mathrm{A}$$

$i(2\ \mathrm{ms}) = 0$

在 $t \geqslant 2$ ms 以后,电流 i 重复 $0 \sim 2$ ms 的波形。电感电流的波形如图 1-9-4(b)中的虚线所示。

习 题

1-1 说明题 1-1 图中各元件电流的实际方向。

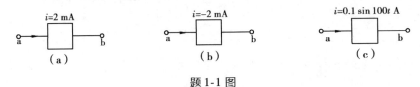

题 1-1 图

1-2 说明题 1-2 图中各元件电压的实际方向。

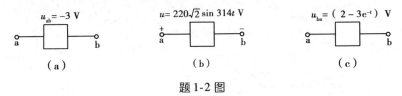

题 1-2 图

1-3 题 1-3 图中已知的元件电压、元件电流已经给出,试求:(1)元件 A 吸收的功率;(2)元件 B 发出的功率;(3)若元件 C 吸收的功率为 10 W,则电压 u 为多少;(4)若元件 D 吸收的功率为 10 W,则电流 i 为多少;(5)若元件 E 发出的功率为 50 W,则电压 u 为多少;(6)若元件 F 发出的功率为 -50 W,则电流 i 为多少。

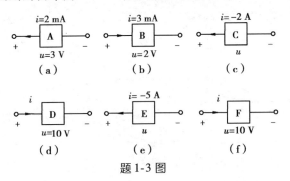

题 1-3 图

1-4 题 1-4 图为某个元件的电压 u 和电流 i 的波形图,而且 u 和 i 为非关联参考方向。试画出该元件吸收的功率的波形并计算该元件从 0 至 3 s 时间内吸收的能量。

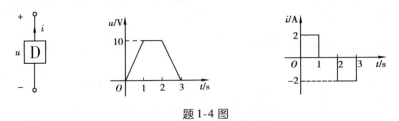

题 1-4 图

1-5　在题 1-5 图所示电路中,已知的支路电压、支路电流已经给出,试求其余的支路电压和支路电流。

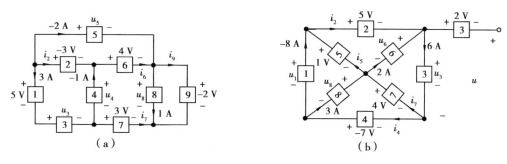

题 1-5 图

1-6　题 1-6 图中Ⓐ表示电流表,Ⓥ表示电压表,表旁标出的电流或电压为该表的读数。假设电压表的内阻为无限大、电流表的内阻为零,试求电压 u_{ab}。

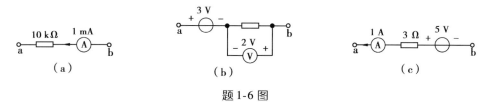

题 1-6 图

1-7　题 1-7 图所示电路为某电路的一部分,试求各图中未知的电压和电流。

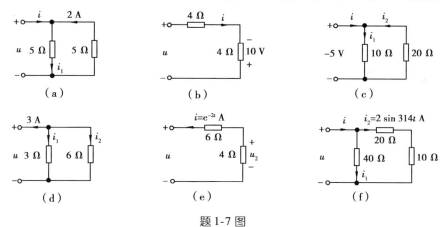

题 1-7 图

1-8　试求题 1-8 图中每个元件吸收或发出的功率。

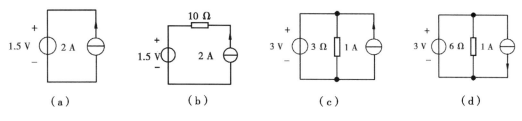

题 1-8 图

1-9 题1-9图所示电路,根据已知的元件和支路电流,试分析 A、B、C 3 个元件是电源还是负载。

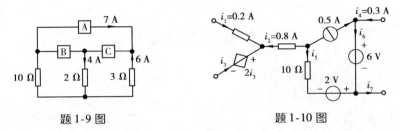

题 1-9 图　　　　　　　　　题 1-10 图

1-10 题1-10图为某个电路的一部分,试求各独立源和受控源的功率。

1-11 试求题1-11图所示电路中的电压 u 和电流 i,计算独立源和受控源的功率。

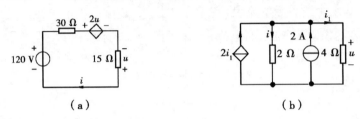

（a）　　　　　　　　　　（b）

题 1-11 图

1-12 题1-12图所示电路,试求 $u_2 = -10$ V 和 $u_2 = -20$ V 时的 R_1 值。

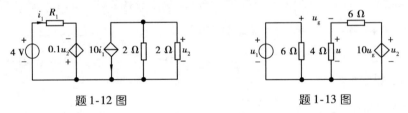

题 1-12 图　　　　　　　　　题 1-13 图

1-13 题1-13图所示电路,试求:(1)用 u_g 表示的 u 的表达式;(2)用 u_1 表示的 u_2 的表达式。

1-14 试写出题1-14图所示电路的 $u \sim i$ 表达式。

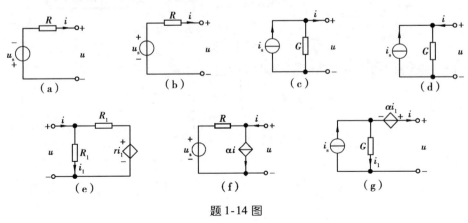

（a）　（b）　（c）　（d）

（e）　（f）　（g）

题 1-14 图

1-15　试求题 1-15 图所示电容元件的电流 i_C 和元件储存的电场能量。

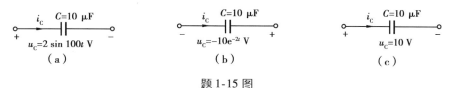

题 1-15 图

1-16　根据如题 1-16 图所示的电容电压的波形，绘出电容元件的电流和储存的电场能量的波形。

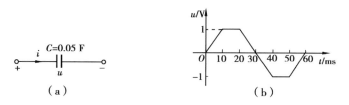

题 1-16 图

1-17　题 1-17 图所示电路中的电流 $i = 0.2e^{-t}$ A，而且 $u_C(0) = 1$ V，试求电压 u。

1-18　题 1-18 图所示的电感元件的电流为：(1) $i = 100e^{-0.02t}$ mA；(2) $i = 100$ mA。试求电感元件的电压 u 以及电感元件储存的磁场能量。

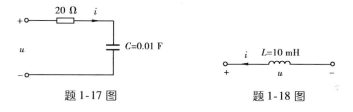

题 1-17 图　　　　　　题 1-18 图

1-19　已知题 1-19 图所示电路中的电流 i 的波形，试绘出电压 u_R 和 u_L 的波形。

1-20　题 1-20 图所示电路，已知 $i_L = 0.1 \sin 10\,000t$ A，试求 i_R、i_C、i。

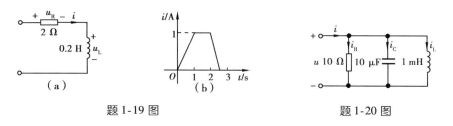

题 1-19 图　　　　　　题 1-20 图

第二章 电路分析方法和电路定理

本章介绍基本的电路分析方法,包括支路分析法、节点分析法、改进的节点分析法、网孔分析法以及电路的等效替换方法。叠加定理、替代定理、戴维宁定理、诺顿定理是电路理论的重要组成部分,在某些情况下,这些电路定理为分析电路提供了有效的方法。为了便于掌握上述方法,以只含线性电阻、线性受控源和独立源的电路为例进行阐述。

2-1 两类约束及 KCL、KVL 方程的独立性

无论是用手工解算的方法,还是借助于电路分析软件分析电路,首要的工作是建立电路方程,然后应用相应的数学工具求解方程,得到所需要的分析结果。在第一章中所论述的各种元件的特性方程和根据 KCL、KVL 列出的节点电流方程、回路电压方程都是建立电路方程的依据。

在电路的结构和所有元件的参数都已确定的情况下,各元件的电压、电流将受到两类约束。每个元件的电压、电流关系构成一类约束,这类取决于元件特性的约束即元件约束。反映元件约束的各元件的特性方程是独立的方程。根据 KCL 和 KVL 列出的方程构成另一类约束,这类由电路元件的相互连接关系所决定的约束称为拓扑约束。为了讨论 KCL 和 KVL 方程的独立性,需要引入电路的图①的概念。对于一个集总电路 N,用线段代替电路中的元件并称线段为支路,由此得到的节点和支路的集合称为电路 N 的图 G。电路的图代表了电路中的元件的连接关系。图中的支路数、节点数与电路中的支路数、节点数是相同的。在图 G 中,如果任意两个节点之间至少有一条路径,则称图 G 为连

---

①图(Graph)是数学中的专有名词,而非普通意义的图。

通图。连通图 G 的符合下述 3 个条件的子图 T 称为连通图 G 的树:①T 是一个连通图;
②T 包含了 G 的全部节点;③T 中不包含回路。以图 2-1-1
所示的某电路 N 的图 G 为例,图 G 有 9 条支路、5 个节点,
图 G 是连通图。选择由支路 1、2、3、5 构成 G 的子图 T_1,如
图 2-1-2(a)所示,T_1 符合上述 3 个条件,故 T_1 是 G 的树。
显然,图 2-1-2(b)、(c)也是 G 的树。树中所包含的支路
称为树支。图 G 中除树支以外余下的其他支路称为连支。

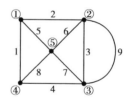

图 2-1-1 某电路的图 G

对图 2-1-1 所示的图 G 来说,如果选取了图 2-1-2(a)的树 T_1,则支路 1、2、3、5 为图 G 的
树支,余下的支路 4、6、7、8、9 称为连支。该图的树支数为图的节点数减 1,即 5 − 1 = 4;连
支数为支路数减树支数,即为 9 − (5 − 1) = 5。根据树的定义,得到如下的结论:如果一个
连通图有 b 条支路,n 个节点,则该图的树支数为 $n − 1$,连支数为 $b − (n − 1)$。

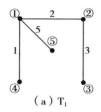 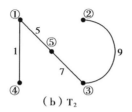 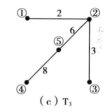

（a）T_1 （b）T_2 （c）T_3

图 2-1-2 图 G 的树

对于有 b 条支路,n 个节点的连通的电路,根据前面介绍的有关知识可以确定独立的
KCL 方程数和独立的 KVL 方程数。对 n 个节点可列出 n 个 KCL 方程。每一个支路电流
必然出现在它的支路两端节点的方程之中,该支路电流对一端节点是流入,对另一端点
必然是流出。如果将 n 个节点的 KCL 方程相加,必然得到两端为零的恒等式。上述结果
表明:对于有 n 个节点的电路,只有 $n − 1$ 个 KCL 方程是独立的。也就是说,独立的 KCL
方程数等于电路的图的树支数。为了确定独立的 KVL 方程数,可以先对电路的图选树,
确定 $n − 1$ 条树支后,其余的 $b − (n − 1)$ 条支路均为连支。根据树的定义可知,在树的基
础上每补上一条连支,该连支与树支即可形成一个回路。这种只含一条连支,其余支路
均为树支的回路称为单连支回路,有 b 条支路、n 个节点的连通图应有 $b − (n − 1)$ 个单连
支回路。如果按 $b − (n − 1)$ 个单连支回路列写 KVL 方程,则每个方程中只有一项连支电
压而且该连支电压只出现在其所属的单连支回路电压方程中,故按单连支回路列出的
KVL 方程一定是独立的,单连支回路是一组独立回路。由此可见,对于有 b 条支路、n 个
节点的连通的电路,独立回路数即独立的 KVL 方程数为 $b − (n − 1)$。

以图 2-1-1 所示的图为例,选取支路 1、2、3、5 为树支并以粗实线表示将该图重画,如
图 2-1-3(a)所示。节点①、②、③、④的 KCL 方程为

$$-i_1 + i_2 + i_5 = 0$$

$$-i_2 + i_3 + i_6 + i_9 = 0$$

$$-i_3 + i_4 - i_7 - i_9 = 0$$

$$i_1 - i_4 - i_8 = 0$$

这是一组独立的节点电流方程。

连支4、6、7、8、9与树支构成的5个单连支回路为：

➤连支4与树支1、2、3构成的回路（如图2-1-3(b)）

➤连支6与树支2、5构成的回路（如图2-1-3(c)）

➤连支7与树支2、3、5构成的回路（如图2-1-3(d)）

➤连支8与树支1、5构成的回路（如图2-1-3(e)）

➤连支9与树支3构成的回路（如图2-1-3(f)）

选取上述5个回路的绕行方向如图2-1-3(b)、(c)、(d)、(e)、(f)所示,5个回路的 KVL方程为

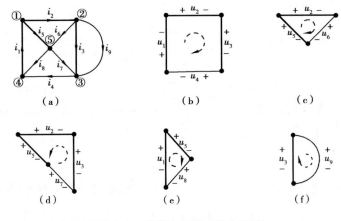

图2-1-3 单连支回路—独立回路

$$u_1 + u_2 + u_3 + u_4 = 0$$

$$u_2 - u_5 + u_6 = 0$$

$$-u_2 - u_3 + u_5 + u_7 = 0$$

$$-u_1 + u_5 + u_8 = 0$$

$$-u_3 + u_9 = 0$$

这是一组独立的回路电压方程。

综上所述,对于一个有 b 条支路、n 个节点的电路,独立的KCL方程数为 $n-1$,独立的KVL方程数为 $b-(n-1)$。

2-2　支路分析法

选取支路电流、支路电压为求解量,列出相应数量的方程进行电路分析的方法称为支路分析法。依据所选取的求解量的不同,支路分析法中又有 $2b$ 法、支路电流法、支路电压法。

2-2-1　$2b$ 法

对于有 b 条支路、n 个节点的电路,选择 b 个支路电流和 b 个支路电压为求解量,即有 $2b$ 个求解量,称为 $2b$ 法。$2b$ 法要求建立 $2b$ 个独立的方程。由上一节可知,根据 KCL 可建立 $n-1$ 个独立的节点电流方程,根据 KVL 可建立 $b-(n-1)$ 个独立的回路电压方程,b 条支路可得 b 个独立的元件特性方程,共计可得 $2b$ 个独立的方程。

以图 2-2-1 所示电路为例,该电路有 5 个元件,4 个节点。以元件电流 i_1、i_2、i_3、i_4、i_5 和元件电压 u_1、u_2、u_3、u_4、u_5 为求解量,需建立 10 个方程。根据 KCL,①、②、③节点的节点电流方程为

$$i_1 + i_4 + i_5 = 0$$
$$i_2 - i_4 = 0$$
$$i_3 - i_5 = 0$$

选电压源、R_2、R_3 3 个支路为树支,按图中指定的回路绕行方向,单连支回路的 KVL 方程为

$$-u_1 - u_2 + u_4 = 0$$
$$-u_1 + u_3 + u_5 = 0$$

5 个元件的特性方程为

$$u_1 = u_s$$
$$u_2 = R_2 i_2$$
$$u_3 = -R_3 i_3$$
$$u_4 = -R_4 i_4$$
$$i_5 = i_s$$

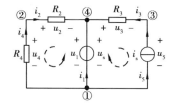

图 2-2-1　支路分析法

上述 10 个方程即构成用 $2b$ 法分析该电路的电路方程,求解上述线性代数方程组可解得 10 个待求解的量。

将上述方程写为矩阵形式,则系数矩阵如同一张表格,因此有时也称为"$2b$ 表格法"。

如果选取 1、2、3 三条支路为树支,将求解量的顺序按树支电流、连支电压、树支电压、连支电流顺序排列,即排列顺序为 i_1、i_2、i_3、u_4、u_5、u_1、u_2、u_3、i_4、i_5,并将上述方程写为矩阵形式,即可得如式(2-2-1)所示的电路方程。编写计算机程序自动建立上述表格形

式的系数矩阵是相当方便的,系数矩阵的上半部分仅有 1、−1、0 三种数据,对数据的存储和方程的求解也是非常有利的。

$$
\begin{bmatrix}
1 & 0 & 0 & 0 & 0 & 0 & 0 & 0 & 1 & 1 \\
0 & 1 & 0 & 0 & 0 & 0 & 0 & 0 & -1 & 0 \\
0 & 0 & 1 & 0 & 0 & 0 & 0 & 0 & 0 & -1 \\
0 & 0 & 0 & 1 & 0 & -1 & -1 & 0 & 0 & 0 \\
0 & 0 & 0 & 0 & 1 & -1 & 0 & 1 & 0 & 0 \\
0 & 0 & 0 & 0 & 0 & 1 & 0 & 0 & 0 & 0 \\
0 & -R_2 & 0 & 0 & 0 & 0 & 1 & 0 & 0 & 0 \\
0 & 0 & R_3 & 0 & 0 & 0 & 0 & 1 & 0 & 0 \\
0 & 0 & 0 & \dfrac{1}{R_4} & 0 & 0 & 0 & 0 & 1 & 0 \\
0 & 0 & 0 & 0 & 0 & 0 & 0 & 0 & 0 & 1
\end{bmatrix}
\begin{bmatrix}
i_1 \\ i_2 \\ i_3 \\ u_4 \\ u_5 \\ u_1 \\ u_2 \\ u_3 \\ i_4 \\ i_5
\end{bmatrix}
=
\begin{bmatrix}
0 \\ 0 \\ 0 \\ 0 \\ 0 \\ u_s \\ 0 \\ 0 \\ 0 \\ i_s
\end{bmatrix}
$$

$$(2\text{-}2\text{-}1)$$

2-2-2 支路电流法

对于用手工解算分析电路来说,$2b$ 法选取的求解量太多,要求建立的电路方程的数量太多。可以采用其他方法减少求解量的个数,减少电路方程数。

如果只选取支路电流为求解量,建立相应数目的方程,解出支路电流,进而解得其他电路变量,即称为支路电流法。对于有 b 条支路、n 个节点的电路,可选取 b 个支路电流为求解量。根据 KCL 建立 $n-1$ 个独立的节点电流方程,根据 KVL 建立 $b-(n-1)$ 个独立的回路电压方程,在回路电压方程中,应用元件特性方程将支路电压用支路电流表示,由此即得 b 个以支路电流为求解量的电路方程。

以图 2-2-2 所示的有 5 条支路、4 个节点的电路为例,应用支路电流法,选取 5 个支路电流 i_1、i_2、i_3、i_4、i_5 为求解量,需建立 5 个方程。该电路独立的 KCL 方程数为 3,独立的 KVL 方程数为 2。根据 KCL 建立的①、②、③节点的节点电流方程为

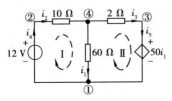

图 2-2-2 支路电流法

$$-i_1 + i_4 - i_5 = 0$$
$$i_2 - i_4 = 0$$
$$-i_3 + i_5 = 0$$

按图中选取的回路及其指定的绕行方向,将电阻元件的电压用元件电流表示,应用 KVL 列出的两个回路电压方程为

$$60i_1 + 10i_2 = 12$$
$$-60i_1 + 50i_1 + 2i_3 = 0$$

经整理得该电路的方程

$$-i_1 + i_4 - i_5 = 0$$
$$i_2 - i_4 = 0$$
$$-i_3 + i_5 = 0$$
$$60i_1 + 10i_2 = 12$$
$$-10i_1 + 2i_3 = 0$$

如果电路中存在简单节点,由于连接到简单节点的两个支路电流是同一个电流,所以简单节点可以不予考虑。在图 2-2-2 所示的电路中,节点②和③都是简单节点(电流 i_4 即电流 i_2,电流 i_5 即电流 i_3),节点②和节点③可以不予考虑。不考虑简单节点②和③,以电流 i_1、i_2、i_3 为求解量的电路方程为

$$-i_1 + i_2 - i_3 = 0$$
$$60i_1 + 10i_2 = 12$$
$$-10i_1 + 2i_3 = 0$$

用手工的方法建立电路方程时,为了减小工作量,可以不选树而用简便的方法选取独立回路。一种选取独立回路的方法是:每选一个新回路时,如果此新回路能至少包含一条在已选取的独立回路中未曾出现过的新的支路,则该新回路是独立回路。图2-2-3表示了采用上述方法选取独立回路的几种方案。

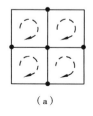 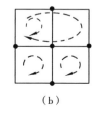 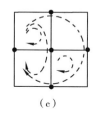

（a） （b） （c）

图 2-2-3 独立回路的选取

如果把电路的图画在一个平面上能够使它的各条支路除相互连接的节点外不存在相互交叉的情况,这类电路称为平面电路。图 2-2-3 所示的电路是一个平面电路。图 2-2-4所示的电路则是非平面电路,图中的 7、8 两条支路是交叉的,而且在保证不改变图中支路的连接关系的条件下,无论怎么改画都存在支路相互交叉的情况。平面电路的图

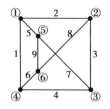

图 2-2-4 非平面电路

好比一个平面上的网,网中的每一个自然的"孔"内不再有支路。围成"孔"的周边支路组成的回路称为网孔。显然,平面电路的全部网孔是一组独立回路。图 2-2-3 是一个平面

电路的图,该平面电路有 4 个网孔,图 2-2-3(a)即选取了 4 个网孔作为独立回路。

例 2-2-1 如图 2-2-5 所示电路,试求电压源输出的功率和受控源吸收的功率。

解 本例即图 2-2-2 所示电路。12 V 电压源与 10 Ω 电阻元件相连接的节点和受控源与 2 Ω 电阻元件相连接的节点都是简单节点,不予考虑,只需选取 i_1、i_2、i_3 为求解量。节点①的 KCL 方程为

$$i_1 - i_2 + i_3 = 0$$

该电路是平面电路,两个网孔是独立回路。指定网孔绕行方向如图中所示,应用 KVL 列出两个网孔的回路电压方程为

$$60i_1 + 10i_2 = 12$$
$$-60i_1 + 2i_3 + 50i_1 = 0$$

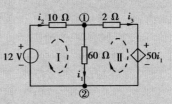

由上述 3 个方程解得

$$i_1 = 0.1 \text{ A}, i_2 = 0.6 \text{ A}, i_3 = 0.5 \text{ A}$$

电压源输出的功率为

$$p = 12i_2 = 12 \times 0.6 \text{ W} = 7.2 \text{ W}$$

受控源吸收的功率为

图 2-2-5 例 2-1-1 电路

$$p_2 = 50i_1i_3 = 50 \times 0.1 \times 0.5 \text{ W} = 2.5 \text{ W}$$

2-2-3 支路电压法

如果只选取支路电压为求解量,建立电路方程,进行电路分析,则称为支路电压法。对于有 b 条支路的电路,根据 KCL 和 KVL 可建立 b 个方程,应用元件特性方程将支路电流用支路电压表示即得以支路电压为解量的电路方程。

例 2-2-2 用支路电压法求解例 2-2-1。

解 选取 3 个电阻元件电压 u_1、u_2、u_3 为求解量,其参考方向如图 2-2-6 所示。将电阻元件中的电流用电压表示,CCVS 的控制变量
$i_1 = u_1/60$。节点①的 KCL 方程为

$$\frac{u_1}{60} - \frac{u_2}{10} + \frac{u_3}{2} = 0$$

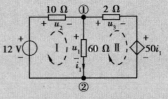

按指定的回路绕行方向如图中所示,两个网孔的 KVL 方程为

图 2-2-6 支路电压法

$$u_1 + u_2 = 12$$

$$-u_1 + u_3 + 50 \times \frac{u_1}{60} = 0$$

由上述 3 个方程解得　$u_1 = 6\,\text{V}, u_2 = 6\,\text{V}, u_3 = 1\,\text{V}$

根据 u_1、u_2、u_3 可计算 3 个电阻元件的电流,进而可计算电压源输出的功率和受控源吸收的功率。

2-3　节点分析法和改进的节点分析法

在分析电路时,如果能选取较少数目的求解量,建立相应数目的独立方程,达到分析电路的目的,这总是有利的。对一般电路而言,其节点数少于支路数。如果令电路中某一节点的电位为零,并称其为参考节点,其余节点与参考节点之间的电压称为这些节点的节点电压,则各支路电压即等于支路所连接的两端节点的节点电压之差。由此可见,用节点电压作为求解量来分析电路是可行的。某节点的节点电压的参考方向是从该节点指向参考节点。

对于有 n 个节点的电路,选取其中的一个节点为参考节点,其余节点称为独立节点,即有 $n-1$ 个独立节点。以独立节点的节点电压为求解量,应当列出 $n-1$ 个独立的方程。显然,有 n 个节点的电路,有 $n-1$ 个独立的节点电流方程,列出用节点电压表示的 $n-1$ 个独立节点的基尔霍夫电流方程即得到了所需要的电路方程。节点分析法以节点电压为求解量,建立电路方程,求解节点电压以后再计算支路电压、支路电流,所建立的以节点电压为求解量的电路方程常称为节点方程。

对于电路中的每一个回路,用节点电压表示支路电压后再应用 KVL 列写回路电压方程是没有意义的。以图 2-3-1 所示的电路为例,图中3 个电阻支路构成了一个回路,3 个节点电压为 u_{n1}、u_{n2}、u_{n3}。用节点电压表示支路电压有 $u_1 = u_{n1} - u_{n3}$,$u_2 = u_{n1} - u_{n2}$,$u_3 = u_{n2} - u_{n3}$。应用 KVL,该回路电压方程为 $-u_1 + u_2 + u_3 = 0$。将 u_1、u_2、u_3 用节点电压表示以后,上述回路方程的左端已恒为零,即

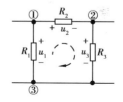

图 2-3-1　用节点电压表示支路电压

$$-(u_{n1} - u_{n3}) + u_{n1} - u_{n2} + u_{n2} - u_{n3} = 0$$

为了寻求简捷的、规则化的建立电路方程的方法,下面分 3 种情况进行讨论。

2-3-1　含线性电阻元件、电流源和受控电流源的电路

以图 2-3-2 所示的电路为例,该电路有 4 个节点,选择其中一个节点⓪为参考节点,其余 3 个节点①、②、③为独立节点,其节点电压分别用 u_{n1}、u_{n2}、u_{n3} 表示。在应用 KCL 列写节点电流方程之前,将电阻支路的电流用支路两端的节点电压表示,将受控源的控制

变量用节点电压表示。例如图中电阻 R_1 中的电流表示为 $\dfrac{u_{n1} - u_{n2}}{R_1}$ 或 $\dfrac{u_{n2} - u_{n1}}{R_1}$，电流控电流源 βi_3 的控制变量 i_3 须用节点电压表示为 $i_3 = \dfrac{u_{n2}}{R_3}$，故有 $\beta i_3 = \dfrac{\beta}{R_3} u_{n2}$。

用手工的方法建立电路方程时，为了获得一种直观的建立电路方程的方法，可按如下规则列写节点的电流方程：将连接到该节点的所有电阻支路的电流置于方程的左端，且流出节点为"＋"，即方程左端为从连接于该节点的所有电阻支路中流出该节点的电流之和；连接到该节点的所有电流源和受控电流源支路的电流置于方程的右端，且流入节点为"＋"，即方程的右

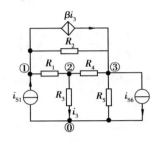

图 2-3-2 建立节点方程示例

端为从连接于该节点的所有电流源和受控电流源支路流入该节点的电流的和。

按上述规则，图 2-3-2 所示电路的 3 个独立节点的节点电流方程为

节点①
$$\frac{u_{n1} - u_{n2}}{R_1} + \frac{u_{n1} - u_{n3}}{R_2} = i_{s1} - \beta i_3$$

节点②
$$\frac{u_{n2} - u_{n1}}{R_1} + \frac{u_{n2}}{R_3} + \frac{u_{n2} - u_{n3}}{R_4} = 0$$

节点③
$$\frac{u_{n3} - u_{n1}}{R_2} + \frac{u_{n3} - u_{n2}}{R_4} + \frac{u_{n3}}{R_5} = \beta i_3 - i_{S6}$$

将控制变量用节点电压表示，即将 $i_3 = \dfrac{1}{R_3} u_{n2}$ 代入上式，经整理得

节点①
$$\left(\frac{1}{R_1} + \frac{1}{R_2}\right) u_{n1} - \frac{1}{R_1} u_{n2} - \frac{1}{R_2} u_{n3} = i_{s1} - \frac{\beta}{R_3} u_{n2}$$

节点②
$$-\frac{1}{R_1} u_{n1} + \left(\frac{1}{R_1} + \frac{1}{R_3} + \frac{1}{R_4}\right) u_{n2} - \frac{1}{R_4} u_{n3} = 0 \qquad (2\text{-}3\text{-}1)$$

节点③
$$-\frac{1}{R_2} u_{n1} - \frac{1}{R_4} u_{n2} + \left(\frac{1}{R_2} + \frac{1}{R_4} + \frac{1}{R_5}\right) u_{n3} = -i_{S6} + \frac{\beta}{R_3} u_{n2}$$

分析式 (2-3-1) 可以看出：方程左端各项系数和右端项均有明显的规律。以节点③的方程为例，其左端各项系数及右端各项可确定如下：

节点电压 u_{n1} 前面的系数等于直接连接于③、①两节点的电阻支路的电导的负值，即 $-\dfrac{1}{R_2}$。

节点电压 u_{n2} 前面的系数等于直接连接于③、②两节点的电阻支路的电导的负值，即 $-\dfrac{1}{R_4}$。

节点电压 u_{n3} 前面的系数等于直接连接于节点③的所有电阻支路的电导之和,即 $\frac{1}{R_2} + \frac{1}{R_4} + \frac{1}{R_5}$。

右端为流入节点③的电流源和受控电流源的代数和,即 $-i_{S6} + \beta i_3$,将控制变量 i_3 用节点电压 u_{n2} 表示后为 $-i_{S6} + \frac{\beta}{R_3} u_{n2}$。

节点①和节点②的方程亦有同样的规律。总结上述规则,以有 3 个独立节点的电路为例,用节点分析法分析电路时,选取节点电压 u_{n1}、u_{n2}、u_{n3} 为求解量的节点方程的一般形式为

$$G_{11}u_{n1} + G_{12}u_{n2} + G_{13}u_{n3} = i_{sn1} + i_{cn1}$$
$$G_{21}u_{n1} + G_{22}u_{n2} + G_{23}u_{n3} = i_{sn2} + i_{cn2} \qquad (2\text{-}3\text{-}2)$$
$$G_{31}u_{n1} + G_{32}u_{n2} + G_{33}u_{n3} = i_{sn3} + i_{cn3}$$

上式中左端各项系数和右端各项的含意如下:

u_{nj}($j = 1,2,3$)为第 j 个节点电压。

G_{jj}($j = 1,2,3$)称为第 j 个节点的自电导,等于直接与第 j 节点相连接的所有电阻支路的电导之和,恒为正值。

G_{jk}($j = 1,2,3$;$k = 1,2,3$)称为第 j 节点与第 k 节点间的互电导,等于直接连接在 j、k 两节点间的所有电阻支路的电导之和的负值,而且 $G_{jk} = G_{kj}$。如果 j、k 两节点间没有电阻支路直接相连,则 $G_{jk} = G_{kj} = 0$。

i_{snj}($j = 1,2,3$)为流入第 j 节点的所有电流源支路电流的代数和,流入为" $+$ "流出为 " $-$ "。

i_{cnj}($j = 1,2,3$)为流入第 j 节点的所有受控电流源支路电流的代数和,流入为" $+$ " 流出为" $-$ ",受控电流源的控制变量须用节点电压表示。

根据上述的各项系数及右端各项的含意,用手工的方法建立电路方程时,可用视察的方法直接写出式(2-3-2)形式的电路方程。将受控电流源 i_{cnj} 中的控制变量用节点电压表示并移项至方程左端后得到右端项均为已知量的线性代数方程。解得节点电压后,可计算各支路电压,进而计算各支路电流。

例 2-3-1 图 2-3-3 所示电路,试用节点分析法求支路电流 i_1、i_2。

解 指定参考节点⓪如图,3 个独立节点电压为 u_{n1}、u_{n2}、u_{n3}。按式(2-3-2)给出的形式,①、②、③节点的方程为

$$\left(\frac{1}{2} + \frac{1}{6} + \frac{1}{3}\right)u_{n1} - \left(\frac{1}{3} + \frac{1}{6}\right)u_{n2} - \frac{1}{2}u_{n3} = -1 + 1 + 4i_2$$

$$\left(\frac{1}{3}+\frac{1}{6}\right)u_{n1}+\left(\frac{1}{3}+\frac{1}{6}+\frac{1}{2}\right)u_{n2}=-1$$

$$-\frac{1}{2}u_{n1}+\left(\frac{1}{2}+\frac{1}{2}\right)u_{n3}=1$$

受控源的控制变量 $i_2=\dfrac{u_{n2}}{2}$，将 i_2 代入上式经整理得

$$u_{n1}-2.5u_{n2}-0.5u_{n3}=0$$
$$-0.5u_{n1}+u_{n2}=-1 \qquad (2\text{-}3\text{-}3)$$
$$-0.5u_{n1}+u_{n3}=1$$

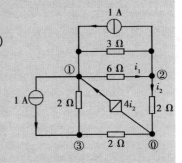

图 2-3-3　例 2-3-1 图

求解上述方程得

$$u_{n1}=4\ \text{V},u_{n2}=1\ \text{V},u_{n3}=3\ \text{V}$$

由 u_{n2} 可求得 $i_2=\dfrac{u_{n2}}{2}=\dfrac{1}{2}\ \text{A}=0.5\ \text{A}$

由 u_{n1} 和 u_{n2} 可求得 $i_1=\dfrac{u_{n1}-u_{n2}}{6}=\dfrac{4-1}{6}\ \text{A}=0.5\ \text{A}$

如果读者还不能熟练地用直观的方法建立上述电路的节点方程，也可分步计算式(2-3-2)中的各个系数和右端顶的值。

3 个节点的自电导分别为

$$G_{11}=\left(\frac{1}{2}+\frac{1}{3}+\frac{1}{6}\right)\text{S}=1\ \text{S},G_{22}=\left(\frac{1}{2}+\frac{1}{3}+\frac{1}{6}\right)\text{S}=1\ \text{S},G_{33}=\left(\frac{1}{2}+\frac{1}{2}\right)\text{S}=1\ \text{S}$$

3 个节点之间的互电导分别为

$$G_{12}=G_{21}=-\left(\frac{1}{3}+\frac{1}{6}\right)\text{S}=-0.5\ \text{S},G_{13}=G_{31}=-\frac{1}{2}\ \text{S}=-0.5\ \text{S},G_{23}=G_{32}=0$$

流入 3 个节点的电流源和受控电流源的电流的代数和分别为

$$i_{sn1}+i_{cn1}=(-1+1)+4i_2=4\times\frac{u_{n2}}{2}=2u_{n2}$$

$$i_{sn2}+i_{cn2}=-1$$

$$i_{sn3}+i_{cn3}=1$$

根据上述结果可得式(2-3-3)所示方程。

2-3-2　含电压源、受控电压源的电路

如果电路中含有电压源和受控电压源，就手工方法建立电路方程而言，处理的方法可分为两种情况。

1. 将电压源或受控电压源的一端节点指定为参考节点。

图 2-3-4 所示电路,指定电压源和电压控电压源连接的节点为参考节点⓪,节点电压为 u_{n1}、u_{n2}、u_{n3}。

节点①的节点电压为

$$u_{n1} = 5\text{ V}$$

节点③的节点电压为

$$u_{n3} = 2u$$

将控制变量 u 用节点电压表示 $u = u_{n2}$。节点③的节点电压为

$$u_{n3} = 2u_{n2}$$

u_{n2}、u_{n3} 均为求解量,故上式可改写为

$$-2u_{n2} + u_{n3} = 0$$

由此可见,当电压源或受控电压源的一端节点被指定为参考节点时,另一端节点的节点电压即等于该电压源或受控电压源支路的电压,该节点的方程转变成用节点电压表示的支路电压方程,而不应再列写其节点电流方程。故图 2-3-4 所示电路的节点方程为

节点① $u_{n1} = 5\text{ V}$

节点② $-4u_{n1} + 19u_{n2} - 10u_{n3} = 0$

节点③ $-2u_{n2} + u_{n3} = 0$

2. 电压源或受控电压源连接在两个独立节点之间。

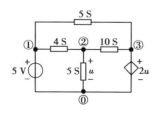

图 2-3-4 节点分析法—含(受控)电压源

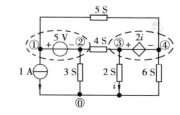

图 2-3-5 节点分析法(广义节点)

节点方程本质上是独立节点的节点电流方程,将连接到该节点的所有支路电流用节点电压表示后,即成为以节点电压为求解量的节点方程。然而,对图 2-3-5 所示的电路来说,电压源支路和电流控电压源支路的支路电流既无法用节点电压来表示,又没有可供选取的公用的参考节点,用前面所讲述的方法列写节点方程会遇到困难。

选取两个分别包围电压源、电流控电压源及其两端节点的闭合面如图 2-3-5 中虚线所示,建立闭合面的基尔霍夫电流方程不会遇到困难。将连接到闭合面的电阻支路的电流用相应的节点电压表示,不会涉及闭合面内部的电压源或受控电压源支路的电流。

以包含①、②节点及 5 V 电压源的闭合面为例,电导为 3 S 的支路连接在②节点与参

考节点之间,其支路电流表示为 $3u_{n2}$;电导为 5 S 的支路连接在①、④节点之间,其支路电流表示为 $5(u_{n1}-u_{n4})$;电导为 4 S 的支路连接在②、③节点之间,其支路电流表示为 $4(u_{n2}-u_{n3})$。应用上述结果,包围节点①和②以及电压源的闭合面的广义节点方程为

$$5(u_{n1}-u_{n4})+3u_{n2}+4(u_{n2}-u_{n3})=-1 \qquad (2\text{-}3\text{-}4)$$

节点①和②之间连接有 5 V 的电压源,应有

$$u_{n1}-u_{n2}=5 \qquad (2\text{-}3\text{-}5)$$

对于节点①和②而言,已经建立了上述两个独立的方程。其中,式(2-3-4)是广义节点电流方程,式(2-3-5)是电压源支路用两端节点电压表示的支路电压方程。

同理可得包围节点③和④以及受控电压源的闭合面的广义节点电流方程为

$$4(u_{n3}-u_{n2})+2u_{n3}+6u_{n4}+5(u_{n4}-u_{n1})=0$$

节点③与④之间连接有电流控电压源,将控制变量 i 用节点电压表示为 $i=2u_{n3}$,得

$$u_{n3}-u_{n4}=2i=2\times 2u_{n3}=4u_{n3}$$

至此,已经得到该电路的节点方程,上述 4 个方程可整理为

$$5u_{n1}+(3+4)u_{n2}-4u_{n3}-5u_{n4}=-1$$
$$u_{n1}-u_{n2}=5$$
$$-5u_{n1}-4u_{n2}+(4+2)u_{n3}+(6+5)u_{n4}=0$$
$$-3u_{n3}-u_{n4}=0$$

图 2-3-5 所示电路有 4 个独立节点,以节点电压为求解量时,独立方程数为 4。应用广义节点后,一个广义节点包含了两个独立节点,也列出了两个独立的方程,电路的独立方程数仍为 4。

2-3-3 改进的节点分析法

对于含有电压源、受控电压源的电路,如果在选取节点电压为求解量的基础上再增加电压源、受控电压源支路电流为求解量,并增加相等数目的方程,则可以使建立电路方程的步骤变得简单。这种方法称为改进的节点分析法。

对于图 2-3-5 所示的电路,在选定参考节点,指定了节点电压 u_{n1}、u_{n2}、u_{n3}、u_{n4} 以后,再增加电压源电流 i_x、受控电压源电流 i_y 为求解量,并将电路重画如图 2-3-6 所示。以节点电压以及 i_x 和 i_y 为求解量建立的节点电流方程为

节点① $5u_{n1}-5u_{n4}=-1-i_x$

节点② $(3+4)u_{n2}-4u_{n3}=i_x$

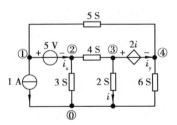

图 2-3-6 改进的节点分析法

$$节点③ \quad -4u_{n2} + (4+2)u_{n2} = -i_y$$
$$节点④ \quad -5u_{n1} + (5+6)u_{n4} = i_y$$

由于增加了 i_x 和 i_y 为求解量,须增加两个方程。将电压源和受控电压源的支路电压用节点电压表示,得到如下两个电压源支路方程

$$u_{n1} - u_{n2} = 5$$
$$u_{n3} - u_{n4} = 2$$

将控制变量 i 用节点电压表示 $i = 2u_{n3}$,将 i 代入上式。以 u_{n1}、u_{n2}、u_{n3}、u_{n4}、i_x、i_y 为求解量的改进的节点分析法的电路方程为

$$5u_{n1} - 5u_{n4} + i_x = -1$$
$$7u_{n2} - 4u_{n3} - i_x = 0$$
$$-4u_{n2} + 6u_{n3} + i_y = 0$$
$$-5u_{n1} + 11u_{n4} - i_y = 0$$
$$u_{n1} - u_{n2} = 5$$
$$-3u_{n3} - u_{n4} = 0$$

细心的读者也许已经注意到:将上述 6 个方程中的前两个方程相加即可消去求解量 i_x,所得到的结果正是包围①、②两节点以及直接连接于①、②两节点的电压源支路的闭合面的广义节点方程。同理,将第 3、4 两方程相加可消去求解量 i_y,所得到的结果正是包围③、④两节点以及直接连接于③、④两节点的受控电压源支路的闭合面的广义节点方程。

改进的节点分析法在选定节点电压为求解量的基础上再适当地选取支路电流为求解量,具有相当大的灵活性,不必选择闭合面,建立方程也是方便的。这些优点使得它在电路计算机辅助设计软件中得到广泛应用。

2-4 回路分析法和网孔分析法

对于由线性电阻元件、线性受控源和独立源组成的电路,可以假设在电路中的每一个独立回路中有一个连续流动的回路电流,电路中的各支路的电流等于流经该支路的回路电流的代数和。以回路电流为求解量,建立相应的一组回路电压方程后即可解得回路电流,进而求出各支路电流。

设电路有 b 条支路、n 个节点,由 2-1 节可知,该电路有 $b-(n-1)$ 个独立回路,即可假设有 $b-(n-1)$ 个独立的回路电流。如果以回路电流为求解量,则需建立 $b-(n-1)$ 个独立的方程。电路的独立的 KVL 方程数为 $b-(n-1)$,也就是说建立 $b-(n-1)$ 个独立的用回路电流表示的 KVL 方程即是所需要的电路方程。

需要指出的是:按照回路电流的假设,用回路电流表示支路电流以后再应用 KCL 列

写节点电流方程是没有意义的。以图 2-4-1 所示的某电路中的某一节点为例,图中的节

点连接了 3 条支路,支路电流分别为 i_1、i_2、i_3。设 i_{m1}、i_{m2}、i_{m3} 为 3 个选定的回路电流。用回路电流表示支路电流有

$$i_1 = -i_{m1} + i_{m2}, i_2 = i_{m1} - i_{m3}, i_3 = i_{m3} - i_{m2}$$

该节点的 KCL 方程为

图 2-4-1　回路电流自动满足 KCL

$$\sum i = i_1 + i_2 + i_3 = 0$$

将 i_1、i_2、i_3 用 i_{m1}、i_{m2}、i_{m3} 表示后,上式的左端已恒为零,即

$$(-i_{m1} + i_{m2}) + (i_{m1} - i_{m3}) + (i_{m3} - i_{m2}) = 0$$

这表明回路电流能自动满足基尔霍夫电流定律。由此可见,在选取回路电流作为求解量后,不应列写节点电流方程,而须应用基尔霍夫电压定律建立回路电压方程。

为了寻找简捷的、规则化的建立回路电压方程的方法,下面以网孔分析法为例分两种情况进行讨论。

2-4-1　含线性电阻元件、电压源、受控电压源的电路

以图 2-4-2 所示的电路为例,该电路是有 6 条支路、4 个节点的平面电路,3 个网孔为独立回路。设网孔电流 i_{m1}、i_{m2}、i_{m3} 为求解量,3 个网孔电流的参考方向如图所示。电阻 R_1 中的电流等于 i_{m1} 与 i_{m2} 的代数和,电阻 R_2 中的电流即 i_{m2},电阻 R_3 中的电流等于 i_{m1} 与 i_{m3} 的代数和,电阻 R_4 中的电流等于 i_{m2} 与 i_{m3} 的代数和。可列写 3 个网孔的电压方程,在方程中,除电压源支路以外,其余支路的电压均用网孔电流表示。例如图中的电压控电压源 $g_m u_3$,其控制变量 u_3 须用网孔电流表示为

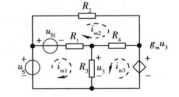

图 2-4-2　网孔分析法

$$u_3 = R_3 (i_{m1} + i_{m3})$$

故有

$$g_m u_3 = g_m R_3 (i_{m1} + i_{m3}) = g_m R_3 i_{m1} + g_m R_3 i_{m3}$$

为了获得一种直观地建立电路方程的方法,可按如下规则列写网孔的电压方程:将网孔电流的参考方向作为列写该网孔电压方程的绕行方向;将所有电阻元件的电压置于方程的左端,即方程左端为回路中所有电阻元件的电压之和;将所有的电压源和受控电压源的电压置于方程的右端,即方程右端为回路中所有电压源和受控电压源的电位升之和,受控电压源的控制变量须用网孔电流表示。按上述方法,图 2-4-2 所示电路的 3 个网孔的电压方程为

网孔 1 $R_1(i_{m1} - i_{m2}) + R_3(i_{m1} + i_{m3}) = u_S - u_{S1}$

网孔 2 $R_1(i_{m2} - i_{m1}) + R_2 i_{m2} + R_4(i_{m2} + i_{m3}) = u_{S1}$

网孔 3 $R_3(i_{m1} + i_{m3}) + R_4(i_{m3} + i_{m2}) = g_m u_3 = g_m R_3 i_{m1} + g_m R_3 i_{m3}$

整理方程得

$$(R_1 + R_3)i_{m1} - R_1 i_{m2} + R_3 i_{m3} = u_S - u_{S1}$$
$$-R_1 i_{m1} + (R_1 + R_2 + R_4)i_{m2} + R_4 i_{m3} = u_{S1} \tag{2-4-1}$$
$$R_3 i_{m1} + R_4 i_{m2} + (R_3 + R_4)i_{m3} = g_m R_3 i_{m1} + g_m R_3 i_{m3}$$

分析式(2-4-1)可以看出,方程左端的各项系数及右端项均有明显的规律。

以网孔 1 的电压方程为例,左端的各项系数和右端项可确定如下:

网孔电流 i_{m1} 前面的系数是网孔 1 中所有电阻元件的电阻之和即 $R_1 + R_3$。

网孔电流 i_{m2} 前面的系数取决于网孔 1 与网孔 2 共有的电阻 R_1 以及流经 R_1 的网孔电流的方向,因为在共有电阻 R_1 上流过的两个网孔电流 i_{m1} 与 i_{m2} 的参考方向相反,所以 i_{m2} 前面的系数取负值,即是 $-R_1$。

网孔电流 i_{m3} 前面的系数取决于网孔 1 与网孔 3 共有的电阻 R_3 以及流经 R_3 的网孔电流的方向,因为在共有电阻 R_3 上流过的两个网孔电流 i_{m1} 与 i_{m3} 的参考方向相同,所以 i_{m3} 前面的系数为正值,即是 R_3。

方程的右端项取决于网孔 1 所包含的电压源的电压及其参考方向与网孔绕行方向相同还是相反。因为 u_S 的参考方向与网孔绕行方向相反,所以 u_S 前面取“＋”号,u_{S1} 的参考方向与网孔绕行方向相同,故 u_{S1} 前面取“－”号,即右端项为 $u_S - u_{S1}$。

网孔 2 与网孔 3 的电压方程左端的各项系数和右端项的确定与网孔 1 有同样的规律。就网孔 3 而言,它包含了一个电压控电压源,其电压的参考方向与网孔绕行方向相反,故 $g_m u_3$ 前面取“＋”号。将控制变量 u_3 用网孔电流表示后,网孔 3 的电压方程的右端项即为 $g_m R_3 i_{m1} + g_m R_3 i_{m3}$。

总结上述规律,以 3 个网孔的电路为例,用网孔分析法分析电路时,选取网孔电流 i_{m1}、i_{m2}、i_{m3} 作为求解量的网孔方程的一般形式为

$$R_{11}i_{m1} + R_{12}i_{m2} + R_{13}i_{m3} = u_{sm1} + u_{cm1}$$
$$R_{21}i_{m1} + R_{22}i_{m2} + R_{23}i_{m3} = u_{sm2} + u_{cm2} \tag{2-4-2}$$
$$R_{31}i_{m1} + R_{32}i_{m2} + R_{33}i_{m3} = u_{sm3} + u_{cm3}$$

上式中左端的各项系数及右端各项的含意如下:

$i_{mj}(j = 1,2,3)$ 是第 j 个网孔的网孔电流。

$R_{jj}(j = 1,2,3)$ 称为第 j 个网孔的自电阻,等于第 j 个网孔所包含的所有电阻支路的电阻之和,其值恒为正。

$R_{jk}(j=1,2,3;k=1,2,3)$称为第 j 个网孔与第 k 个网孔的共电阻(或互电阻),它取决于第 j 个网孔和第 k 个网孔的所有公共电阻支路的电阻。共电阻可能为正,也可能为负。如果 i_{mj} 与 i_{mk} 通过公共支路时其参考方向相同,则共电阻为正;参考方向相反,则共电阻为负,而且 $R_{jk}=R_{kj}$。如果第 j、k 网孔之间没有公共电阻支路,则 $R_{jk}=0$。

$u_{smj}(j=1,2,3)$为第 j 个网孔所包含的所有电压源支路电位升的代数和。

$u_{cmj}(j=1,2,3)$为第 j 个网孔所包含的所有受控电压源支路电位升的代数和,控制变量须用网孔电流表示。

根据上述各项系数及右端项的含意,可用视察的方法直接写出式(2-4-2)形式的电路方程。对于平面电路,如果选取网孔电流为求解量,且各个网孔电流均取顺时针方向(或者均取逆时针方向),则共电阻均为负值。在写出式(2-4-2)形式的方程以后,将 u_{cmj} 中的控制变量用网孔电流表示并将其移项至方程的左端,即得到右端项均为已知量的线性代数方程。解得网孔电流后,可计算各支路电流,进而计算各支路电压。

例2-4-1 用网孔分析法计算图 2-4-3 所示电路中受控电压源吸收的功率。

解 本例电路是平面电路,选取网孔电流 i_{m1} 和 i_{m2} 如图所示。电流控电压源的控制变量 i 用网孔电流表示为 $i=i_{m1}-i_{m2}$。按式(2-4-2)的方程形式有

$$R_{11}=(10+60)\,\Omega=70\;\Omega$$

$$R_{22}=(60+2)\,\Omega=62\;\Omega$$

$$R_{12}=R_{21}=-60\;\Omega$$

$$u_{sm1}=12\;\text{V}$$

$$u_{cm2}=-50i=-50(i_{m1}-i_{m2})=-50i_{m1}+50i_{m2}$$

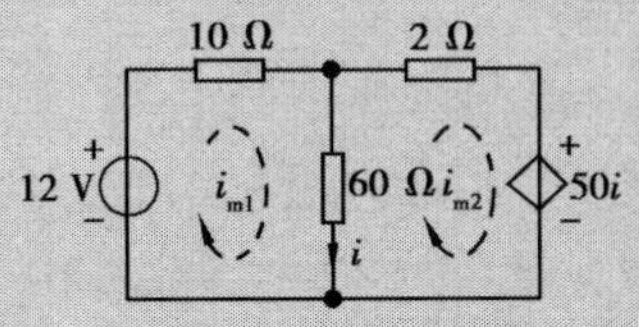

图 2-4-3 例 2-4-1 图

以 i_{m1}、i_{m2} 为求解量的电路方程为

$$70i_{m1}-60i_{m2}=12$$

$$-60i_{m1}+62i_{m2}=-50i_{m1}+50i_{m2}$$

整理得 $70i_{m1}-60i_{m2}=12$

$$-10i_{m1}+12i_{m2}=0$$

解得 $i_{m1}=0.6\;\text{A}$,$i_{m2}=0.5\;\text{A}$,支路电流 $i=i_{m1}-i_{m2}=(0.6-0.5)\text{A}=0.1\;\text{A}$

受控源吸收的功率为

$$p=50ii_{m2}=50\times0.1\times0.5\;\text{W}=2.5\;\text{W}$$

2-4-2 含电流源、受控电流源的电路

用网孔电流法分析含有电流源、受控电流源的电路时,欲列出式(2-4-2)形式的方程

将会遇到麻烦。其原因在于电流源支路的电压和受控电流源支路的电压都是未知的,而且该未知的支路电压无法用网孔电流来表示。以图 2-4-4 所示的电路为例,选取 4 个网孔电流 i_{m1}、i_{m2}、i_{m3}、i_{m4}(参考方如图)为求解量,建立第 1 个网孔的方程时,必须引入电流源支路电压才能正确地写出网孔 1 的电压方程,此时将引出新的求解量——电流源电压。对于第 3 和第 4 两个网孔,由于受控电流源的电压是未知的,列写它们的网孔方程也将遇到同样的困难。对于电流源、受控电流源支路可用下面两种方法处理。

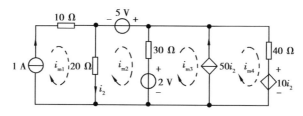

图 2-4-4 含电流源、受控电源流的电路

1. 当电流源(或受控电流源)支路上只有一个网孔电流通过时,该网孔电流等于电流源(或受控电流源)的电流,不需要再列写该网孔的电压方程。

图 2-4-4 所示电路中的第 1 个网孔即属于这种情况,故有 $i_{m1} = 1$ A,不需要再列写网孔 1 的电压方程。

2. 电流源(或受控电流源)支路上有两个网孔电流通过时,该电流源的电流等于通过它的两个网孔电流的代数和,这已经构成了一个方程。此时不要再分别列写这两个网孔的电压方程,而列写包围这两个网孔的回路(或称超网孔)电压方程,不会涉及该电流源(或受控电流源)支路的电压。

图 2-4-4 所示电路中的第 3 个和第 4 个网孔即属于这种情况。为了能更清楚地阐述,将第 3 个和第 4 个网孔单独画出如图 2-4-5 所示。受控电流源支路上有两个网孔电流 i_{m3} 和 i_{m4} 通过,故有

$$50i_2 = i_{m4} - i_{m3}$$

对于图 2-4-5 所示的包围第 3 个和第 4 个网孔的超网孔,按图中标出的超网孔的绕行方向列出的回路方程为

$$30(i_{m3} - i_{m2}) + 40i_{m4} = 2 - 10i_2$$

按上述方法处理电流源支路和受控电流源支路,用网孔分析法分析图 2-4-4 所示电路所建立的电路方程为

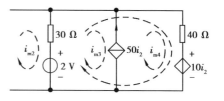

图 2-4-5 包围第 3、4 网孔的回路

网孔 1　　　　　$i_{m1} = 1$ A

网孔 2　　　　　$-20i_{m1} + (20 + 30)i_{m2} - 30i_{m3} = 5 - 2$

网孔 3、4　　　　$i_{m4} - i_{m3} = 50i_2$

$$-30i_{m2} + 30i_{m3} + 40i_{m4} = 2 - 10i_2$$

将受控源的控制变量 i_2 用网孔电流表示 $i_2 = i_{m1} - i_{m2}$，代入上述方程，经整理得

$$i_{m1} = 1 \text{ A}$$

$$-20i_{m1} + 50i_{m2} - 30i_{m3} = 3$$

$$-50i_{m1} + 50i_{m2} - i_{m3} + i_{m4} = 0$$

$$10i_{m1} - 40i_{m2} + 30i_{m3} + 40i_{m4} = 2$$

2-5　电路的等效替换

用支路分析法、节点分析法和回路分析法分析电路，可以解出电路中各个支路的电压、电流。有时并不要求解得所有的电路变量而只需解得某些支路的电压或电流。本节将引入一些等效替换的方法，应用这些等效替换可以使一些分析问题得以简化。

首先介绍等效的概念。两个二端网络 N 和 N'，它们的外部各自连接着相同的网络 M（如图 2-5-1 所示），如果 N 和 N' 的端部电压 u、电流 i 的关系是完全相同的，则用 N' 代替 N（或 N 代替 N'）后，M 中的各个电压、电流均保持不变，称 N 和 N' 对电路 M 是等效的。

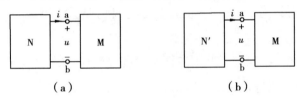

图 2-5-1　等效电路

读者早已熟知的电阻串联或电阻并联的等效电阻的计算便是等效概念的应用。在图 2-5-2 所示的电路中，二端网络 N 和 N' 的端部电压、电流关系式分别为

$$u = R_1 i + R_2 i = (R_1 + R_2)i$$

$$u = Ri \tag{2-5-1}$$

当 $R = R_1 + R_2$ 时，式(2-5-1)中的两个关系式完全相同，R 称为 R_1 与 R_2 串联电路的等效电阻。用 N' 替代 N 以后，求解 a、b 左侧的电路所得到的结果与原电路是相同的。N 与 N' 对 a、b 左侧电路是等效的。如果要计算电阻 R_1 两端的电压须再回到图 2-5-2(a)所示电路，应用串联电阻的分压公式求得

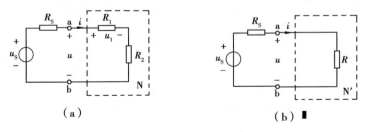

图 2-5-2　串联电阻的等效电阻

$$u_1 = \frac{R_1}{R_1 + R_2}u$$

对于图2-5-3所示的电路,二端网络 N 和 N′的端部电压、电流关系式分别为

$$i = G_1 u + G_2 u = (G_1 + G_2)u$$
$$i = Gu \qquad\qquad (2\text{-}5\text{-}2)$$

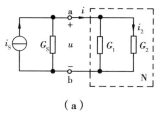
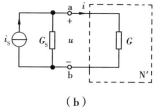

（a） （b）

图2-5-3 并联电导的等效电导

当 $G = G_1 + G_2$ 时,式(2-5-2)中的两个关系式完全相同,G 称为 G_1 与 G_2 并联电路的等效电导。N 与 N′对 a、b 左侧电路是等效的。如果要计算电流 i_2 须用图2-5-3(a)电路,应用并联电阻的分流公式求得

$$i_2 = \frac{G_2}{G_1 + G_2}i$$

在分析电路时,根据具体的要求对电路的某些局部进行适当的等效替换是一种有效的方法。下面再列举一些等效替换的示例。

图2-5-4(a)、(b)所示电路,对电路 M 而言是等效的。需要指出的是:不允许电压不相等的电压源并联,否则将违反 KVL。

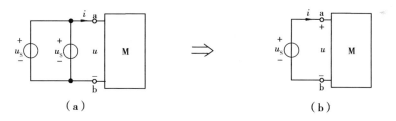

（a） （b）

图2-5-4 电压相等的电压源并联的等效电路

图2-5-5(a)、(b)所示电路,对电路 M 而言是等效的。同样需要指出的是:不允许电流不相等的电流源串联,否则将违反 KCL。

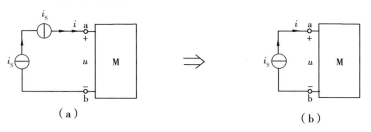

（a） （b）

图2-5-5 电流相等的电流源串联的等效电路

图 2-5-6(a)所示电路,根据 KVL,二端网络 N 的端部电压 $u = u_S$。对电路 M 而言,可以用电压源 u_S 等效替代网络 N,如图 2-5-6(b)所示。也就是说,二端网络 N 与电压源 u_S 有相同的端部特性 $u = u_S$,它们对电路 M 是等效的。

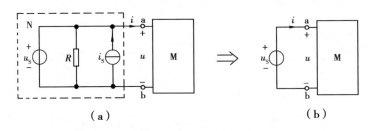

图 2-5-6　电压源与二端网络并联的等效电路

图 2-5-7(a)所示电路,根据 KCL,二端网络 N 的端部电流 $i = i_S$。对电路 M 而言,可以用电流源 i_S 等效替代网络 N,如图 2-5-7(b)所示。也就是说,二端网络 N 与电流源 i_S 有相同的端部特性 $i = i_S$,它们对电路 M 是等效的。

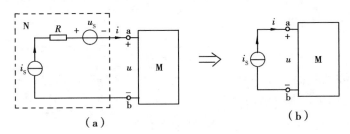

图 2-5-7　电流源与二端网络串联的等效电路

2-6　两种含源电路及其等效互换

　　一个实际的电源或信号源在接负载以后其端部的电压 u 是随着输出电流 i 的增大而减小的。如果将其 u—i 关系近似为一条直线如图 2-6-1 所示,则这种 u—i 特性可以用图 2-6-2(a)所示的电压源和电阻串联的电路来模拟,称为电压源、电阻串联模型;也可以用图 2-6-2(b)所示的电流源和电阻并联的电路来模拟,称为电流源、电阻并联模型。两种电路模型的端部电压、电流关系分别为

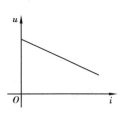

图 2-6-1　u—i 特性

$$u = u_S - R_S i \tag{2-6-1}$$

和

$$i = i_S - G_S u \tag{2-6-2}$$

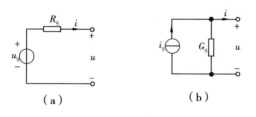

图 2-6-2 两种含源电路模型

如果要求图 2-6-2 所示的两种电路有相同的端部 u—i 特性,则式(2-6-1)和式(2-6-2)应当满足的条件是:

$$R_{\mathrm{S}} = \frac{1}{G_{\mathrm{S}}} \tag{2-6-3}$$

$$u_{\mathrm{S}} = R_{\mathrm{S}} i_{\mathrm{S}} \text{ 或 } i_{\mathrm{S}} = G_{\mathrm{S}} u_{\mathrm{S}} \tag{2-6-4}$$

式(2-6-3)和式(2-6-4)即是图 2-6-2 所示的两种电路等效互换的条件。当然,等效二字是对它们所连接的外部电路而言的。对于图 2-6-2 中的两个电路,当 $R_{\mathrm{S}} = 0$ 或 $G_{\mathrm{S}} = 0$ 时,是不可能有等效互换的。当 $R_{\mathrm{S}} = 0$ 时,图 2-6-2(a)为一个电压源,它不能用电流源等效替代;当 $G_{\mathrm{S}} = 0$ 时,图 2-6-2(b)为一个电流源,它不能用电压源等效替代。

对于图 2-6-3 所示的电路,当二端网络 N 与 N′ 满足式(2-6-3)和式(2-6-4)的条件时,即 N 与 N′ 有相同的端部 u—i 特性时,二端网络 N 与 N′ 对任意一个外电路 M 来说是等效的。也就是说,如果 N 与 N′ 是等效的,对于要计算的 M 中的元件的电压或电流(包括端部电压 u 和电流 i)而言,无论采用图 2-6-3(a)或图 2-6-3(b)的电路都会是相同的结果。

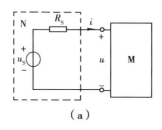 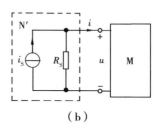

图 2-6-3 等效电路的应用

特别地,当 M 是一条断路线时($i = 0$),u 即为开路电压 u_{oc},对图 2-6-3(a)的电路有 $u = u_{\mathrm{oc}} = u_{\mathrm{S}}$,对图 2-6-3(b)的电路有 $u = u_{\mathrm{oc}} = R_{\mathrm{S}} i_{\mathrm{S}} = u_{\mathrm{S}}$,即 N 与 N′ 的开路电压也是相等的;当 M 是一条短接线时($u = 0$),i 即为短路电流 i_{sc},对图 2-6-3(a)的电路有 $i = i_{\mathrm{sc}} = \dfrac{u_{\mathrm{S}}}{R_{\mathrm{S}}}$,对图 2-6-3(b)的电路有 $i = i_{\mathrm{sc}} = i_{\mathrm{S}} = \dfrac{u_{\mathrm{S}}}{R_{\mathrm{S}}}$,即 N 与 N′ 的短路电流也是相等的。

需要特别指出的是:在进行上述两种电路的等效互换时,电压源和电流源的参考方向必须是正确的才能保证其端部 $u—i$ 关系是相同的。图2-6-4给出了一种错误的替换，其错误在于电流 i_S 的参考方向错了。

图 2-6-4　错误的等效互换

例 2-6-1　试求图 2-6-5(a)所示电路中负载 $R=6\ \Omega$ 时的电流 i。

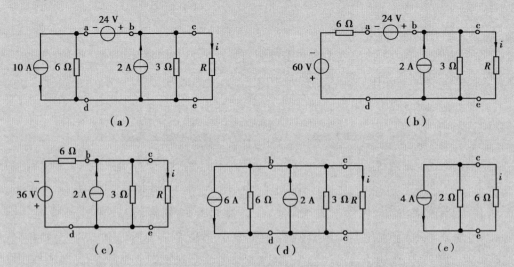

图 2-6-5　例 2-6-1 图

解　本例只要求求解电阻元件 R 中的电流,故可应用本节所引入的电压源、电阻串联电路与电流源、电阻并联电路的等效互换,将 R 左侧的电路化简以后再计算电流 i。初学者的困难是化简从何处着手。对于本题所给出的电路,应当从 a、d 左侧的电流源、电阻并联的电路入手,首先将其转换为图(b)所示的等效的电压源、电阻串联电路。注意,在本次替换中,因为 10 A 电流源的参考方向是 a 端子指向 d 端子,所以等效的电压源、电阻串联电路中的电压源的参考方向应是 d 端子为"＋" a 端子为"－"。这次替换对 a、d 右侧电路是等效的。将图 2-6-5(b)中两个串联的电压源(60 V 和 24 V)用一个 36 V 的电压源等效替代得图 2-6-5(c)电路,再将图 2-6-5(c)电路中 b、d 左侧的电压源、电阻串联电路转换为等效的电流源、电阻并联电路如图 2-6-5(d)所示。因为 36 V 电压源的参考方向是接 d 端子为"＋",接 b 端子为"－",所以等效替换后的 6 A 电流源的参考方向应是从 b 端子指向 d 端子。最后将图 2-6-5(d)中并联的两个电流源(6 A 和 2 A)用一个 4 A 电流源替代,6 Ω

和 3 Ω 两个并联电阻用一个 2 Ω 的电阻等效替代得图 2-6-5(e) 所示电路。对求解电阻 R 中的电流 i 而言，图 2-6-5(e) 中的电流源(4 A)和电阻(2 Ω)并联的电路与图 2-6-5(a) 中 c、e 左侧电路是等效的。由图 2-6-5(e) 电路可得

$$i = -\frac{2}{2+6} \times 4 \text{ A} = -1 \text{ A}$$

受控电压源、电阻串联电路与受控电流源、电阻并联的电路也可以类似地进行等效互换。图 2-6-6 给出了等效互换的例子。

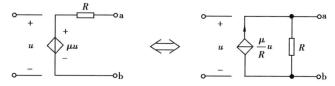

图 2-6-6　受控电压源、电阻串联电路与受控电流源、电阻并联电路的等效互换

2-7　星形电阻电路与三角形电阻电路的等效互换

图 2-7-1(a)、(b)所示的电路分别称为星形(Y 形)连接的电阻电路和三角形(△形)连接的电阻电路，它们均通过 3 个端子与外部电路相连接。根据两个电路等效的要求可导出 Y 形电阻电路与△形电阻电路等效互换的条件。

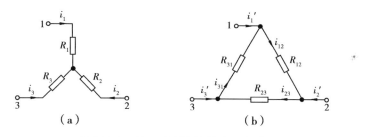

图 2-7-1　Y、△形连接的电阻电路

根据两个电路等效的要求，在 Y 形电路和△形电路对应端子之间有相同的电压，即有相同的 u_{12}、u_{23}、u_{31} 时，流入对应端子的电流应相等，即应有 $i_1 = i_1'$，$i_2 = i_2'$，$i_3 = i_3'$。

对于△形电阻电路，3 个电阻元件中的电流分别为

$$i_{12} = \frac{u_{12}}{R_{12}}, \quad i_{23} = \frac{u_{23}}{R_{23}}, \quad i_{31} = \frac{u_{31}}{R_{31}}$$

3 个端子电流可表示为

$$i_1' = i_{12} - i_{31} = \frac{u_{12}}{R_{12}} - \frac{u_{31}}{R_{31}}$$

$$i_2' = i_{23} - i_{12} = \frac{u_{23}}{R_{23}} - \frac{u_{12}}{R_{12}} \tag{2-7-1}$$

$$i_3' = i_{31} - i_{23} = \frac{u_{31}}{R_{31}} - \frac{u_{23}}{R_{23}}$$

对于丫形电阻电路,根据 KCL 和 KVL 可列出下述方程

$$i_1 + i_2 + i_3 = 0$$

$$R_1 i_1 - R_2 i_2 = u_{12}$$

$$R_2 i_2 - R_3 i_3 = u_{23}$$

从上述 3 个方程中解出电流 i_1、i_2、i_3 得

$$i_1 = \frac{R_3 u_{12}}{R_1 R_2 + R_2 R_3 + R_3 R_1} - \frac{R_2 u_{31}}{R_1 R_2 + R_2 R_3 + R_3 R_1}$$

$$i_2 = \frac{R_1 u_{23}}{R_1 R_2 + R_2 R_3 + R_3 R_1} - \frac{R_3 u_{12}}{R_1 R_2 + R_2 R_3 + R_3 R_1} \qquad (2\text{-}7\text{-}2)$$

$$i_3 = \frac{R_2 u_{31}}{R_1 R_2 + R_2 R_3 + R_3 R_1} - \frac{R_1 u_{23}}{R_1 R_2 + R_2 R_3 + R_3 R_1}$$

按照有相同的 u_{12}、u_{23}、u_{31} 时,$i_1 = i_1'$,$i_2 = i_2'$,$i_3 = i_3'$ 的要求,将式(2-7-1)中的 3 式与式(2-7-2)中的 3 式一一比较可得

$$R_{12} = \frac{R_1 R_2 + R_2 R_3 + R_3 R_1}{R_3}$$

$$R_{23} = \frac{R_1 R_2 + R_2 R_3 + R_3 R_1}{R_1} \qquad (2\text{-}7\text{-}3)$$

$$R_{31} = \frac{R_1 R_2 + R_2 R_3 + R_3 R_1}{R_2}$$

式(2-7-3)即是与丫形电阻电路等效的△形电阻电路中的 3 个电阻的计算式,根据丫形电路中的 3 个电阻 R_1、R_2、R_3,按式(2-7-3)可计算出等效的△形电阻电路中的 3 个电阻 R_{12}、R_{23}、R_{31}。

从式(2-7-3)中解出 R_1、R_2、R_3 可得

$$R_1 = \frac{R_{12} R_{31}}{R_{12} + R_{23} + R_{31}}, \quad R_2 = \frac{R_{23} R_{12}}{R_{12} + R_{23} + R_{31}}, \quad R_3 = \frac{R_{31} R_{23}}{R_{12} + R_{23} + R_{31}} \qquad (2\text{-}7\text{-}4)$$

根据式(2-7-4),由给定的△形电阻电路中的 3 个电阻 R_{12}、R_{23}、R_{31} 可计算出与之等效的丫形电阻电路中的 3 个电阻 R_1、R_2、R_3。

3 个电阻相等的丫(△)形电阻电路称为对称丫(△)形电阻电路。将对称丫形电阻电路中的电阻记为 $R_\text{丫} = R_1 = R_2 = R_3$,将对称△形电阻电路中的电阻记为 $R_\triangle = R_{12} = R_{23} = R_{31}$。根据式(2-7-3)或式(2-7-4)所示的丫—△等效互换的条件可知,对称的丫、△形电阻电路等效互换的条件为

$$R_\triangle = 3R_Y \quad 或 \quad R_Y = \frac{1}{3}R_\triangle$$

例2-7-1 求图2-7-2(a)所示二端网络的等效电阻R。

解 将图2-7-2(a)中②、③、④节点的对称△形连接电阻电路转换为等效的Y

形电阻电路。根据对称的Y、△形电阻电路等效互换的条件$R_Y = \frac{1}{3}R_\triangle = \frac{1}{3}$ Ω 得

图2-7-2(b)所示的电路。按电阻串联和并联的计算公式,图2-7-2(b)所示二端网

络的等效电阻R为

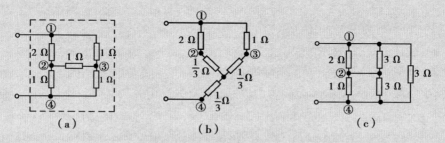

图2-7-2 例2-7-1图

$$R = \left[\frac{\left(2 + \frac{1}{3}\right)\left(1 + \frac{1}{3}\right)}{\left(2 + \frac{1}{3}\right) + \left(1 + \frac{1}{3}\right)} + \frac{1}{3} \right] Ω = \frac{13}{11} Ω = 1.182 \ Ω$$

也可将图2-7-2(a)中连接①、③节点,②、③节点,④、③节点的对称Y形电阻

电路转换为等效的△形电阻电路,如图2-7-2(c)所示。根据对称的Y、△形电阻电

路等效互换的条件$R_\triangle = 3R_Y = 3$ Ω,按图2-7-2(c)可计算得

$$R = \frac{13}{11} Ω = 1.182 \ Ω$$

2-8 线性电路的性质、叠加定理

在电路中,电压源的电压和电流源的电流称为激励,其余的支路电压和支路电流称

为响应。激励和响应之间是因果关系。由线性元件及独立源构成的电路称为线性电路。

本节将讨论线性电路中的响应与激励之间的关系。

2-8-1 线性电路的齐次性

图2-8-1是只含有一个激励源的线性电路,计算由电流源电流激励i_s所产生的响应

u和i。应用节点分析法,选取参考节点①,以节点电压u_{n1}为求解量的电路方程为

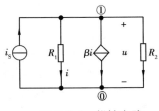

图 2-8-1 线性电路

$$\left(\frac{1}{R_1}+\frac{1}{R_2}\right)u_{n1}=i_S-\beta i$$

控制变量 i 用节点电压表示 $i=\dfrac{1}{R_1}u_{n1}$，可解得

$$u=u_{n1}=\frac{R_1 R_2}{R_1+R_2(1+\beta)}i_S \tag{2-8-1}$$

$$i=\frac{R_2}{R_1+R_2(1+\beta)}i_S \tag{2-8-2}$$

式(2-8-1)、式(2-8-2)表达了响应 u、i 与电流激励 i_S 之间的关系。令

$$K_u=\frac{R_1 R_2}{R_1+R_2(1+\beta)},\qquad K_i=\frac{R_2}{R_1+R_2(1+\beta)}$$

式(2-8-1)、式(2-8-2)可表示为

$$u=K_u i_S,\quad i=K_i i_S \tag{2-8-3}$$

K_u、K_i 只取决于电路的结构和元件的参数，而与激励 i_S 无关。对图 2-8-1 所示电路，在给定 R_1、R_2、β 的情况下，式(2-8-1)和式(2-8-2)可用于计算各种函数形式的电流激励 i_S 所产生的响应电压 u 和响应电流 i。不失一般性，对于只含有一个激励源的线性电路，响应电压、响应电流与激励之间的关系可表示为

$$r=Ke \tag{2-8-4}$$

上式中，r 表示响应，e 表示激励，K 由电路的结构和元件的参数决定。

对于只含有一个激励的线性电路，当激励 e 增大为 m 倍时，响应 r 也增大为 m 倍，即激励乘以常数 m 时，响应也乘以同一常数 m，称为线性电路的齐次性。

例 2-8-1 图 2-8-2 所示电路，求各支路电流。

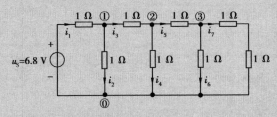

图 2-8-2 例 2-8-1 图

解 本电路是只含有一个激励源的线性电路，各支路电流与激励电压 u_S 之间有式(2-8-4)形式的线性关系。设电压源电压为 u_S' 时 $i_7'=1$ A，则应有

$$u_{n3}'=(1+1)\times1\ \text{V}=2\ \text{V},\quad i_6'=\frac{2}{1}\ \text{A}=2\ \text{A}$$

依次计算 i_5'、u_{n2}'、i_4'、i_3'、u_{n1}'、i_2'、i_1' 得

$$i_5'=i_6'+i_7'=(2+1)\ \text{A}=3\ \text{A},\quad u_{n2}'=1\times i_5'+u_{n3}'=(1\times3+2)\ \text{V}=5\ \text{V}$$

$$i_4'=\frac{5}{1}\ \text{A}=5\ \text{A},\qquad\qquad i_3'=i_4'+i_5'=(5+3)\ \text{A}=8\ \text{A}$$

$$u'_{n1} = 1 \times i'_3 + u'_{n2} = (8+5)\,V = 13\,V, \quad i'_2 = \frac{13}{1}\,A = 13\,A$$

$$i'_1 = i'_2 + i'_3 = (13+8)\,A = 21\,A$$

此时应有
$$u'_S = 1 \times i'_1 + u'_{n1} = (1 \times 21 + 13)\,V = 34\,V$$

而 u_S 是 u'_S 的 K 倍
$$K = \frac{u_S}{u'_S} = \frac{6.8}{34} = 0.2$$

根据线性电路的齐次性可得

$$i_1 = Ki'_1 = 4.2\,A \qquad i_2 = Ki'_2 = 2.6\,A \qquad i_3 = Ki'_3 = 1.6\,A$$

$$i_4 = Ki'_4 = 1\,A \qquad i_5 = Ki'_5 = 0.6\,A \qquad i_6 = Ki'_6 = 0.4\,A$$

$$i_7 = Ki'_7 = 0.2\,A$$

2-8-2　叠加定理

当线性电路中有多个激励源时,响应与激励之间的关系呈何种形式呢? 以图 2-8-3(a)所示的有两个激励源的线性电路为例,计算由电流 i_S 和电压 u_S 共同激励所产生的响应 u 和 i。应用节点分析法,选取参考节点⓪后,以节点电压 u_{n1}、u_{n2} 为求解量的电路方程为

$$u_{n1} = u_S \tag{2-8-5}$$

$$-\frac{1}{R_2}u_{n1} + \left(\frac{1}{R_1} + \frac{1}{R_2}\right)u_{n2} = -i_S + \beta i \tag{2-8-6}$$

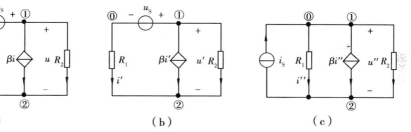

（a）　　　　　　　　　（b）　　　　　　　　　（c）

图 2-8-3　叠加定理

受控源的控制变量 $i = -\dfrac{1}{R_1}u_{n2}$,式(2-8-5)和式(2-8-6)的方程为

$$u_{n1} = u_S \tag{2-8-7}$$

$$-\frac{1}{R_2}u_{n1} + \left(\frac{1+\beta}{R_1} + \frac{1}{R_2}\right)u_{n2} = -i_S \tag{2-8-8}$$

由式(2-8-7)、式(2-8-8)解得

$$u_{n1} = u_S$$

$$u_{n2} = \frac{R_1}{R_1 + R_2(1+\beta)}u_S - \frac{R_1 R_2}{R_1 + R_2(1+\beta)}i_S$$

由 u_{n1}、u_{n2} 解得

$$u = u_{n1} - u_{n2} = \frac{R_2(1 + \beta)}{R_1 + R_2(1 + \beta)} u_S + \frac{R_1 R_2}{R_1 + R_2(1 + \beta)} i_S \tag{2-8-9}$$

$$i = -\frac{1}{R_1} u_{n2} = -\frac{1}{R_1 + R_2(1 + \beta)} u_S + \frac{R_2}{R_1 + R_2(1 + \beta)} i_S \tag{2-8-10}$$

可写为

$$u = K_{u1} u_S + K_{u2} i_S \tag{2-8-11}$$

$$i = K_{i1} u_S + K_{i2} i_S \tag{2-8-12}$$

式(2-8-11)、式(2-8-12)中

$$K_{u1} = \frac{R_2(1 + \beta)}{R_1 + R_2(1 + \beta)}, \quad K_{u2} = \frac{R_1 R_2}{R_1 + R_2(1 + \beta)}$$

$$K_{i1} = -\frac{1}{R_1 + R_2(1 + \beta)}, \quad K_{i2} = \frac{R_2}{R_1 + R_2(1 + \beta)}$$

式(2-8-11)、式(2-8-12)表明:响应 u、i 为激励 i_S 与 u_S 产生的响应的线性组合。显然, K_{u1} 和 K_{i2} 是量纲一的量, K_{u2} 具有电阻的量纲, K_{i1} 具有电导的量纲。式(2-8-9)、式(2-8-10)描述了响应 u、i 与激励 u_S 和 i_S 之间的关系,当 R_1、R_2、β 的值给定后,可用于计算各种函数形式的 u_S 和 i_S 激励所产生的响应 u 和 i。

下面讨论图2-8-3(a)所示电路的两种特殊的工作状况。

1. 当 $i_S = 0$、$u_S \neq 0$ 时的响应 u' 和 i'。

当 $i_S = 0$ 时,电流源可用断路线替代,得图2-8-3(b)所示电路。以 u' 和 i' 为求解量,应用支路分析法建立的电路方程为

$$i' + \beta i' + \frac{1}{R_2} u' = 0$$

$$-R_1 i' + u' = u_S$$

解得

$$u' = \frac{R_2(1 + \beta)}{R_1 + R_2(1 + \beta)} u_S = K_{u1} u_S \tag{2-8-13}$$

$$i' = -\frac{1}{R_1 + R_2(1 + \beta)} u_S = K_{i1} u_S \tag{2-8-14}$$

式(2-8-13)、式(2-8-14)正是令式(2-8-9)和式(2-8-10)中 $i_S = 0$ 应得到的结果。

2. 当 $i_S \neq 0$, $u_S = 0$ 时的响应 u'' 和 i''。

当 $u_S = 0$ 时,电压源可用短接线替代,得图2-8-3(c)所示电路。该电路即图2-8-1的电路,故有

$$u'' = \frac{R_1 R_2}{R_1 + R_2(1 + \beta)} i_S = K_{u2} i_S \tag{2-8-15}$$

$$i'' = \frac{R_2}{R_1 + R_2(1+\beta)} u_S = K_{i2} i_S \tag{2-8-16}$$

式(2-8-15)、式(2-8-16)正是令式(2-8-9)和式(2-8-10)中 $u_S = 0$ 应得到的结果。

式(2-8-13)、式(2-8-14)和式(2-8-15)、式(2-8-16)是 u_S 和 i_S 分别单独作用时的响应电压、响应电流的分量。u_S 和 i_S 共同作用时的响应电压、响应电流即为

$$u = u' + u'' = K_{u1} u_S + K_{u2} i_S \tag{2-8-17}$$

$$i = i' + i'' = K_{i1} u_S + K_{i2} i_S \tag{2-8-18}$$

对于图2-8-3(a)所示电路,当 $R_1 = 2\ \Omega$、$R_2 = 4\ \Omega$、$\beta = 0.5$ 时,有 $K_{u1} = 0.75$、$K_{u2} = 1\ \Omega$、$K_{i1} = -0.125\ S$、$K_{i2} = 0.5$,响应 u、i 与激励 u_S 和 i_S 的关系式为

$$u = 0.75 u_S + i_S$$

$$i = -0.125 u_S + 0.5 i_S$$

对于有多个激励的线性电路,响应电压(响应电流)等于各个激励单独作用时的响应电压(响应电流)的组合。描述线性电路这一性质的叠加定理可叙述如下:在线性电路中,各独立源共同作用时在任一支路产生的响应电压(响应电流)等于各个独立源单独作用时在该支路产生的响应电压(响应电流)的代数和。

在上面的叙述中,各独立源单独作用是:某一独立源单独作用时,其余的独立源的激励全部等于零,即其余的电压源均代之以短路,电流源均代之以开路。受控源不是独立源,不是激励源,在计算独立源单独作用的响应时,所有的受控源仍然留在电路之中,其控制变量仍然是原来的控制变量,只是此时控制变量的值仅为该独立源单独作用时的值。代数和是针对响应的参考方向与它的各个分量(即各个独立源单独作用的响应)的参考方向的关系而言的,将响应的分量叠加时,响应分量的参考方向与响应的参考方向相同的取"+"相反的取"-"。

例2-8-2 用叠加定理求图2-8-4(a)所示电路的电压 u、电流 i 和20 Ω 电阻元件吸收的功率。

解 令电流源单独作用,电压源代之以短路,得图2-8-4(b)所示的电路。应用网孔分析法,按图示网孔电流的方向,有 $i_{m2} = i'$,可得如下方程

$$i_{m1} = 3\ A$$

$$-5 i_{m1} + (20+5) i' = 10 i'$$

解得 $\qquad\qquad\qquad\qquad i' = 1\ A$

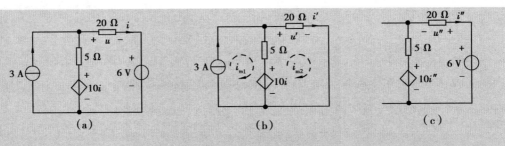

图 2-8-4 例 2-8-2 图

故有 $$u' = 20i' = 20 \text{ V}$$

令电压源单独作用,电流源代之以开路,得图 2-8-4(c)所示的电路。根据 KVL,电路的回路方程为

$$-10i'' + (5+20)i'' = -6$$

解得 $$i'' = -0.4 \text{ A}$$

故有 $$u'' = -20i'' = -20 \times (-0.4) \text{V} = 8 \text{ V}$$

根据叠加定理有

$$i = i' + i'' = (1 - 0.4) \text{A} = 0.6 \text{ A}$$

$$u = u' - u'' = (20 - 8) \text{V} = 12 \text{ V}$$

应用上述计算结果,可计算图中电阻值为 20 Ω 的电阻所吸收的功率

$$p = ui = 12 \times 0.6 \text{ W} = 7.2 \text{ W}$$

需要指出的是:欲计算某元件的功率,不得用各个独立源单独作用时该元件所吸收(或输出)的功率的叠加去计算该元件吸收(或输出)的功率。就例 2-8-2 而言,当 3 A 电流源单独作用时,20 Ω 电阻所吸收的功率 p' 为

$$p' = u'i' = 20 \times 1 \text{ W} = 20 \text{ W}$$

当 6 V 电压源单独作用时,20 Ω 电阻所吸收的功率 p'' 为

$$p'' = u''i'' = (-8) \times (-0.4) \text{W} = 3.2 \text{ W}$$

如果将其叠加的结果 $p = p' + p'' = u'i' + u''i'' = (20 + 3.2) \text{W} = 23.2 \text{W}$ 作为 20 Ω 电阻所吸收的功率显然是错误的。根据功率的计算式应有

$$p = ui = (u' + u'')(i' + i'') = u'i' + u''i'' + u'i'' + u''i' \neq u'i' + u''i''$$

用 $p = p' + p''$ 计算的结果丢掉了 $u'i''$ 和 $u''i'$ 两项。

叠加定理是线性电路线性性质的体现。线性电路既满足齐次性,又满足可加性。在电路分析中,叠加定理有着重要的理论价值和应用价值。

例 2-8-3 在图 2-8-5 所示电路中,N 的内部只含有线性电阻元件和线性受控源。已知当 $i_S = 1 \text{ A}, u_S = 0$ 时,$u = 1 \text{ V}$;当 $i_S = 1 \text{ A}, u_S = 1 \text{ V}$ 时,$u = 1.75 \text{ V}$。试问当

$i_S = 2$ A，$u_S = -1$ V 时，u 等于多少？

解 本例电路是线性电路，令 i_S 单独作用时的响应为 u'，应有 $u' = K_1 i_S$；令 u_S 单独作用时的响应为 u''，应有 $u'' = K_2 u_S$。根据叠加定理，i_S 和 u_S 共同作用的响应 u 为

$$u = u' + u'' = K_1 i_S + K_2 u_S$$

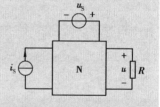

图 2-8-5　例 2-8-3 图

根据已知条件，当 $i_S = 1$ A，$u_S = 0$ 时，$u = 1$ V，故有 $1 = K_1$；当 $i_S = 1$ A，$u_S = 1$ V 时，$u = 1.75$ V，故有 $1.75 = K_1 + K_2$。解得 $K_1 = 1$，$K_2 = 0.75$，故响应 u 与激励 i_S 和 u_S 的关系式为

$$u = i_S + 0.75 u_S$$

当 $i_S = 2$ A，$u_S = -1$ V 时，有

$$u = [2 + 0.75 \times (-1)] \text{V} = 1.25 \text{ V}$$

2-9 替代定理

替代定理的内容可叙述如下：一个有唯一解的电路，如果某支路的电压 u 为已知，那么该支路可以用一个电压源来替代，电压源的电压的函数式和参考方向均与 u 相同；如果某支路的电流 i 为已知，那么该支路可以用一个电流源来替代，电流源的电流的函数式和参考方向均与 i 相同。如果替代以后电路仍有唯一解，那么电路中各支路电压、电流均保持原值。

以图 2-9-1(a) 所示电路为例，N 表示一个二端元件，已知元件的端电压 u 和电流 i。

假设在元件 N 所在支路上串联两个电压等于 u 而参考方向相反的电压源如图 2-9-1(b) 所示，这两个电压源的接入对电路 M 的所有约束关系没有任何影响。根据 KVL 可知，$u_{ac} = 0$，a、c 两节点是等电位的，将 a、c 两节点短接对电路中的所有电压、电流亦无任何影响。用电压源 u 替代元件 N 得图 2-9-1(c) 所示的电路，而 M 中的电压、电流的约束关系与在图 2-9-1(a) 的电路中是完全相同的，即替代以后电路中的各支路电压、支路电流均与原来的相同。

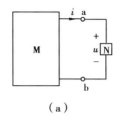　　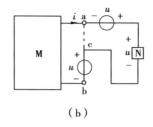　　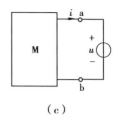

（a）　　　　　　　　　　（b）　　　　　　　　　　（c）

图 2-9-1　替代定理

假设在元件 N 所在支路两端并联两个电流等于 i 而参考方向相反的电流源如图 2-9-2(a) 所示，这两个电流源的接入对电路 M 的所有约束关系没有任何影响。根据 KCL

可知,$i'=0$。用电流源 i 替代元件 N 得图 2-9-2(b)所示的电路,而 M 中的电压、电流的约束关系与在图 2-9-2(a)的电路中是完全相同的,即替代后的电路中各支路电压、支路电流均与原来的相同。

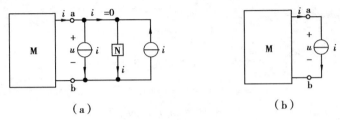

图 2-9-2　替代定理

上述的替代不仅适用于支路,也适用二端网络。一个二端网络,可以根据已知的端电压或端电流用一个电压源或电流源来替代。设图 2-9-3(a)所示的电路有唯一解,二端网络 N 的端电压 u 或电流 i 为已知,如果应用替代定理,图 2-9-3(b)和(c)的电路仍有唯一解,那么在 N 被替代前及替代后的图 2-9-3(a)、图 2-9-3(b)、图 2-9-3(c)3 个电路中,网络 M 中所有的支路电压、支路电流均相同。

图 2-9-3　替代定理

需要指出的是:如果被替代的网络 N 中的某支路电压或电流为 M 中的受控源的控制变量,而替代以后该控制变量不复存在,则不得使用替代定理去替代 N 网络。

例 2-9-1　图 2-9-4(a)所示的含晶体三极管的电路,若晶体三极管工作在放大模式,而且 $I_c=\beta I_b,\beta=150,U_{be}=0.7\ \text{V}$,试求电压 U_{ce}。

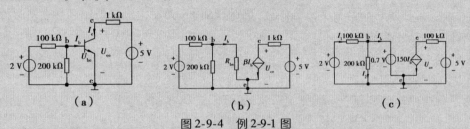

图 2-9-4　例 2-9-1 图

解　用受控源表示的图 2-9-4(a)电路的等效电路如图 2-9-4(b)所示,已知 $U_{be}=0.7\ \text{V}$,应用替代定理,用电压源替代 R_{be} 支路得图 2-9-4(c)所示电路。可解得

$$I_2=\frac{0.7}{200\times10^3}\ \text{A}=3.5\ \mu\text{A}$$

$$I_1 = \frac{2 - 0.7}{100 \times 10^3} \text{A} = 13 \ \mu\text{A}$$

$$I_b = I_1 - I_2 = (13 - 3.5) \ \mu\text{A} = 9.5 \ \mu\text{A}$$

$$U_{ce} = 5 - 1 \times 10^3 \times 150 I_b = (5 - 1 \times 10^3 \times 150 \times 9.5 \times 10^{-6}) \text{V}$$

$$= 3.575 \text{ V}$$

2-10 戴维宁定理和诺顿定理

在本章中介绍的支路分析法、节点分析法等电路分析方法是系统的分析方法,在选择一组合适的求解量,建立电路方程,求解方程以后可进一步计算整个电路中所有的电压、电流。在实际的工程中,往往只需要确定少数支路的电压、电流。例如,对于电路中的某一元件的参数值需要反复调整,而其他部分保持不变的电路,当只需要求得要调整参数元件的电压或电流时,如果对整个电路反复地计算以求得该元件取各种参数值时的电压或电流,其计算量是很大的。戴维宁定理和诺顿定理给出了一种寻求电路中固定不变部分的等效电路的方法,可减少计算工作量。

2-10-1 二端电阻网络的等效电阻

一个不含独立源,仅含线性电阻元件和受控源的线性
二端网络 N_0(控制变量应当是 N_0 内部的变量,可以是二端
网络 N_0 的端部电压或端部电流),对外部电路而言,可以等

图 2-10-1 等效电阻

效为一个电阻。该线性二端网络 N_0 的等效电阻为端电压 u 与端电流 i(如图 2-10-1 所示)之比,即

$$R_{eq} \overset{\text{def}}{=} \frac{u}{i} \tag{2-10-1}$$

例 2-10-1 求图 2-10-2(a)所示的二端网络的等效电阻。

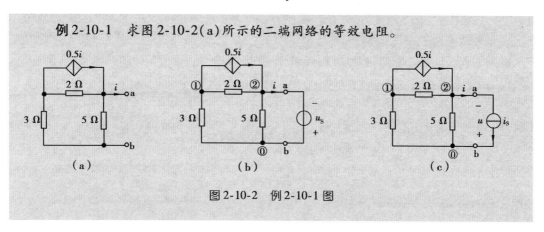

图 2-10-2 例 2-10-1 图

解法1 本例可用在二端网络的端部 a、b 端子间加电压源，计算端电流的方法求解。考虑到图(a)中的端电流 i 的参考方向在二端网络上是从 b 端子指向 a 端子，故 a、b 端子间所施加的电压源的电压 u_S 的参考方向指定为 b 端子为"+"，a 端子为"−"(如图2-10-2(b)所示)，以保证对 a、b 左侧的二端网络而言，其端电压 u_S 与端电流 i 为关联参考方向。选参考节点如图，应用节点分析法，以 u_{n1}、u_{n2} 和 i 为求解量的改进节点方程为

$$\left(\frac{1}{2}+\frac{1}{3}\right)u_{n1}-\frac{1}{2}u_{n2}+0.5i=0$$

$$-\frac{1}{2}u_{n1}+\left(\frac{1}{2}+\frac{1}{5}\right)u_{n2}+i-0.5i=0$$

$$u_{n2}=-u_S$$

解得 $i=0.5u_S$，二端网络的等效电阻 $R_{eq}=\dfrac{u_S}{i}=2\ \Omega$。

也可采用在端部接入电流源，计算端部电压的方法求解。在 a、b 端子间接入电流源 i_S 如图2-10-2(c)所示，端电压 u 的参考方向指定为 b 端子为"+"，a 端子为"−"，以满足在 a、b 左侧的二端网络上 u、i 为关联参考方向的要求。如果考虑到等效电阻是端电压与端电流的比，令电流源 $i_S=1$ A 将会简化计算。应用节点分析法，以 u_{n1}、u_{n2} 为求解量的节点方程为

$$\left(\frac{1}{2}+\frac{1}{3}\right)u_{n1}-\frac{1}{2}u_{n2}+0.5i=0$$

$$-\frac{1}{2}u_{n1}+\left(\frac{1}{2}+\frac{1}{5}\right)u_{n2}+i-0.5i=0$$

$$i=1\ \text{A}$$

解得 $u=-u_{n2}=2$ V。二端网络的等效电阻为

$$R_{eq}=\frac{u}{i}=\frac{2\ \text{V}}{1\ \text{A}}=2\ \Omega$$

解法2 如果二端网络的结构比较简单，也可以直接推导出其端部电压电流的关系式，从而求得等效电阻。将本例的电路图重画如图2-10-3所示。将图2-10-3(a)中受控电流源、电阻并联电路转换为等效的受控电压源、电阻串联电路

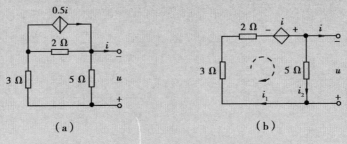

(a)　　　　　　　　　　　(b)

图2-10-3　例2-10-1图

后得图2-10-3(b)所示电路。根据图中指定的端电压 u 的参考方向有 $i_2 = -\dfrac{u}{5}$。

应用 KCL,得节点电流方程

$$i_1 = i + i_2 = i - \frac{u}{5} \tag{2-10-2}$$

应用 KVL,根据图中指定的回路绕行方向得回路电压方程

$$(3+2)i_1 - i - u = 0 \tag{2-10-3}$$

由式(2-10-2)和式(2-10-3)可得 $u = 2i$,二端网络的等效电阻 $R_{\text{eq}} = \dfrac{u}{i} = 2\ \Omega$。

不含独立源的线性二端网络的等效电阻只取决于该网络的结构和内部各元件的参数,与端部的电压、电流无关。欲确定该线性二端网络的等效电阻,可以在端部加电压 u,通过计算或者测量确定电流 i;也可以在端部接入电流 i,通过计算或者测量端部电压 u,然后按式(2-10-1)计算其等效电阻。需要指出的是:按式(2-10-1)的等效电阻的定义,在二端网络 N_0 上的电压 u 和电流 i 的参考方向应当是关联参考方向。

对于由线性电阻元件和受控源构成的二端网络,其等效电阻有可能出现负值的情况。以图2-10-4所示的二端网络为例,该二端网络端部电压、电流关系式为

$$u = 200(i - 3i) + 100i = -300i$$

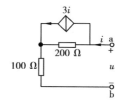

图2-10-4 等效电阻为负值的电路

其等效电阻

$$R_{\text{eq}} = \frac{u}{i} = -300\ \Omega$$

这表明:该二端网络在电路中与一个电阻为负值的电阻元件等效。二端网络与负电阻元件等效的原因在于它的内部含有受控源,受控源是有源元件,它可以向电路输出功率。负电阻元件在电路中输出功率,这类元件可以用专门设计的电子电路来实现。

在电路分析中,有多种情况都需要计算不含独立源,仅由线性电阻元件和受控源构成的二端网络的等效电阻,请读者注意。

2-10-2 戴维宁定理

戴维宁定理可叙述如下:

一个由独立源、线性电阻元件和线性受控源[1]构成的二端网络 N,对外部电路而言,该二端网络与一个电压源和一个电阻元件串联的电路等效,串联电路中的电压源的电压

---

[1]受控源的控制变量只能是该线性二端网络内的变量,可以是其端部电压或电流。该线性二端网络中不包含外部电路中的受控源的控制变量。

等于二端网络 N 的两个端子间开路时两端子间的电压（又称开路电压 u_{oc}），与电压源串联的电阻元件的电阻等于二端网络 N 中所有的独立源置零后所得到的二端网络 N_0 的等效电阻 R_{eq}。由电压等于 u_{oc} 的电压源和电阻等于 R_{eq} 的电阻元件串联构成的电路称为原二端网络 N 的戴维宁等效电路。

图 2-10-5(a)中的二端网络 N 的戴维宁等效电路如图 2-10-5(b)所示。图 2-10-5(b)中电压源的电压等于原二端网络 N 的两端子 a、b 间开路（如图 2-10-5(c)所示，$i=0$ 表示 a、b 间开路）时的开路电压 u_{oc}；图 2-10-5(b)中的电阻元件的电阻 R_{eq} 等于原二端网络 N 中的所有独立源全部置零，电阻元件和受控源全部保留所得到的由 N 演变而来的不含独立源的线性二端网络 N_0 的等效电阻 R_{eq}（如图 2-10-5(d)所示）。

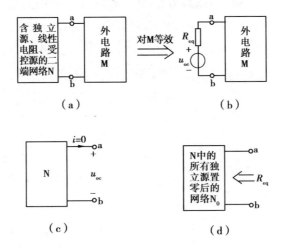

图 2-10-5　戴维宁等效电路的说明

为了证明戴维宁定理的正确性，在图 2-10-6(a)、(b)两图中，按照等效的要求，需证明 N 和 N′ 有相同的端部 u—i 特性才能对任意的外电路都是等效的。不失一般性，设外电路为一个电流等于 i 的电流源。应用叠加定理计算图 2-10-6(a)中的电压 u。u 等于 $i=0$ 时，N 中全部独立源作用时的响应分量 u'（如图 2-10-6(c)所示）与电流源 i 单独作用时的响应分量 u''（如图 2-10-6(d)所示）的叠加；在图 2-10-6(c)中，$u'=u_{oc}$；在图 2-10-6(d)中，N_0 为 N 中的独立源全部置零后所得到的二端网络，设 N_0 的等效电阻为 R_{eq}，则有 $u''=-R_{eq}i$。u' 与 u'' 的叠加即得

$$u=u'+u''=u_{oc}-R_{eq}i \tag{2-10-4}$$

上式既是图 2-10-6(a)中 N 的端部 u—i 关系式，也是图 2-10-6(b)中 N′ 的端部 u—i 关系，所以 N′ 是 N 的等效电路。

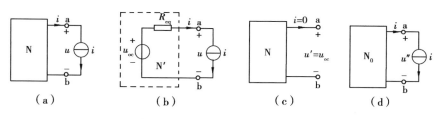

图 2-10-6 戴维宁定理的证明

例 2-10-2 对图 2-10-7(a)所示电路,试求当负载 R 分别为 1,4,10 Ω 时的电流 i。

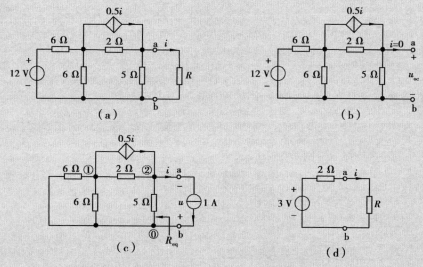

图 2-10-7 例 2-10-2 图

解 如果按图 2-10-7(a)所示电路计算 R 中的电流,若 R 分别为 1,4,10 Ω,则需进行 3 次计算,而在各次计算中,R 左侧电路是不变的。为了减小计算量,可应用戴维宁定理,先求出 R 左侧电路的戴维宁等效电路,进而计算 R 不同取值时的电流 i。

1.计算 R 左侧电路的开路电压。

将图 2-10-7(a)电路中的 a、b 端子开路($i=0$),得图 2-10-7(b)电路。在图 2-10-7(b)电路中,因为 $i=0$,所以电流控电流源的电流亦等于零,故该电路相当于一个简单的电阻串、并联的电路,可计算出开路电压。

$$u_{oc} = 5 \times \frac{12}{6 + \dfrac{6 \times (2+5)}{6+(2+5)}} \times \frac{6}{6+(2+5)} \text{ V} = 3 \text{ V}$$

2.将图 2-10-7(a)电路中 R 左侧电路中的电压源用短接线替代后,在 a、b 端子间接入一个 1 A 的电流源如图 2-10-7(c)所示。计算图 2-10-7(c)电路 a、b 端子左侧电路的等效电阻 R_{eq}。欲求得 u,应用节点分析法得下述方程

$$\left(\frac{1}{6} + \frac{1}{6} + \frac{1}{2} \right) u_{n1} - \frac{1}{2} u_{n2} = -0.5i$$

$$-\frac{1}{2}u_{n1} + \left(\frac{1}{2} + \frac{1}{5}\right)u_{n2} = -1 + 0.5i$$

$$i = 1 \text{ A}$$

解得 $u_{n1} = -1.8 \text{ V}, u_{n2} = -2 \text{ V}$。故有

$$u = -u_{n2} = 2 \text{ V}$$

图 2-10-7(c)电路中 a、b 左侧电路的等效电阻

$$R_{eq} = \frac{u}{i} = \frac{2}{1} \ \Omega = 2 \ \Omega$$

3.将 R 左侧电路用戴维宁等效电路代替后得到图 2-10-7(d)所示电路,得

$$i = \frac{3}{2+R}$$

当 R 取值为 1,4,10 Ω 时,电流 i 分别为 1,0.5,0.25 A。

2-10-3　诺顿定理

诺顿定理可叙述如下:

一个由独立源、线性电阻元件和线性受控源构成的二端网络 N,对外部电路而言,该二端网络与一个电流源和一个电阻元件并联的电路等效,并联电路中的电流源的电流等于原二端网络 N 的两个端子短路时端子间的电流(称短路电流 i_{sc}),与电流源并联的电阻元件的电阻等于二端网络 N 中所有的独立源置零后所得到的二端网络的等效电阻 R_{eq}。由电流等于 i_{sc} 的电流源和电阻等于 R_{eq} 的电阻元件并联构成的电路称为原二端网络 N 的诺顿等效电路。

图 2-10-8 表明了二端网络 N 的诺顿等效电路及等效电路中的电流源、电阻与原二端网络 N 的关系。图 2-10-8(b)中电流源的电流等于原二端网络 N 的两个端子间短路(如

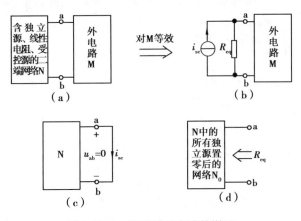

图 2-10-8　诺顿等效电路的说明

图2-10-8(c)所示,$u_{ab}=0$ 表示两端子间短路)时的电流 i_{sc};图 2-10-8(b)中的电阻 R_{eq} 与戴维宁定理中的 R_{eq} 相同,如图 2-10-8(d)所示。将图 2-10-8(a)中的外电路改换为电压源,再应用叠加定理即可证明图 2-10-8(a)中二端网络 N 与图 2-10-8(b)中电流源 i_{sc} 和电阻元件 R_{eq} 并联构成的电路有相同的端部 u—i 关系,它们对 M 是等效的。

例 2-10-3 求例 2-10-2 中负载 R 左侧电路的诺顿等效电路。

解 将例 2-10-2 电路中负载 R 左侧的二端网络重画如图 2-10-9(a)所示。应用诺顿定理,分别计算 a、b 端子间的短路电流 i_{sc} 和图 2-10-9(c)电路的等效电阻 R_{eq}。

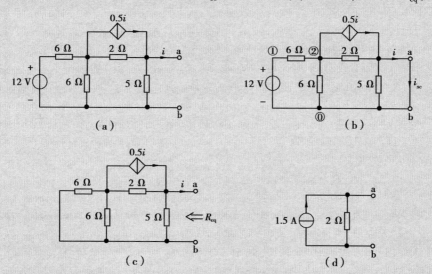

图 2-10-9 例 2-10-3 图

1. 计算 a、b 端子间的短路电流 i_{sc}。

将 a、b 两端子短接,并指定 a、b 端子间的短路电流的参考方向如图 2-10-9(b)所示。电阻为 5 Ω 的电阻元件两端电压为零,其元件电流亦等于零。应用节点分析法,电路方程为

$$u_{n1} = 12 \text{ V}$$

$$-\frac{1}{6}u_{n1} + \left(\frac{1}{6} + \frac{1}{6} + \frac{1}{2}\right)u_{n2} = -0.5i$$

控制变量 i 与节点电压的关系为

$$i = 0.5i + \frac{1}{2}u_{n2}$$

解得 $u_{n2} = 1.5 \text{ V},i = 1.5 \text{ A}$,故有 $i_{sc} = i = 1.5 \text{ A}$。

2. 将图 2-10-9(a)电路中的电压源代之以短路得图 2-10-9(c)电路,其等效电阻同例 2-10-2,$R_{eq} = 2 \text{ Ω}$。

3. 诺顿等效电路如图 2-10-9(d)所示。

需要特别提醒:应当正确地标出诺顿等效电路中的电流源的参考方向。就本例而言,在计算短路电流时已经指定短路电流 i_{sc} 的参考方向为从 a 端子指向 b 端子,则诺顿等效电路中的电流源的参考方向应当是从 b 端子指向 a 端子(才能保证 a、b 间的短路电流 $i_{sc} = 1.5\ A$)。

一个含有独立源的线性二端网络 N(如图 2-10-10(a)所示),如果其戴维宁等效电路存在且端部电压 u 和电流 i 的参考方向如图 2-10-10(b)所示,则端部电压电流关系可写为

$$u = u_{oc} - R_{eq}i \tag{2-10-5}$$

或

$$i = \frac{u_{oc}}{R_{eq}} - \frac{u}{R_{eq}} \tag{2-10-6}$$

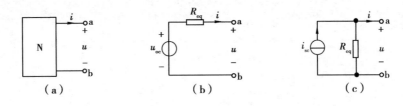

图 2-10-10　同一个二端网络的戴维宁等效电路与诺顿等效电路

如果其诺顿等效电路存在且端部电压 u 和电流 i 的参考方向如图 2-10-10(c)所示,则端部电压、电流关系可写为

$$i = i_{sc} - \frac{u}{R_{eq}} \tag{2-10-7}$$

或

$$u = R_{eq}i_{sc} - R_{eq}i \tag{2-10-8}$$

一个二端网络,如果端部电压 u 和电流 i 的参考方向已经指定,则端部电压、电流关系式是确定的,故式(2-10-5)与式(2-10-8)应当是相同的[式(2-10-6)与式(2-10-7)亦应当是相同的]。因此,同一个二端网络的戴维宁等效电路和诺顿等效电路中的元件的参数之间具有如下关系:

$$u_{oc} = R_{eq}i_{sc} \quad 或 \quad i_{sc} = \frac{u_{oc}}{R_{eq}}$$

由此可知,根据二端网络的开路电压 u_{oc} 和短路电流 i_{sc},可用下式

$$R_{eq} = \frac{u_{oc}}{i_{sc}} \tag{2-10-9}$$

计算将原二端网络中的全部独立源置零后所得到不含独立源的二端网络的等效电阻 R_{eq}。式(2-10-9)也提供了一种用实验的方法获得二端网络的戴维宁等效电路或诺顿等效电路的途径。特别是对于那些无从了解其内部结构,无法通过上述计算求得等效电路

的二端网络,采用测量两个端子之间的开路电压 u_{oc} 和短路电流 i_{sc} ,再计算等效电阻 R_{eq} 的方法,即可获所需要的戴维宁等效电路或诺顿等效电路。在测量 u_{oc} 和 i_{sc} 时,由测量仪表的内阻所带来的误差及其补偿的方法,读者可查阅有关的实验指导书。

例2-10-4　试求图2-10-11(a)所示电路的戴维宁等效电路和诺顿等效电路。

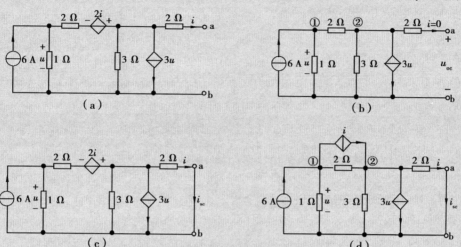

图2-10-11　例2-10-4图

解　先计算二端网络的端部开路电压 u_{oc} 。a、b 端子开路时,端部电流 $i=0$,得图 2-10-11(b)电路,应用节点分析法求 u_{oc} ,节点电压方程为

$$\left(1+\frac{1}{2}\right)u_{n1} - \frac{1}{2}u_{n2} = 6$$

$$-\frac{1}{2}u_{n1} + \left(\frac{1}{2}+\frac{1}{3}\right)u_{n2} + 3u = 0$$

$$u = u_{n1}$$

解得 $u_{n2} = -6\ \text{V}$,即得 $u_{oc} = u_{n2} = -6\ \text{V}$ 。

计算端部开路电压后,再计算二端网络端部的短路电流 i_{sc} 。将原网络的 a、b 端子短路得图2-10-11(c)所示电路。在图2-10-11(b)中已指定开路电压 u_{oc} 的参考方向为 a 端子为"+",b 端子为"-",故在图2-10-11(c)中指定短路电流 i_{sc} 的参考方向为从 a 端子指向 b 端子。将受控电压源与电阻串联电路等效互换为受控电流源与电阻并联电路得图2-10-11(d)所示电路,应用节点分析法求节点电压,节点方程为

$$\left(1+\frac{1}{2}\right)u_{n1} - \frac{1}{2}u_{n2} + i = 6$$

$$-\frac{1}{2}u_{n1} + \left(\frac{1}{2}+\frac{1}{3}+\frac{1}{2}\right)u_{n2} + 3u - i = 0$$

$$i = \frac{u_{n2}}{2}$$

$$u = u_{n1}$$

解得 $u_{n2} = -12$ V，故短路电流为 $i_{sc} = i = \frac{u_{n2}}{2} = \frac{-12}{2}$ A $= -6$ A。

二端网络中的 6 A 电流源置零后所得到的不含独立源的二端网络的等效电阻

$$R_{eq} = \frac{u_{oc}}{i_{sc}} = \frac{-6}{-6} \ \Omega = 1 \ \Omega$$

电路的戴维宁等效电路如图 2-10-12 所示，诺顿等效电路如图 2-10-13 所示。

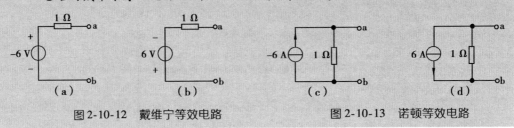

图 2-10-12　戴维宁等效电路　　　　　　图 2-10-13　诺顿等效电路

在计算将二端网络 N 中的全部独立源置零后得到的二端网络 N_0 的等效电阻时，可能会遇到等效电阻为零或无限大的情况。如果已经计算出 N 的端部开路电压，又算得 N_0 的等效电阻为零，则二端网络 N 与一个电压源等效，没有诺顿等效电路。如果已经计算出 N 的端部短路电流，又发现 N_0 的等效电阻为无限大，则二端网络 N 该与一个电流源等效，没有戴维宁等效电路。

戴维宁等效电路和诺顿等效电路在工程实际中有重要的应用。在电子系统中使用的信号源本身也是一个电子系统，在分析电子电路时常将其视为电压源与信号源内阻串联的等效信号源或者电流源与信号源内阻并联的等效信号源。又如在分析含有一个非线性电阻元件的电路时，可将除去非线性电阻元件以外的线性二端网络用戴维宁等效电路或诺顿等效电路代替以后再用图解法求解。

例 2-10-5　图 2-10-14(a) 是含有一个非线性电阻元件的电路，非线性电阻元件 $i = f(u)$ 的 u—i 特性曲线如图 2-10-14(b) 所示，求电压 u 和电流 i。

解　首先可以求得 a、b 左侧电路的戴维宁等效电路或诺顿等效电路。为此，先计算图 2-10-14(c) 所示电路的开路电压。

$$u_{oc} = 5 \times \frac{200}{1\ 000 + 200} \ \text{V} = 0.833 \ \text{V} = 833 \ \text{mV}$$

再计算图 2-10-14(d) 所示电路的短路电流为

$$i_{sc} = \frac{5}{1\ 000 + \frac{200 \times 1\ 000}{200 + 1\ 000}} \times \frac{200}{200 + 1\ 000} \ \text{A} = 714 \times 10^{-6}\text{A} = 714 \ \mu\text{A}$$

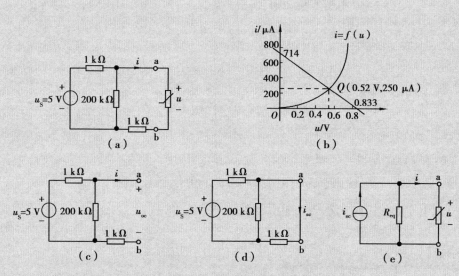

图 2-10-14 例 2-10-5 图

根据开路电压和短路电流计算等效电阻为

$$R_{eq} = \frac{u_{oc}}{i_{sc}} = \frac{0.833}{714 \times 10^{-6}} \Omega = 1.166 \text{ k}\Omega$$

a、b 左侧电路的诺顿等效电路如图 2-10-14(e) 所示,其端部 u—i 特性方程为

$$i = i_{sc} - \frac{u}{R_{eq}} = 714 \times 10^{-6} - \frac{u}{1\ 166}$$

上述方程在图 2-10-14(b) 中的图形是一条直线,与纵轴的交点为 714 μA,与横轴的交点为 0.833 V。该直线与非线性电阻元件 u—i 曲线的交点 Q 点的坐标即为所求的 u 和 i,即

$$u = u_Q = 0.52 \text{ V}$$

$$i = i_Q = 250 \text{ μA}$$

习　题

2-1　题 2-1 图为某电路的图。(1)选取 3 个不同的树,说明树支和连支;(2)该图独立的 KCL 方程数和独立的 KVL 方程数为多少;(3)列出一组独立的 KCL 方程和独立的 KVL 方程。

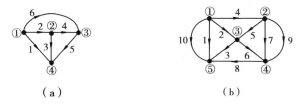

题 2-1 图

2-2 对题 2-1 图所示的电路的图,选取网孔为独立回路,列出网孔的 KVL 方程。

2-3 用支路电流法求题 2-3 图所示电路中的 i_1、i_2、i_3。

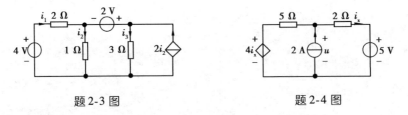

题 2-3 图　　　　　　　题 2-4 图

2-4 用支路分析法求题 2-4 图所示电路中的电流 i_x 和 u。

2-5 用支路分析法求题 2-5 图所示电路中的 i_x 和 u。

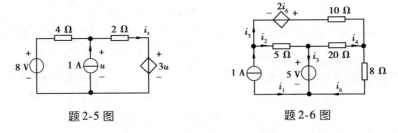

题 2-5 图　　　　　　　题 2-6 图

2-6 以支路电流 i_1、i_2、i_3、i_4、i_5、i_6 为求解量,列写题 2-6 图所示电路的电路方程。

2-7 题 2-7 图所示电路,试求电压 u_x。

2-8 题 2-8 图所示电路,用节点分析法或改进的节点分析法求电流 i_x。

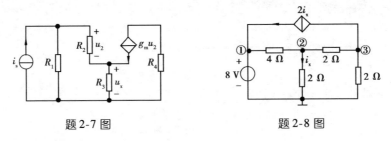

题 2-7 图　　　　　　　题 2-8 图

2-9 按题 2-9 图中指定的节点编号列出电路的节点电压方程或改进的节点方程。

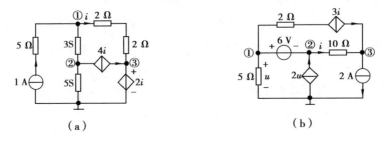

（a）　　　　　　　　　（b）

题 2-9 图

2-10 题 2-10 图所示电路,用节点分析法或改进的节点分析法求电压 u_x。

2-11 试用节点分析法求解题 2-11 图中的电压 u_x。

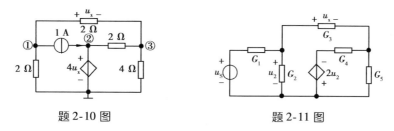

题 2-10 图   题 2-11 图

2-12 试求题 2-12 图中的电压 u_0。

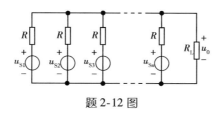

题 2-12 图

2-13 用网孔分析法求题图 2-3 所示电路的电流 i_1、i_2、i_3。

2-14 用网孔分析法求题图 2-4 所示电路的电流 i_x。

2-15 用回路分析法求题图 2-5 所示电路的电压 u。

2-16 用网孔分析法写出题 2-6 图所示电路的网孔方程。

2-17 题 2-17 图为"信号相加电路", u_{S1}、u_{S2} 为输入, u_2 为输出, 试导出该电路的输入-输出关系式。

2-18 题 2-18 图是一个放大器的等效电路, i_S 为输入, i_0 为输出, 试求该电路的电流增益 $K_i = \dfrac{i_0}{i_S}$。

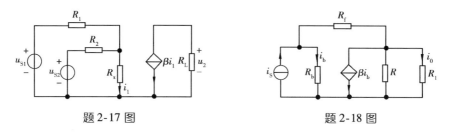

题 2-17 图   题 2-18 图

2-19 题 2-19 图所示电路, 试求(1)a,b 右端电路的等效电路;(2)电流 i 和 i_1。

2-20 试求题 2-20 图所示电路中电压源输出的功率、电压 u 以及电流 i。

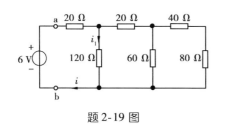   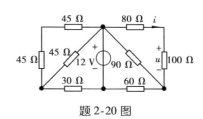

题 2-19 图   题 2-20 图

2-21　试求题 2-21 图所示电路的等效电路。

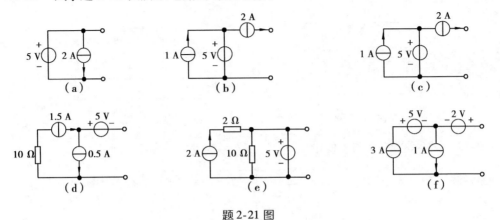

题 2-21 图

2-22　试求题 2-22 图所示电路的电压源、电阻串联和电流源、电阻并联的等效电路。

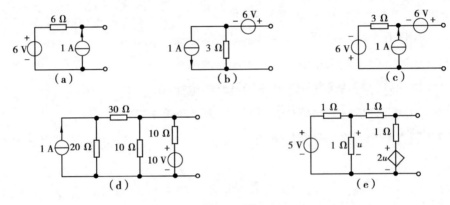

题 2-22 图

2-23　试用电路的等效替换的方法求题 2-23 图所示电路中的电流 i。

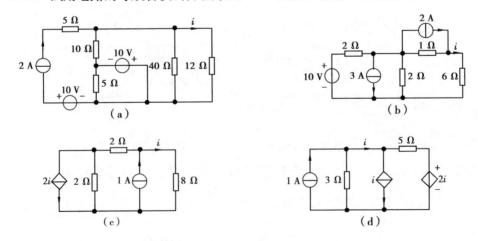

题 2-23 图

2-24　试求题 2-24 图所示电路的等效电阻 R_{ab}。

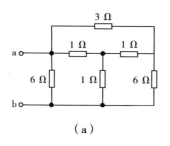

（a）

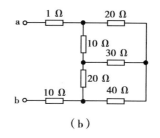

（b）

题 2-24 图

2-25　试求题 2-25 图所示电路中各电源发出的功率。

2-26　题 2-26 图所示电路中的电阻元件均为 1 Ω ，试求 a,b 端子间的等效电阻 R_{ab}。

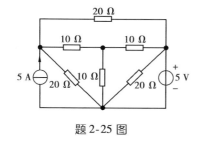

题 2-25 图

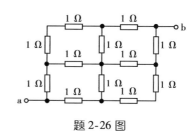

题 2-26 图

2-27　题 2-27 图所示电路为半无限长的梯形电路,求等效电阻 R_{ab}。

2-28　题 2-28 图所示电路,求(1)当 $u_S = 6$ V 时的电流 i_x;(2)当 $u_S = 2$ V 时的电流 i_x;(3)欲使 $i_x = 1$ A,u_S 应为多少?

2-29　试用叠加定理求题 2-29 图所示电路中的电压 u、电流 i_x,以及电压源、电流源、受控源输出的功率。

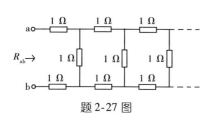

题 2-27 图

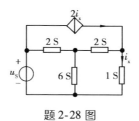

题 2-28 图

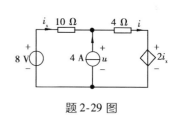

题 2-29 图

2-30　题 2-30 图所示电路,N 为由线性电阻元件、线性受控源构成的网络。已知当 $u_{S1} = 3$ V,$u_{S2} = 5$ V 时,$i_y = 6$ A;当 $u_{S1} = -3$ V,$u_{S2} = 5$ V 时,$i_y = 0$。试求当 $u_{S1} = -2$ V,$u_{S2} = 3$ V 时,i_y 为多少?

2-31　题 2-31 图所示电路,N 为由独立源、线性电阻元件和线性受控源构成的网络。已知当 $i_S = 2$ A 时,$i = 1.6$ A;当 $i_S = 0$ 时,$u = -6$ V。试求当 $i_S = -2$ A 时的电流 i。

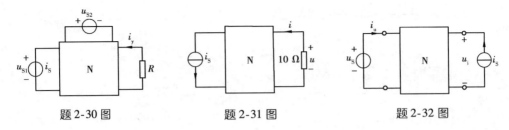

题2-30图   题2-31图   题2-32图

2-32 题2-32图所示电路,N为不含独立源、仅由线性电阻元件和线性受控源构成的网络。已知:

(1)当 $u_S = 6$ V、$i_S = 0$ 时,电压源 u_S 输出的功率为12 W,电流源支路的电压 $u_i = 3$ V;

(2)当 $u_S = 0$,$i_S = 1$ A 时,电流源 i_S 输出的功率为4 W,电压源支路的电流 $i_u = 0.5$ A。

试求当 $u_S = 9$ V、$i_S = 0.5$ A 时两个电源输出的功率。

2-33 试求题2-33图所示电路的等效电阻。

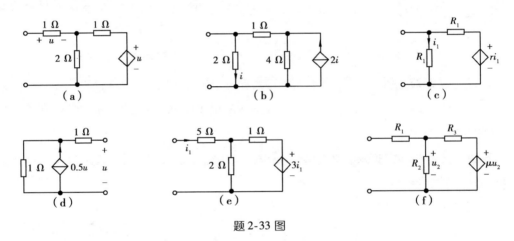

题2-33图

2-34 试求题2-34图所示电路中 a、b 端子间的开路电压 u_{oc}。

2-35 试求题2-35图所示电路中 a、b 端子间的短路电流 i_{sc}。

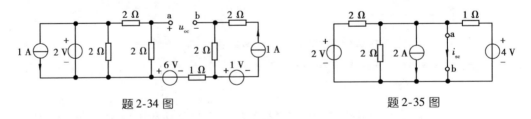

题2-34图   题2-35图

2-36 试求题2-36图所示电路的戴维宁等效电路。

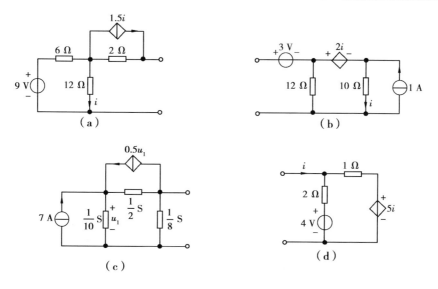

（a）　（b）

（c）　（d）

题 2-36 图

2-37　试求题 2-37 图所示电路中 a、b 左端的戴维宁等效电路和诺顿等效电路，应用所得到的等效电路求电流 i。

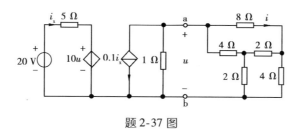

题 2-37 图

2-38　题 2-38 图（a）所示电路中，已知线性网络 N 的端部电压电流关系式如题 2-38图（b）所示，线性网络 M 的端部电压电流关系式为 $i = \left(\dfrac{u}{5} - 1\right)$A，求电流 i_x。

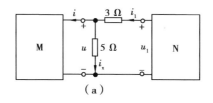

（a）

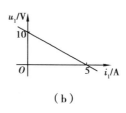

（b）

题 2-38 图

2-39　一个含有独立源的线性二端网络，用内阻为 50 kΩ 的电压表测量其二端子间的电压为 30 V，用内阻为 100 kΩ 的电压表测量其端电压为 50 V，试求该二端网络的戴维宁等效电路。

2-40　试求题 2-40 图所示电路的戴维宁等效电路和诺顿等效电路。

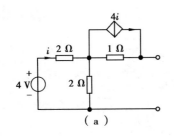

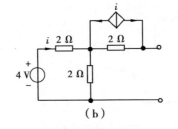

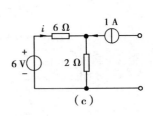

（a）　　　　　　　　　（b）　　　　　　　　　（c）

题 2-40 图

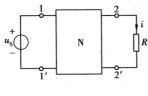

题 2-41 图

2-41　题 2-41 图所示电路中，N 为含独立源的线性电阻网络，令 2-2′左端的含独立源的二端网络中的所有独立源为零后其等效电阻为 500 Ω。又知当 $R = 1$ kΩ 时，若 $u_\mathrm{S} = 0$，有 $i = 1$ mA；若 $u_\mathrm{S} = 6$ V，有 $i = 3$ mA。试求当 $u_\mathrm{S} = 9$ V，$R = 2.5$ kΩ 时的电流 i。

 # 正弦电流电路的分析

本章介绍分析正弦电流电路的相量分析法。用相量表示正弦量,得到基尔霍夫定律的相量形式及电路元件的相量模型,将求解描述正弦电流电路的微分方程的特解变换为求解正弦量的相量的代数方程。相量分析法是分析正弦电流电路的有效的方法,复数及其运算是相量法的基础。

3-1 正弦电压和正弦电流

随时间按正弦规律变化的电压(电流)称为正弦电压(电流)。正弦电压(电流)是一种周期函数。图 3-1-1 是一个正弦电压的波形图。正弦电压可以用正弦函数表示如下:

$$u = U_m\sin(\omega t + \psi) \qquad (3\text{-}1\text{-}1)$$

正弦电压(电流)也可以用余弦函数来表示。本书采用正弦函数表示正弦电压和正弦电流。在绘制正弦函数的波形图时,横坐标表示的变量也可以是 ωt,如图 3-1-1 中所示。

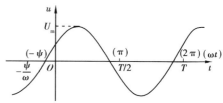

图 3-1-1 正弦电压的波形图

3-1-1 正弦电压(电流)的幅值、角频率和初相角

在式(3-1-1)中,U_m 称为正弦电压 u 的幅值;$\omega t + \psi$ 为正弦电压 u 的辐角,又称为瞬时相角,简称相角;ψ 为 $t = 0$ 时的相角,称为初相角,简称初相;ω 称为正弦电压 u 的角频率,单位为弧度/秒(符号为 rad/s)。设正弦电压 u 的周期为 T,频率为 f,则角频率 ω 与 T、f 的关系为

$$\omega = 2\pi f = \frac{2\pi}{T}$$

我国电力系统提供频率为 50 Hz 的正弦电压,其角频率为

$$\omega = 2\pi f = 2 \times 3.14 \times 50 \text{ rad/s} = 314 \text{ rad/s}$$

在实际应用中,初相角的单位可以用弧度或度,而且在主值范围内取值,即 $-\pi \leqslant \psi \leqslant \pi$。由正弦函数的波形图可以确定其初相。在 $-\pi \sim \pi$ 范围内,从函数值由负值到正值的过零点起到坐标原点的距离所代表的角度即该正弦函数的初相角的大小 $|\psi|$。若过零点在坐标原点的左侧,即表明提前过零,在 $t = 0$ 时,函数值为正,故初相角为正;若过零点在坐标原点的右侧,即表明滞后过零,在 $t = 0$ 时,函数值为负,故初相角为负。以图 3-1-2 所示的 4 个正弦电压 u_1、u_2、u_3、u_4 为例,其初相角分别为 0、$\dfrac{\pi}{6}$、$-\dfrac{\pi}{3}$、$-\dfrac{5\pi}{6}$(或 $0°$、$30°$、$-60°$、$-150°$),正弦函数式为

$$u_1 = U_{1m}\sin(\omega t + \psi_1) = U_{1m}\sin(\omega t) \qquad (\psi_1 = 0)$$

$$u_2 = U_{2m}\sin(\omega t + \psi_2) = U_{2m}\sin\left(\omega t + \frac{\pi}{6}\right) \qquad \left(\psi_2 = \frac{\pi}{6}\right)$$

$$u_3 = U_{3m}\sin(\omega t + \psi_3) = U_{3m}\sin\left(\omega t - \frac{\pi}{3}\right) \qquad \left(\psi_3 = -\frac{\pi}{3}\right)$$

$$u_4 = U_{4m}\sin(\omega t + \psi_4) = U_{4m}\sin\left(\omega t - \frac{5\pi}{6}\right) \qquad \left(\psi_4 = -\frac{5\pi}{6}\right)$$

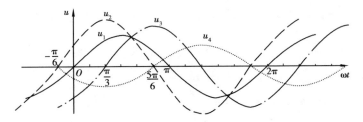

图 3-1-2　相同角频率的正弦电压

正弦电压(电流)改变参考方向时,其相角改变(增加或减少)的角度为 π。设图 3-1-3(a)所示元件中的正弦电流为 $i = 0.1\sin\left(314t - \dfrac{\pi}{4}\right)$A,若改变电流 i 的参考方向如图 3-1-3(b)所示,按图(b)所指定的 i' 的参考方向则有

$$i' = -i = -0.1\sin\left(314t - \frac{\pi}{4}\right)\text{A}$$

$$= 0.1\sin\left(314t - \frac{\pi}{4} + \pi\right)\text{A} = 0.1\sin\left(314t + \frac{3\pi}{4}\right)\text{A}$$

即 i' 的初相角为 $\dfrac{3\pi}{4}$。在确定初相角时,应保证初相角 ψ 符合 $-\pi \leqslant \psi \leqslant \pi$ 的要求。对于图 3-1-3(b)所示的元件电流,在确定其初相角时,正弦函数式中的相角加 π 正是基于上述理由。

图 3-1-3　改变正弦电流的参考方向

同一个正弦电压,既可以用正弦函数表示为 $u = U_\mathrm{m}\sin(\omega t + \psi)$,也可以用余弦函数表示为 $u = U_\mathrm{m}\cos(\omega t + \varphi)$,两种表达式中的 ψ 和 φ 应有 $\psi = \varphi + \dfrac{\pi}{2}$ 的关系。本书采用正弦函数表示正弦电压(电流),如果出现用余弦函数表示的正弦电压(电流),需要的时候,可先将其改写为正弦函数形式,确定其初相,然后再进行分析。

3-1-2　同频率正弦量之间的相位差

在同一个正弦电流电路中,各个正弦电压、正弦电流是具有相同角频率的正弦量,这时,它们只能相对于一个共同的计时零点确定初相角。具有相同角频率的正弦量的瞬时相角之差等于它们的初相角之差,称为同频率的正弦量之间的相位差。以图 3-1-2 所示的 4 个正弦电压 u_1、u_2、u_3、u_4 为例,它们具有相同的周期,即它们有相同的角频率 ω。将 u_2 的波形与 u_1 的波形进行比较,在同一个周期时间内,u_2 比 u_1 提前通过由负值变为正值的零值点,提前的相角为 $\varphi = \psi_2 - \psi_1 = \dfrac{\pi}{6} - 0 = \dfrac{\pi}{6}$;在时间上,$u_2$ 比 u_1 提前 $\dfrac{\varphi}{\omega} = \dfrac{\pi}{6\omega}$。$\varphi$ 为 u_2 与 u_1 之间的相位差,称为 u_2 超前 u_1 的相角,也是 u_1 滞后 u_2 的相角,它表明 u_2 和 u_1 这两个同频率(同周期)的正弦电压就变化进程而言,u_2 比 u_1 提前的相角为 φ,提前的时间为 $\dfrac{\lambda}{6\omega}$。通常规定相位差的取值为 $|\varphi| \leqslant \boldsymbol{\pi}$。

设 u_1、u_2 为两个同频率的正弦电压,其初相角分别为 ψ_1、ψ_2。如果它们之间的相位差 $\varphi = \psi_1 - \psi_2 = 0$,则称 u_1 与 u_2 同相位;如果 $|\varphi| = |\psi_1 - \psi_2| = \dfrac{\pi}{2}$,则称 u_1 与 u_2 正交;如果 $|\varphi| = |\psi_1 - \psi_2| = \pi$,则称 u_1 与 u_2 反相。在图 3-1-2 中,u_2 与 u_3 正交,u_2 与 u_4 反相。

3-1-3　正弦电流和正弦电压的有效值、平均值

正弦电压和正弦电流的瞬时值是随时间变化的。在工程上,并非一定需要确定周期量在每一瞬时的值。根据周期电压或周期电流在一个周期内产生的热效应将周期电压或周期电流换算为其热效应与之相等的直流量,称该直流量为周期量的有效值。周期电流 i 通过电阻 R 时,电阻在一个周期内吸收的平均功率为

$$P = \frac{1}{T}\int_0^T Ri^2 \mathrm{d}t = \frac{R}{T}\int_0^T i^2 \mathrm{d}t$$

直流电流 I 通过同一电阻 R 时,电阻 R 吸收的平均功率为

$$P = RI^2$$

周期电流 i 的有效值 I 定义为与 i 的平均作功能力等效的直流电流的值。根据有效值的定义应有

$$I = \sqrt{\frac{1}{T} \int_0^T i^2 \mathrm{d}t}$$

对于正弦电流而言,其有效值的计算式应为

$$I = \sqrt{\frac{1}{T} \int_0^T I_{\mathrm{m}}^2 \sin^2(\omega t + \psi_i) \mathrm{d}t}$$

因为 $\sin^2(\omega t + \psi_i) = \dfrac{1 - \cos 2(\omega t + \psi)}{2}$,代入上式后得

$$I = \frac{I_{\mathrm{m}}}{\sqrt{2}} = 0.707 I_{\mathrm{m}}$$

在正弦电流电路中,有效值的应用是相当普遍的。我国普通的用电系统中提供的 220,380 V 的正弦电压即是指所提供的正弦电压的有效值为 220,380 V,它们的幅值为有效值的 $\sqrt{2}$ 倍,即分别为 311 V 和 537 V。交流电气设备铭牌上标出的额定电压、额定电流亦是指有效值。

在电工技术中有时会涉及正弦电流或正弦电压的平均值。例如用全波整流仪表测量电流,其测量结果即为电流的平均值。电流的平均值定义为

$$I_{\mathrm{av}} = \frac{1}{T} \int_0^T |i| \mathrm{d}t$$

对正弦电流而言,有

$$I_{\mathrm{av}} = \frac{1}{T} \int_0^T |I_{\mathrm{m}} \sin \omega t| \mathrm{d}t = \frac{2}{T} \int_0^{\frac{T}{2}} I_{\mathrm{m}} \sin \omega t \mathrm{d}t \approx 0.637 I_{\mathrm{m}} \approx 0.9I$$

3-2 复数

在正弦电流电路的分析中,复数及其运算是必备的数学工具,本节将介绍复数的相关知识。

复数有多种表示形式。一个复数 F 的代数形式为

$$F = a + \mathrm{j}b \tag{3-2-1}$$

式中,$\mathrm{j} = \sqrt{-1}$ 是虚数单位,a、b 为实数,分别称为复数 F 的实部和虚部,$\mathrm{Re}[F]$ 表示取复数 F 的实部,$\mathrm{Im}[F]$ 表示取复数 F 的虚部,故有

$$\mathrm{Re}[F] = a, \quad \mathrm{Im}[F] = b$$

一个复数 F 可以用如图 3-2-1 所示的复平面上的一条有向的线段——向量表示。从原点 O 指向点 F 的有向线段表示复数 F，线段的长度 $|F|$ 称为复数 F 的模，有向线段 F 与实轴正方向的夹角 θ 称为复数 F 的辐角。由复数的模和辐角可以得到复数的三角形式

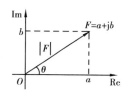

图 3-2-1 复数的表示

$$F = |F|(\cos\theta + j\sin\theta)$$

同一个复数，其代数形式与三角形式有如下的关系：

$$a = |F|\cos\theta, \quad b = |F|\sin\theta \tag{3-2-2}$$

或

$$|F| = \sqrt{a^2 + b^2}, \quad \theta = \arctan\frac{b}{a} \tag{3-2-3}$$

应用欧拉公式

$$e^{j\theta} = \cos\theta + j\sin\theta \tag{3-2-4}$$

可得复数的指数形式

$$F = |F|e^{j\theta} \tag{3-2-5}$$

在工程上，常将式(3-2-5)写为如下极坐标形式

$$F = |F| \angle \theta \tag{3-2-6}$$

在分析正弦电流电路时，式(3-2-2)和式(3-2-3)所给出的复数的代数形式与极坐标形式之间相互转换的计算式是经常使用的。

复数的加、减法运算宜用复数的代数形式。若 $F_1 = a_1 + jb_1$，$F_2 = a_2 + jb_2$，F_1 与 F_2 相加或相减则为

$$F_1 \pm F_2 = (a_1 + jb_1) \pm (a_2 + jb_2) = (a_1 \pm a_2) + j(b_1 \pm b_2)$$

即实部和虚部分别相加或相减。

复数的加、减运算也可以应用在复平面上的平行四边形法则进行向量的加、减运算得以实现。图 3-2-2 表示了在复平面上进行复数加、减运算的方法。

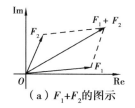 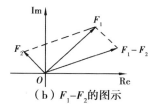

（a）$F_1 + F_2$ 的图示　　　　　　（b）$F_1 - F_2$ 的图示

图 3-2-2 复平面上复数相加、相减的图示

两个复数相乘或相除宜用指数形式或极坐标形式。若 $F_1 = |F_1|e^{j\theta_1}$，$F_2 = |F_2|e^{j\theta_2}$，F_1 与 F_2 相乘则为

$$F_1 F_2 = |F_1|e^{j\theta_1}|F_2|e^{j\theta_2} = |F_1||F_2|e^{j(\theta_1 + \theta_2)}$$

两复数相乘即模相乘,辐角相加。F_1 与 F_2 相除则为

$$\frac{F_1}{F_2} = \frac{|F_1|e^{j\theta_1}}{|F_2|e^{j\theta_2}} = \frac{|F_1|}{|F_2|}e^{j(\theta_1-\theta_2)}$$

两复数相除即模相除,辐角相减。

复数 $e^{j\theta}$ 的模等于 1,辐角等于 θ。复数 F 乘以 $e^{j\theta}$,其结果是 F 的辐角增加 θ,模值不变。在式(3-3-4)所示的欧拉公式中,若 $\theta = \frac{\pi}{2}$,即得 $e^{j\frac{\pi}{2}} = j$。复数 F 乘以 j,其结果是 F 的辐角增加 $\frac{\pi}{2}$。若 $\theta = -\frac{\pi}{2}$,即得 $e^{j(-\frac{\pi}{2})} = -j$。复数 F 乘以 $-j$,其结果是 F 的辐角减 $\frac{\pi}{2}$。

用复数的代数形式作乘法或除法运算时,需应用 $j^2 = -1$、$j^3 = -j$、$j^4 = 1$ 虚数单位的乘方。应用上述关系有

$$F_1F_2 = (a_1 + jb_1)(a_2 + jb_2) = (a_1a_2 - b_1b_2) + j(a_1b_2 + a_2b_1)$$

$$\frac{F_1}{F_2} = \frac{a_1 + jb_1}{a_2 + jb_2} = \frac{(a_1 + jb_1)(a_2 - jb_2)}{(a_2 + jb_2)(a_2 - jb_2)} = \frac{a_1a_2 + b_1b_2}{a_2^2 + b_2^2} + j\frac{a_2b_1 - a_1b_2}{a_2^2 + b_2^2}$$

如果两个复数相等,则必须是它们的实部和虚部分别相等,也就是他们的模和辐角分别相等。设两个复数分别为

$$F_1 = a_1 + jb_1 = |F_1| \angle \theta_1, F_2 = a_2 + jb_2 = |F_2| \angle \theta_2$$

如果 $F_1 = F_2$,则有 $a_1 = a_2$,$b_1 = b_2$,或者 $|F_1| = |F_2|$,$\theta_1 = \theta_2$。

3-3 相量法基础

3-3-1 用相量表示正弦量和相量图

对于正弦电压 $u = U_m\sin(\omega t + \psi_u)$,定义复数 $U_m e^{j\psi_u}$(或 $U_m \angle \psi_u$)为表示正弦电压 u 的幅值相量。表示正弦量的幅值相量是一个复数,其模为正弦量的幅值,其辐角等于正弦量的初相角。本书中,正弦量的相量用上方加有小圆点的大写字母表示。例如表示正弦电压 u 的幅值相量的记号为 $\dot{U}_m = U_m e^{j\psi_u}$(或 $\dot{U}_m = U_m \angle \psi_u$),表示正弦电流 i 的幅值相量的记号为 $\dot{I}_m$。

由于在工程中一般用有效值表示正弦电压和正弦电流的大小,因此还定义表示正弦电压和正弦电流的有效值相量分别为 $\dot{U}$ 和 $\dot{I}$。有效值相量的模为相应正弦量的有效值,辐角等于相应正弦量的初相角。以上述正弦电压为例,表示正弦电压 u 的有效值相量为

$$\dot{U} = U e^{j\psi_u} \text{ 或 } \dot{U} = U \angle \psi_u。$$

显然,表示同一个正弦量的有效值相量与幅值相量之间有如下关系:

$$\dot{U}_m = \sqrt{2}\dot{U}$$

在本书中,如无特别声明,所提及的"相量"均指有效值相量。

根据上述表示正弦量的相量的定义,给定角频率的正弦量与表示该正弦量的相量之间是一一对应的。借助于复指数函数 $e^{j(\omega t + \psi)}$ 和欧拉公式 $e^{j\theta} = \cos\theta + j\sin\theta$,可以获得相量与所表示的正弦量之间的明确的数学关系。若某正弦电压 u 的角频率为 ω,该正弦电压的相量为 $\dot{U} = Ue^{j\psi_u}$,将 $\dot{U}$ 乘以 $e^{j\omega t}$ 即得

$$\dot{U}e^{j\omega t} = Ue^{j\psi_u}e^{j\omega t} = Ue^{j(\omega t + \psi_u)} = U[\cos(\omega t + \psi_u) + j\sin(\omega t + \psi_u)]$$

用 $\sqrt{2}$ 乘以上式再取其虚部即得正弦电压 u,即有

$$u = \mathrm{Im}[\sqrt{2}\dot{U}e^{j\omega t}] = \sqrt{2}U\sin(\omega t + \psi_u)$$

由于表示正弦量的相量是一个复数,而复数可以用复平面上的向量表示,因此相量可以用复平面上的向量表示。在复平面上用以表示正弦量的向量图称为相量图。图3-3-1所示的相量图中画有两个具有相同角频率的正弦电压 u_1 和 u_2 的相量 $\dot{U}_1$ 和 $\dot{U}_2$,$\dot{U}_1$ 和 $\dot{U}_2$ 的长度分别代表了两个正弦电压的有效值,它们与实轴正方向的夹角 ψ_1 和 ψ_2 表示了正弦电压的初相角。相量图非常清晰地表明了各相量的模的大小和相量之间的相位关系。

正弦电压的相量 $\dot{U}$ 乘以 $e^{j\omega t}$ 所得到复指数函数 $\dot{U}e^{j\omega t}$ 对应于复平面上的以角速度 ω 按逆时针方向旋转的向量,称之为"旋转相量"。图 3-3-2 表示了以角速度 ω 旋转的旋转相量 $\dot{U}e^{j\omega t}$。而旋转相量 $\sqrt{2}\dot{U}e^{j\omega t}$ 在虚轴上的投影为 $\sqrt{2}U\sin(\omega t + \psi_u)$,即是它所表示的正弦电压,该旋转相量在某一瞬时 t_1 在虚轴上的投影即表示在 t_1 瞬时正弦电压的值 $u(t_1) = \sqrt{2}U\sin(\omega t_1 + \psi_u)$。

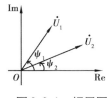

图 3-3-1　相量图

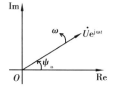

图 3-3-2　旋转相量

对相同角频率的正弦函数进行加法、减法运算的结果仍然是同一频率的正弦函数。对正弦函数进行微分、积分运算,其结果仍然是相同频率的正弦函数。引入正弦量的相量以后,在正弦电流电路分析中所需要进行的同频率正弦量的加法、减法运算,正弦量的微分、积分运算可转换为对正弦量对应的相量进行运算。

3-3-2 同频率的正弦量的代数和

设两个同频率的正弦电压分别为 $u_1 = \sqrt{2}U_1\sin(\omega t + \psi_1)$、$u_2 = \sqrt{2}U_2\sin(\omega t + \psi_2)$，求 u_1 与 u_2 之和。因为相同频率的正弦函数之和必为同一频率的正弦函数，所以可设 u_1 与 u_2 之和为 $u = \sqrt{2}U\sin(\omega t + \psi)$。将 u_1、u_2、u 用相量表示，有

$$u_1 = \text{Im}[\sqrt{2}\dot{U}_1 e^{j\omega t}]，u_2 = \text{Im}[\sqrt{2}\dot{U}_2 e^{j\omega t}]，u = \text{Im}[\sqrt{2}\dot{U} e^{j\omega t}]$$

而

$$u_1 + u_2 = \text{Im}[\sqrt{2}\dot{U}_1 e^{j\omega t}] + \text{Im}[\sqrt{2}\dot{U}_2 e^{j\omega t}] = \text{Im}[\sqrt{2}(\dot{U}_1 + \dot{U}_2) e^{j\omega t}]$$

由 $u = u_1 + u_2$，应有 $\text{Im}[\sqrt{2}\dot{U} e^{j\omega t}] = \text{Im}[\sqrt{2}(\dot{U}_1 + \dot{U}_2) e^{j\omega t}]$，故有

$$\dot{U} = \dot{U}_1 + \dot{U}_2 \tag{3-3-1}$$

即同频率的正弦量的代数和仍为一个同频率的正弦量，其相量等于各正弦量的相量之和。上述结果表明：同频率正弦量的加法、减法运算可转换为相应相量的代数运算。

3-3-3 正弦量的微分

设正弦电压 $u = \sqrt{2}U\sin(\omega t_1 + \psi_u)$，则 u 对时间的一阶导数 $\dfrac{du}{dt}$ 应为有相同角频率 ω 的正弦函数，可表示为 $\dfrac{du}{dt} = \sqrt{2}U'\sin(\omega t_1 + \psi_u')$。设 $\dot{U}$ 为正弦量 u 的相量，则 $\dfrac{du}{dt}$ 可用 $\dot{U}$ 表示为

$$\frac{du}{dt} = \frac{d}{dt}\{\text{Im}[\sqrt{2}\dot{U} e^{j\omega t}]\} = \text{Im}\{\frac{d}{dt}[\sqrt{2}\dot{U} e^{j\omega t}]\} = \text{Im}\{\sqrt{2}j\omega\dot{U} e^{j\omega t}\} \tag{3-3-2}$$

设 $\dot{U}'$ 为正弦量 $\dfrac{du}{dt}$ 的相量，有 $\dfrac{du}{dt} = \text{Im}[\sqrt{2}\dot{U}' e^{j\omega t}]$。与式(3-3-2)相比较，$\dot{U}'$ 与 $\dot{U}$ 应有如下关系

$$\dot{U}' = j\omega\dot{U} \tag{3-3-3}$$

即正弦量对时间的一阶导数是一个同频率的正弦量，其相量等于原正弦量的相量乘以 $j\omega$。

3-4 线性电路的正弦稳态响应

设图 3-4-1 所示电路中的正弦电压源的电压为 $u_S = U_{sm}\sin\omega t$，开关 S 在 $t = 0$ 时将电路接通。显然，S 接通前电路中的电流 $i = 0$。开关 S 接通后的电路方程为

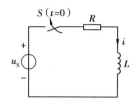

图 3-4-1 正弦电压激励的 RL 电路

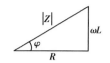

图 3-4-2 对图 3-4-1 电路引入的直角三角形

$$L\frac{\mathrm{d}i}{\mathrm{d}t} + Ri = U_{\mathrm{sm}}\sin \omega t \tag{3-4-1}$$

齐次方程

$$L\frac{\mathrm{d}i}{\mathrm{d}t} + Ri = 0 \tag{3-4-2}$$

的通解 i_{t} 为

$$i_{\mathrm{t}} = A\mathrm{e}^{-\frac{R}{L}t} \tag{3-4-3}$$

式(3-4-3)中,A 为待定积分常数。

式(3-4-1)的右端项为正弦函数,设该式的任一特解 i_{f} 为

$$i_{\mathrm{f}} = I_{\mathrm{m}}\sin(\omega t + \psi) \tag{3-4-4}$$

将式(3-4-4)代入式(3-4-1)的左端,得

$$\omega L I_{\mathrm{m}}\cos(\omega t + \psi) + R I_{\mathrm{m}}\sin(\omega t + \psi) = U_{\mathrm{sm}}\sin \omega t \tag{3-4-5}$$

为了便于从上式中确定 I_{m} 和 ψ,令 $|Z| = \sqrt{R^2 + \omega^2 L^2}$,作图 3-4-2 所示的直角三角形。根据该三角形有 $\tan \varphi = \dfrac{\omega L}{R}$、$\omega L = |Z|\sin \varphi$、$R = |Z|\cos \varphi$。将 ωL、R 的表达式代入式(3-4-5)得

$$|Z|I_{\mathrm{m}}\sin \varphi \cos(\omega t + \psi) + |Z|I_{\mathrm{m}}\cos \varphi \sin(\omega t + \psi) = U_{\mathrm{m}}\sin \omega t$$

应用两角和的三角关系,上式写为

$$|Z|I_{\mathrm{m}}\sin(\omega t + \psi + \varphi) = U_{\mathrm{sm}}\sin \omega t \tag{3-4-6}$$

比较式(3-4-6)的两端可得

$$I_{\mathrm{m}} = \frac{U_{\mathrm{sm}}}{|Z|} = \frac{U_{\mathrm{sm}}}{\sqrt{R^2 + \omega^2 L^2}}, \psi = -\varphi = -\arctan \frac{\omega L}{R}$$

即有

$$i_{\mathrm{f}} = \frac{U_{\mathrm{sm}}}{\sqrt{R^2 + \omega^2 L^2}}\sin\left(\omega t - \arctan \frac{\omega L}{R}\right) \tag{3-4-7}$$

因而,式(3-4-1)的解为

$$i = i_{\text{t}} + i_{\text{f}} = A e^{-\frac{R}{L}t} + \frac{U_{\text{sm}}}{\sqrt{R^2 + \omega^2 L^2}} \sin\left(\omega t - \arctan\frac{\omega L}{R}\right) \qquad (3\text{-}4\text{-}8)$$

根据初始条件 $i(0) = 0$，令式(3-4-8)左端为零，右端中所有的 t 取零，得

$$0 = A + \frac{U_{\text{sm}}}{\sqrt{R^2 + \omega^2 L^2}} \sin\left(-\arctan\frac{\omega L}{R}\right)$$

故

$$A = \frac{U_{\text{sm}}}{\sqrt{R^2 + \omega^2 L^2}} \sin\left(\arctan\frac{\omega L}{R}\right)$$

式(3-4-1)所示方程的解为

$$i = i_{\text{t}} + i_{\text{f}}$$

$$= \frac{U_{\text{sm}}}{\sqrt{R^2 + \omega^2 L^2}} \sin\left(\arctan\frac{\omega L}{R}\right) e^{-\frac{R}{L}t} + \frac{U_{\text{sm}}}{\sqrt{R^2 + \omega^2 L^2}} \sin\left(\omega t - \arctan\frac{\omega L}{R}\right) \qquad (3\text{-}4\text{-}9)$$

上式中的前一项 i_{t} 带有衰减因子 $e^{-\frac{R}{L}t}$，当 $t \to \infty$ 时该项趋于零。事实上，当 $t \geqslant 5\frac{L}{R}$ 时，i_{t} 衰减至 $t = 0$ 时的值的 0.7% 以下，已可忽略不计。此时，可认为响应电流 i 只有上式中的第二个分量 $\dfrac{U_{\text{sm}}}{\sqrt{R^2 + \omega^2 L^2}} \sin\left(\omega t - \arctan\dfrac{\omega L}{R}\right)$ 存在，电路已进入正弦稳态，该正弦稳态分量是与电压源电压角频率相同的正弦函数，正是本章所要讨论的正弦稳态响应。处于正弦稳态工作状态的电路被称为正弦电流电路或正弦交流电路。稳态运行的电力线路，其电路模型是正弦电流电路。模拟电子电路的分析也要应用正弦电流电路的分析。

如果用上述直接求解微分方程特解的方法来求解较复杂的正弦电流电路是相当繁琐的。借助于正弦稳态分量与激励正弦函数有相同角频率这一特点，在引入正弦量的相量以及有关的相量运算法则的基础上使用一种变换的方法来获得正弦稳态分量，可以使求解过程变得简捷、有效。

以图 3-4-1 所示的电路为例，如果将式(3-4-1)所示的电路方程中的正弦量用相量表示，该方程可写为

$$L\frac{\mathrm{d}}{\mathrm{d}t}\left[\operatorname{Im}(\sqrt{2}\dot{I}e^{\mathrm{j}\omega t})\right] + R\operatorname{Im}\left[\sqrt{2}\dot{I}e^{\mathrm{j}\omega t}\right] = \operatorname{Im}\left[\sqrt{2}\dot{U}_{\text{s}}e^{\mathrm{j}\omega t}\right]$$

应用前述的运算法则有

$$\operatorname{Im}\left[\sqrt{2}\mathrm{j}\omega L\dot{I}e^{\mathrm{j}\omega t}\right] + \operatorname{Im}\left[\sqrt{2}R\dot{I}e^{\mathrm{j}\omega t}\right] = \operatorname{Im}\left[\sqrt{2}\dot{U}_{\text{s}}e^{\mathrm{j}\omega t}\right]$$

$$\operatorname{Im}\left[\sqrt{2}(R + \mathrm{j}\omega L)\dot{I}e^{\mathrm{j}\omega t}\right] = \operatorname{Im}\left[\sqrt{2}\dot{U}_{\text{s}}e^{\mathrm{j}\omega t}\right]$$

故有

$$(R + j\omega L)\dot{I} = \dot{U}_S \qquad\qquad (3\text{-}4\text{-}10)$$

式(3-4-10)中的 $\dot{I}$ 正是所要求解的正弦稳态电流 i 的相量 $\dot{I}$。求解式(3-4-1)所示的微分方程的特解可以转换为求解式(3-4-10)所示的代数方程,由式(3-4-10)可得

$$\dot{I} = \frac{\dot{U}_S}{R + j\omega L} = \frac{U_S}{\sqrt{R^2 + \omega^2 L^2} \angle \arctan \dfrac{\omega L}{R}} = \frac{U_S}{\sqrt{R^2 + \omega^2 L^2}} \angle - \arctan \frac{\omega L}{R}$$

由于 i 与 U_S 有相同的角频率,故正弦稳态响应电流为

$$i = \frac{\sqrt{2} U_S}{\sqrt{R^2 + \omega^2 L^2}} \sin\left(\omega t - \arctan \frac{\omega L}{R}\right) = \frac{U_{Sm}}{\sqrt{R^2 + \omega^2 L^2}} \sin\left(\omega t - \arctan \frac{\omega L}{R}\right)$$

上例表明:由于正弦电流稳态电路中的电压或电流是与激励相同角频率的正弦量,因此求解正弦电流稳态电路时只需要确定电压或电流的有效值(或幅值)和初相角,而正弦量的相量恰好包含了正弦量的有效值(或幅值)和初相角。由此可见,如果能用简捷的方法求得待求正弦量的相量,则可获得事半功倍的效果。在后续的内容中可以得知,将基尔霍夫定律和电路元件的电压、电流关系用相量形式表示以后,对于给定的电路,可以列写出形如式(3-4-10)所示的以相量为求解量的代数方程,求得待求正弦电压或电流的相量。再根据激励的角频率(也就是正弦电压或电流的角频率)即可得到电压相量或电流相量对应的正弦量。这种方法属于一种变换域的方法,即将求解以时间 t 为变量的正弦函数变换为求解正弦函数对应的相量。这种借助于相量分析正弦电流电路的方法称为相量法。

3-5 基尔霍夫定律的相量形式

在正弦电流电路中,各支路电流和支路电压都是相同角频率的正弦量,因此,基尔霍夫电流定律和基尔霍夫电压定律可用相量形式表示。

在对各支路电流指定参考方向(也是支路电流的相量的参考方向)以后,对电路中的任一节点有

$$\sum i = 0$$

将各支路电流用相量表示有

$$\sum i = \sum \left\{ \text{Im}\left[\sqrt{2}\,\dot{I}\,e^{j\omega t}\right] \right\} = \text{Im}\left[\sqrt{2}\left(\sum \dot{I}\right)e^{j\omega t}\right] = 0$$

故有
$$\sum \dot{I} = 0 \qquad\qquad (3\text{-}5\text{-}1)$$

图 3-5-1 为正弦电流电路中的一个节点示例。

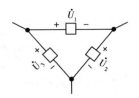

图 3-5-1 正弦电流电路中的节点 　　　　图 3-5-2 正弦电流电路中的回路

在对各支路电压指定参考方向(也是支路电压的相量的参考方向)以后,对电路中的任一回路有

$$\sum u = 0$$

将各支路电压用相量表示有

$$\sum u = \sum \left\{ \mathrm{Im}[\sqrt{2}\dot{U}\,\mathrm{e}^{\mathrm{j}\omega t}]\right\} = \mathrm{Im}[\sqrt{2}(\sum \dot{U})\,\mathrm{e}^{\mathrm{j}\omega t}] = 0$$

故有 $$\sum \dot{U} = 0 \qquad\qquad\qquad (3\text{-}5\text{-}2)$$

图 3-5-2 为正弦电流电路中的一个回路示例。

例 3-5-1 图 3-5-1 表示正弦电流电路中的某一个节点,已知 $i_2 = 10\sqrt{2}\sin(\omega t + 60°)\,\mathrm{A}$, $i_3 = -5\sqrt{2}\sin(\omega t + 90°)\,\mathrm{A}$,求 i_1。

解 正弦电流 i_3 的函数式中有一负号,为了正确地表示其初相位,i_3 可写为

$$i_3 = -5\sqrt{2}\sin(\omega t + 90°)\,\mathrm{A} = 5\sqrt{2}\sin(\omega t + 90° - 180°)\,\mathrm{A} = 5\sqrt{2}\sin(\omega t - 90°)\,\mathrm{A}$$

i_2、i_3 的相量分别为 $\dot{I}_2 = 10\angle 60°\,\mathrm{A}$、$\dot{I}_3 = 5\angle -90°\,\mathrm{A}$,

应用基尔霍夫电流定律的相量形式有

$$-\dot{I}_1 + \dot{I}_2 + \dot{I}_3 = 0$$

故有

$$
\begin{aligned}
\dot{I}_1 &= \dot{I}_2 + \dot{I}_3 = (10\angle 60° + 5\angle -90°)\,\mathrm{A}\\
&= (10\cos 60° + \mathrm{j}10\sin 60° + 5\cos(-90°) + \mathrm{j}5\sin(-90°))\,\mathrm{A}\\
&= (5 + \mathrm{j}8.66 - \mathrm{j}5)\,\mathrm{A} = (5 + \mathrm{j}3.66)\,\mathrm{A}\\
&= 6.2\angle 36.2°\,\mathrm{A}
\end{aligned}
$$

图 3-5-3 用平行四边形法则求 $\dot{I}_1$

$\dot{I}_1$ 所表示的正弦电流 i_1 为

$$i_1 = 6.2\sqrt{2}\sin(\omega t + 36.2°)\,\mathrm{A}$$

已知 $\dot{I}_2$ 和 $\dot{I}_3$，也可以用如图3-5-3所示的平行四边形法则求得 $\dot{I}_1 = \dot{I}_2 + \dot{I}_3$。求得 $\dot{I}_1$ 后，再写出 $\dot{I}_1$ 所表示的正弦电流 i_1。

3-6　电路元件电压电流关系的相量形式

3-6-1　电阻元件

电阻元件在元件电压、电流为关联参考方向的条件下，有

$$u_R = Ri_R \tag{3-6-1}$$

对正弦电流电路中的电阻元件，u_R 与 i_R 为同频率的正弦量。令

$$u_R = \sqrt{2}U_R\sin(\omega t + \psi_u)$$

$$i_R = \sqrt{2}I_R\sin(\omega t + \psi_i)$$

u_R 的相量为 $\dot{U}_R = U_R \angle \psi_u$，$i_R$ 的相量为 $\dot{I}_R = I_R \angle \psi_i$。用相量表示正弦量，式(3-6-1)可写为

$$\mathrm{Im}\left[\sqrt{2}\dot{U}_R\mathrm{e}^{j\omega t}\right] = R\,\mathrm{Im}\left[\sqrt{2}\dot{I}_R\mathrm{e}^{j\omega t}\right] = \mathrm{Im}\left[\sqrt{2}R\dot{I}_R\mathrm{e}^{j\omega t}\right]$$

比较等式两端，应有

$$\dot{U}_R = R\dot{I}_R \tag{3-6-2}$$

式(3-6-2)即为电阻元件电压、电流关系的相量形式，是一个用复数描述的电压、电流关系式，既包含了 u_R 与 i_R 的有效值之间的关系，又包含了 u_R 与 i_R 的相位关系。式(3-6-2)可写为

$$U_R \angle \psi_u = RI_R \angle \psi_i$$

按复数相等的条件，即有

$$U_R = RI_R \tag{3-6-3}$$

$$\psi_u = \psi_i \tag{3-6-4}$$

上两式表明：在正弦电流电路中，电阻元件电压 u_R 的有效值 U_R 等于电流 i_R 的有效值 I_R 与电阻 R 之积，电阻元件的电压与电流是同相位的。

在正弦电流电路中，电阻元件的相量模型如图3-6-1(a)所示，元件电压相量 $\dot{U}_R$ 和电流相量 $\dot{I}_R$ 的相量图如图3-6-1(b)所示，电压和电流的波形图如图3-6-1(c)所示。

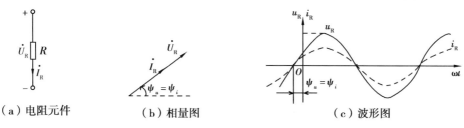

（a）电阻元件　　　　（b）相量图　　　　　　（c）波形图

图 3-6-1　正弦电流电路中的电阻元件

3-6-2 电容元件

电容元件在元件电压、电流为关联参考方向的条件下,有

$$i_C = C\frac{du_C}{dt} \tag{3-6-5}$$

对正弦电流电路中的电容元件,u_C 与 i_C 为同频率的正弦量。令

$$u_C = \sqrt{2}U_C\sin(\omega t + \psi_u)$$

$$i_C = \sqrt{2}I_C\sin(\omega t + \psi_i)$$

u_C 的相量为 $\dot{U}_C = U_C\angle\psi_u$,$i_C$ 的相量为 $\dot{I}_C = I_C\angle\psi_i$。用相量表示正弦量,式(3-6-5)可写为

$$\text{Im}[\sqrt{2}\dot{I}_C e^{j\omega t}] = C\frac{d}{dt}\{\text{Im}[\sqrt{2}\dot{U}_C e^{j\omega t}]\} = \text{Im}\left[C\frac{d}{dt}(\sqrt{2}\dot{U}_C e^{j\omega t})\right]$$

根据式(3-3-3)所示的正弦量的微分的结果,上式为

$$\text{Im}[\sqrt{2}\dot{I}_C e^{j\omega t}] = \text{Im}[\sqrt{2}(j\omega C\dot{U}_C)e^{j\omega t}]$$

比较等式两端,应有

$$\dot{I}_C = j\omega C\dot{U}_C \tag{3-6-6}$$

式(3-6-6)即为电容元件电压、电流关系的相量形式,是一个用复数表示的电压、电流关系式,既包含了 u_C 与 i_C 的有效值之间的关系,又包含了 u_C 与 i_C 的相位关系。式(3-6-6)可写为

$$I_C\angle\psi_i = j\omega CU_C\angle\psi_u = \omega CU_C\angle\left(\psi_u + \frac{\pi}{2}\right)$$

按复数相等的条件,即有

$$I_C = \omega CU_C \tag{3-6-7}$$

$$\psi_i = \psi_u + \frac{\pi}{2} \tag{3-6-8}$$

上两式表明:在正弦电流电路中,电容电流的有效值 I_C 等于电容电压的有效值 U_C 与电容 C 及角频率 ω 之积,电容电流 i_C 超前电容电压 u_C 的相角为 $\frac{\pi}{2}$。

在正弦电流电路中,电容元件的相量模型如图 3-6-2(a)所示,电压相量 $\dot{U}_C$ 和电流相量 $\dot{I}_C$ 的相量图如图 3-6-2(b)所示,电压 u_C 和电流 i_C 的波形图如图 3-6-2(c)所示。

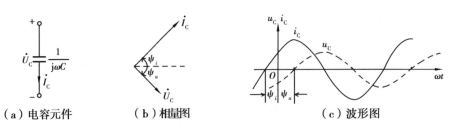

（a）电容元件　　（b）相量图　　　　　（c）波形图

图 3-6-2　正弦电流电路中的电容元件

3-6-3 电感元件

电感元件在元件电压、电流为关联参考方向的条件下,有

$$u_L = L\frac{\mathrm{d}i_L}{\mathrm{d}t}$$

对正弦电流电路中的电感元件,u_L 与 i_L 为同频率的正弦量。令

$$u_L = \sqrt{2}U_L\sin(\omega t + \psi_u)$$

$$i_L = \sqrt{2}I_L\sin(\omega t + \psi_i)$$

u_L 的相量为 $\dot{U}_L = U_L\angle\psi_u$,$i_L$ 的相量为 $\dot{I}_L = I_L\angle\psi_i$。用相量表示正弦量,式 $u_L = L\dfrac{\mathrm{d}i_L}{\mathrm{d}t}$ 可写为

$$\mathrm{Im}\left[\sqrt{2}\dot{U}_L\mathrm{e}^{\mathrm{j}\omega t}\right] = L\frac{\mathrm{d}}{\mathrm{d}t}\left\{\mathrm{Im}\left[\sqrt{2}\dot{I}_L\mathrm{e}^{\mathrm{j}\omega t}\right]\right\} = \mathrm{Im}\left[L\frac{\mathrm{d}}{\mathrm{d}t}(\sqrt{2}\dot{I}_L\mathrm{e}^{\mathrm{j}\omega t})\right]$$

根据式(3-3-3)所示的正弦量的微分的结果,上式为

$$\mathrm{Im}\left[\sqrt{2}\dot{U}_L\mathrm{e}^{\mathrm{j}\omega t}\right] = \mathrm{Im}\left[\sqrt{2}(\mathrm{j}\omega L\dot{I}_L)\mathrm{e}^{\mathrm{j}\omega t}\right]$$

比较等式两端,应有

$$\dot{U}_L = \mathrm{j}\omega L\dot{I}_L \tag{3-6-9}$$

式(3-6-9)即为电感元件电压、电流关系的相量形式,它也是一个用复数表示的电压、电流关系式,既包含了 u_L 与 i_L 的有效值之间的关系,又包含了 u_L 与 i_L 的相位关系。式(3-6-9)可写为

$$U_L\angle\psi_u = \mathrm{j}\omega LI_L\angle\psi_i = \omega LI_L\angle\left(\psi_i + \frac{\pi}{2}\right)$$

按复数相等的条件,即有

$$U_L = \omega LI_L \tag{3-6-10}$$

$$\psi_u = \psi_i + \frac{\pi}{2} \tag{3-6-11}$$

上两式表明:在正弦电流电路中,电感电压的有效值 U_L 等于电感电流的有效值 I_L 与电感 L 及角频率 ω 之积,电感电压 u_L 超前电感电流 i_L 的相角为 $\dfrac{\pi}{2}$。

在正弦电流电路中的电感元件的相量模型如图 3-6-3(a)所示,电感电压相量 $\dot{U}_L$ 和电流相量 $\dot{I}_L$ 的相量图如图 3-6-3(b)所示,电压 u_L 和电流 i_L 的波形图如图 3-6-3(c)所示。

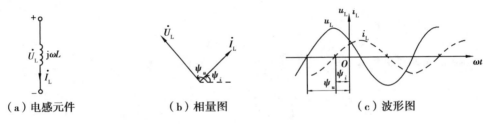

（a）电感元件　　　　　（b）相量图　　　　　（c）波形图

图 3-6-3　正弦电流电路中的电感元件

3-6-4　受控源

正弦电流电路中,受控源的受控变量与控制变量是同频率的正弦函数,受控变量与控制变量之间的线性函数关系亦可表示为相应的相量关系。4 种受控源的电压、电流关系的相量形式为

$$\text{VCVS} \quad \dot{U}_2 = \mu \dot{U}_1, \quad \text{VCCS} \quad \dot{I}_2 = g_{\mathrm{m}} \dot{U}_1$$

$$\text{CCVS} \quad \dot{U}_2 = r_{\mathrm{m}} \dot{I}_1, \quad \text{CCCS} \quad \dot{I}_2 = \alpha \dot{I}_1$$

例 3-6-1　在图 3-6-4(a)所示的正弦电流电路中,已知 $u_{\mathrm{S}} = 220\sqrt{2}\sin 314t$ V,$R = 200\ \Omega, L = 0.1\ \mathrm{H}, C = 10\ \mu\mathrm{F}$,求 $i_{\mathrm{R}}、i_{\mathrm{L}}、i_{\mathrm{C}}$ 和 i。

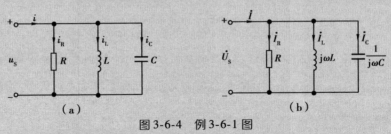

图 3-6-4　例 3-6-1 图

解　画出原电路的相量模型如图 3-6-4(b)所示。相量模型中,$\dot{U}_{\mathrm{S}} = 220\angle 0°$ V,$R = 200\ \Omega, \mathrm{j}\omega L = \mathrm{j}314 \times 0.1\ \Omega = \mathrm{j}31.4\ \Omega, \mathrm{j}\omega C = \mathrm{j}314 \times 10 \times 10^{-6}\mathrm{S} = \mathrm{j}0.003\ 14\ \mathrm{S}$。

根据各元件的电压、电流关系,有

$$\dot{I}_{\mathrm{R}} = \frac{\dot{U}_{\mathrm{S}}}{R} = \frac{220\angle 0°}{200}\mathrm{A} = 1.1\angle 0°\mathrm{A}$$

$$\dot{I}_{\mathrm{L}} = \frac{\dot{U}_{\mathrm{S}}}{\mathrm{j}\omega L} = \frac{220\angle 0°}{\mathrm{j}31.4}\mathrm{A} = 7.01\angle -90°\mathrm{A}$$

$$\dot{I}_{\mathrm{C}} = \mathrm{j}\omega C \dot{U}_{\mathrm{S}} = \mathrm{j}0.003\ 14 \times 220\angle 0°\mathrm{A} = 0.69\angle 90°\mathrm{A}$$

根据 KCL 有

$$\dot{I} = \dot{I}_{\mathrm{R}} + \dot{I}_{\mathrm{L}} + \dot{I}_{\mathrm{C}} = (1.1\angle 0° + 7.01\angle -90° + 0.69\angle 90°)\mathrm{A}$$

$$= (1.1 - j7.01 + j0.69)A = (1.1 - j6.32)A$$
$$= 6.415 \angle -80.13° A$$

由 $\dot{I}$、$\dot{I}_R$、$\dot{I}_L$、$\dot{I}_C$ 写出 i、i_R、i_L、i_C，分别为

$$i = 6.415\sqrt{2}\sin(314t - 80.13°)A$$

$$i_R = 1.1\sqrt{2}\sin 314t\, A$$

$$i_L = 7.01\sqrt{2}\sin(314t - 90°)A$$

$$i_C = 0.69\sqrt{2}\sin(314t + 90°)A$$

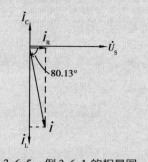

图 3-6-5　例 3-6-1 的相量图

$\dot{U}_S$、$\dot{I}$、$\dot{I}_R$、$\dot{I}_L$、$\dot{I}_C$ 的相量图如图 3-6-5 所示。

3-7　阻抗与导纳

在上一节中所得到的正弦电流电路中的电阻、电容、电感 3 种元件的相量形式的电压、电流关系有非常相近的形式，即电压相量与电流相量之比均为一个复数。为了将它们用一种统一的形式来表示，引入阻抗与导纳两种参数。

3-7-1　阻抗与导纳的定义

正弦电流电路中的无源二端元件的电压相量与电流相量之比称为该元件的阻抗。阻抗是一个复数，用符号 Z 表示，其量纲与电阻的量纲相同。

正弦电流电路中的无源二端元件的电流相量与电压相量之比称为该元件的导纳。导纳是一个复数，用符号 Y 表示，其量纲与电导的量纲相同。显然，同一个元件的阻抗与导纳互为倒数。一般情况下阻抗与导纳都是 $j\omega$ 的函数。

按照上述阻抗和导纳的定义，电阻、电容、电感 3 种元件的阻抗与导纳分别为

$$Z_R = \frac{\dot{U}_R}{\dot{I}_R} = R, \qquad Y_R = \frac{\dot{I}_R}{\dot{U}_R} = \frac{1}{R}$$

$$Z_C = \frac{\dot{U}_C}{\dot{I}_C} = \frac{1}{j\omega C} = -j\frac{1}{\omega C}, \qquad Y_C = \frac{\dot{I}_C}{\dot{U}_C} = j\omega C$$

$$Z_L = \frac{\dot{U}_L}{\dot{I}_L} = j\omega L, \qquad Y_L = \frac{\dot{I}_L}{\dot{U}_L} = \frac{1}{j\omega L} = -j\frac{1}{\omega L}$$

阻抗与导纳的定义还适用于正弦电流电路中的不含独立源的线性二端网络。图 3-7-1 中的 N 表示正弦电流电路中的不含独立源的线性二端网络。若该二端网络的端部

电压相量$\dot{U}$与端部电流相量$\dot{I}$取关联参考方向,则$\dot{U}$与$\dot{I}$之比定义为该二端网络的等效阻抗$Z(j\omega)$,即

$$Z(j\omega) = \frac{\dot{U}}{\dot{I}} \qquad (3\text{-}7\text{-}1)$$

二端网络端部电流相量$\dot{I}$与端部电压相量$\dot{U}$之比定义为该二端网络的等效导纳$Y(j\omega)$,即

$$Y(j\omega) = \frac{\dot{I}}{\dot{U}} \qquad (3\text{-}7\text{-}2)$$

例如由一个电阻元件和一个电感元件串联组成的二端网络(如图3-7-2所示),其端部电压相量为$\dot{U}$,端部电流相量为$\dot{I}$。根据基尔霍夫电压定律有$\dot{U} = \dot{U}_R + \dot{U}_L$。由$\dot{U}_R = R\dot{I}_R$,$\dot{U}_L = j\omega L$可得该二端网络的等效阻抗为

$$Z = \frac{\dot{U}}{\dot{I}} = \frac{\dot{U}_R + \dot{U}_L}{\dot{I}} = \frac{R\dot{I} + j\omega L\dot{I}}{\dot{I}} = R + j\omega L$$

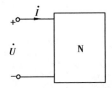

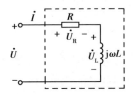

图3-7-1　不含独立源的线性二端网络 N　　　　　图3-7-2　不含独立源的线性二端网络 N

该二端网络的等效导纳为

$$Y = \frac{\dot{I}}{\dot{U}} = \frac{1}{R + j\omega L} = \frac{R}{R^2 + \omega^2 L^2} - j\frac{\omega L}{R^2 + \omega^2 L^2}$$

3-7-2　阻抗

将阻抗表示为代数形式,阻抗的实部记为R,虚部记为X,则阻抗为

$$Z = R + jX \qquad (3\text{-}7\text{-}3)$$

上式中,实部R称为等效电阻,虚部X称为等效电抗。

电阻元件的阻抗$Z_R = R$,只有实部,虚部为零。

电容元件的阻抗$Z_C = -j\dfrac{1}{\omega C}$,只有虚部,实部为零,其电抗$X$用$X_C$表示,即$X_C = -\dfrac{1}{\omega C}$,称

为容抗。电容元件的容抗不仅取决于电容 C,还与元件工作的正弦激励的频率有关。对于一个给定电容值的电容元件,激励的频率越高,$\dfrac{1}{\omega C}$ 越小。当 $\omega \to \infty$ 时,$X_{C} \to 0$,此时电容元件相当于一条短接线;当 $\omega = 0$(直流)时,$\dfrac{1}{\omega C} \to \infty$,此时电容元件相当于断路。在电子电路中,常称电容元件有"隔直"的作用。

电感元件的阻抗 $Z_{L} = j\omega L$,只有虚部,实部为零,其电抗 X 用 X_{L} 表示,即 $X_{L} = \omega L$,称为感抗。电感元件的感抗不仅取决于电感 L,还与元件工作的正弦激励的频率有关。对于一个给定电感值的电感元件,激励的频率越高,ωL 越大。当 $\omega \to \infty$ 时,$X_{L} \to \infty$,此时电感元件相当于断路;当 $\omega = 0$(直流)时,$X_{L} = 0$,此时电感元件相当于一条短接线。

阻抗也可以表示为极坐标形式。如果用模和辐角的形式表示,即有

$$Z = |Z| \angle \varphi_{Z} \tag{3-7-4}$$

上式中,$|Z|$ 是阻抗 Z 的模,φ_{Z} 是阻抗 Z 的辐角,称为阻抗角。电阻、电容、电感 3 种元件的阻抗可表示为

$$Z_{R} = R$$

$$Z_{C} = -j\frac{1}{\omega C} = \frac{1}{\omega C} \angle -\frac{\pi}{2}$$

$$Z_{L} = j\omega L = \omega L \angle \frac{\pi}{2}$$

其模分别为 R、$\dfrac{1}{\omega C}$、ωL,其阻抗角分别为 0、$-\dfrac{\pi}{2}$、$\dfrac{\pi}{2}$。

对于一般的不含独立源的线性二端网络,其等效阻抗既可表示为 $Z = R + jX$ 的形式,也可表示为 $Z = |Z| \angle \varphi_{Z}$ 的形式。等效阻抗的模 $|Z|$、阻抗角 φ_{Z} 与等效电阻 R、等效电抗 X 之间的关系为

$$|Z| = \sqrt{R^2 + X^2}, \quad \varphi_{Z} = \arctan \frac{X}{R}$$

$$R = |Z| \cos \varphi_{Z}, \quad X = |Z| \sin \varphi_{Z}$$

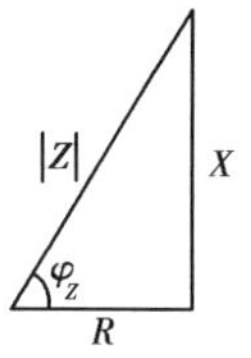

R、X 和 $|Z|$ 之间的关系可以用如图 3-7-3 所示的直角三角形来描述,该三角形称为阻抗三角形。

图 3-7-3 阻抗三角形

阻抗是用以分析正弦电流电路的一种导出参数。二端网络的等效阻抗决定于二端网络的结构、元件的参数和电路的工作频率,与它的端部激励的大小和激励的初相角无关。然而,按照二端网络的等效阻抗的定义 $Z = \dfrac{\dot{U}}{\dot{I}}$,阻抗与端部电压相量 $\dot{U}$、端部电流相

量 i 的关系可写为

$$|Z| \angle \varphi_Z = \frac{U \angle \varphi_u}{I \angle \varphi_i} = \frac{U}{I} \angle (\psi_u - \psi_i)$$

上式表明:二端网络的等效阻抗的模 $|Z|$、阻抗角 φ_Z 与端部电压有效值 U、电流有效值 I 和初相角 ψ_u、ψ_i 的关系为

$$|Z| = \frac{U}{I}$$

$$\varphi_Z = \psi_u - \psi_i$$

即阻抗的模等于端部电压有效值与端部电流有效值之比,阻抗角等于端部电压超前端部电流的相角。

阻抗的模 $|Z|$ 与端部电压有效值 U、端部电流有效值 I 之间存在着与欧姆定律相似的关系,可以说阻抗的模反映了二端网络(或二端元件)对正弦电流的"阻力"。在二端网络端部施以正弦电压激励,若二端网络的等效阻抗的模越大,则正弦稳态响应电流的有效值就越小。

二端网络的等效阻抗的阻抗角 φ_Z 决定了二端网络端部电压与端部电流之间的相位关系。通常等效电阻 $R > 0$,如果等效阻抗 Z 中的等效电抗 $X > 0$,则阻抗角 $\varphi_Z > 0$,其端部电压是超前端部电流的,称该二端网络(或它的阻抗)呈感性;如果等效阻抗 Z 中的等效电抗 $X < 0$,则阻抗角 $\varphi_Z < 0$,其端部电压是滞后端部电流的,称该二端网络(或它的阻抗)呈容性。

3-7-3 导纳

将导纳表示为代数形式,导纳的实部记为 G,虚部记为 B,则导纳为

$$Y = G + jB \qquad (3-7-5)$$

上式中,实部 G 称为等效电导,虚部 B 称为等效电纳。电阻元件的导纳 $Y_R = G$,只有实部,虚部为零。电容元件的导纳 $Y_C = j\omega C$,只有虚部,实部为零,其电纳 B 用 B_C 表示,即 $B_C = \omega C$,称为容纳。电感元件的导纳 $Y_L = -j\frac{1}{\omega L}$,只有虚部,实部为零,其电纳 B 用 B_L 表示,即 $B_L = -\frac{1}{\omega L}$,称为感纳。

导纳也可以用模和辐角的形式表示,即

$$Y = |Y| \angle \varphi_Y \qquad (3-7-6)$$

上式中,$|Y|$ 是导纳 Y 的模,φ_Y 是导纳 Y 的辐角,称为导纳角。电阻、电容、电感 3 种元件的导纳可表示为

$$Y_R = G = \frac{1}{R}$$

$$Y_C = j\omega C = \omega C \angle \frac{\pi}{2}$$

$$Y_L = -j\frac{1}{\omega L} = \frac{1}{\omega L} \angle -\frac{\pi}{2}$$

其模分别为 $\frac{1}{R}$、ωC、$\frac{1}{\omega L}$，其导纳角分别为 0、$\frac{\pi}{2}$、$-\frac{\pi}{2}$。

对于不含独立源的线性二端网络，其等效导纳既可以表示为 $Y = G + jB$ 的形式，也可以表示为 $Y = |Y| \angle \varphi_Y$ 的形式。等效导纳的模 $|Y|$、导纳角 φ_Y 与等效电导 G、等效电纳 B 之间的关系如下：

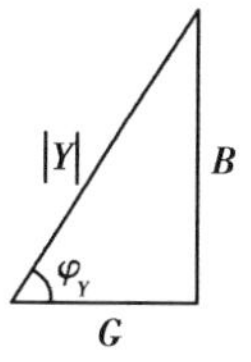

$$|Y| = \sqrt{G^2 + B^2}, \quad \varphi_Y = \arctan \frac{B}{G}$$

图 3-7-4　导纳三角形

$$G = |Y| \cos \varphi_Y, \quad B = |Y| \sin \varphi_Y$$

G、B 和 $|Y|$ 之间的关系可以用如图 3-7-4 所示的直角三角形来描述，该三角形称为导纳三角形。

按照二端网络的等效导纳的定义 $Y = \dfrac{\dot{I}}{\dot{U}}$，等效导纳与二端网络的端部电压相量 $\dot{U}$、端部电流相量 $\dot{I}$ 的关系可写为

$$|Y| \angle \varphi_Y = \frac{I \angle \psi_i}{U \angle \psi_u} = \frac{I}{U} \angle (\psi_i - \psi_u)$$

上式表明：二端网络的等效导纳的模 $|Y|$、导纳角 φ_Y 与端部电压有效值 U、电流有效值 I 和初相角 ψ_u、ψ_i 有如下关系：

$$|Y| = \frac{I}{U}$$

$$\varphi_Y = \psi_i - \psi_u$$

即导纳的模等于端部电流有效值与端部电压有效值之比，导纳角等于端部电流超前端部电压的相角。通常等效电导 $G > 0$，如果等效导纳 Y 中的等效电纳 $B > 0$，则导纳角 $\varphi_Y > 0$，其端部电流是超前端部电压的，称该二端网络（或它的导纳）呈容性；如果等效导纳 Y 中的等效电纳 $B < 0$，则导纳角 $\varphi_Y < 0$，其端部电流是滞后端部电压的，称该二端网络（或它的导纳）呈感性。

3-7-4 阻抗与导纳

一个不含独立源的线性二端网络,如果获得了它的等效阻抗 $Z = R + jX$,可以认为得到了它的由电阻元件和电抗元件串联构成的电路模型(如图3-7-5(a)所示)。

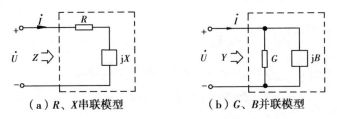

（a）R、X串联模型　　　　（b）G、B并联模型

图 3-7-5　不含独立源的线性二端网络的 Z 参数和 Y 参数

如果获得了它的等效导纳 $Y = G + jB$,可以认为得到了它的由电导元件和电纳元件并联构成的电路模型(如图3-7-5(b)所示)。对同一个二端网络,它的两种模型的参数之间有如下关系:

$$Z = R + jX = \frac{1}{Y} = \frac{1}{G + jB} = \frac{G}{G^2 + B^2} + j\frac{-B}{G^2 + B^2}$$

即　　　　　　$$R = \frac{G}{G^2 + B^2}, \quad X = -\frac{B}{G^2 + B^2}$$

$$Y = G + jB = \frac{1}{Z} = \frac{1}{R + jX} = \frac{R}{R^2 + X^2} + j\frac{-X}{R^2 + X^2}$$

即　　　　　　$$G = \frac{R}{R^2 + X^2}, \quad B = -\frac{X}{R^2 + X^2}$$

用模和辐角的形式表示则有

$$|Z| = \frac{1}{|Y|}$$

$$\varphi_Z = -\varphi_Y$$

值得指出的是:在正弦电流电路中,所引入的阻抗、导纳这两种参数都是角频率的函数。因为电容元件的容抗、容纳,电感元件的感抗、感纳都是角频率的函数,所以等效阻抗的模、阻抗角,等效导纳的模、导纳角都是角频率的函数。同一个二端网络,它工作在不同频率的正弦激励的情况下,所呈现出的阻抗和导纳是不同的。

3-8　正弦电流电路中的功率

电能是人类社会生活中最重要的能量。实现电能的传输和分配的电力网络是正弦电流电路。在正弦电流电路中运行的各种电器装置都有额定的功率要求。各种电子系统、通信系统也包含着功率的传输。在正弦交流电路中,由于电容元件、电感元件的存在,其功率的分析比电阻电路要复杂许多。电容元件和电感元件是储能元件,在正弦交流电路中,各元件电压、电流都是随时间按正弦规律变化的,因此,储能元件的储能也是随时间变化的,即在电路和储能元件之间存在着能量的往返。为了清楚地理解这种能量往返的现象,先分析正弦电流电路中单个的电阻元件、电容元件、电感元件所吸收的瞬时功率。

图 3-8-1 中给出了在元件电压 u 和元件电流 i 取关联参考方向的条件下,3 种元件吸收的瞬时功率 $p = ui$ 随时间变化的曲线。

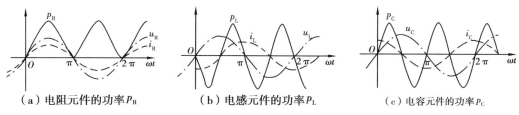

（a）电阻元件的功率 p_R　　（b）电感元件的功率 p_L　　（c）电容元件的功率 p_C

图 3-8-1　正弦电流电路中的瞬时功率

电阻元件的电压、电流是同相位的,电压和电流同时为正或同时为负,故瞬时功率 $p_R \geq 0$,即电阻元件总是吸收功率的,p_R 的波形图如图 3-8-1（a）所示。

电感元件的电压超前电流的相角为 $\dfrac{\pi}{2}$,从图 3-8-1（b）可知,电感元件的瞬时功率 p_L 是角频率为 2ω 的正弦函数。在 $0 < \omega t < \dfrac{\pi}{2}$ 时间段,$u_L > 0$,$i_L < 0$,$p_L < 0$,是输出功率的;在 $\dfrac{\pi}{2} < \omega t < \pi$ 时间段,$u_L > 0$,$i_L > 0$,$p_L > 0$,是吸收功率的;在 $\pi < \omega t < \dfrac{3\pi}{2}$ 时间段,$u_L < 0$,$i_L > 0$,$p_L < 0$,是输出功率的;在 $\dfrac{3\pi}{2} < \omega t < 2\pi$ 时间段,$u_L < 0$,$i_L < 0$,$p_L > 0$,是吸收功率的。

电容元件的瞬时功率 p_C 的波形图如图 3-8-1（c）所示,不再赘述。

上述分析表明:

电阻元件吸收的瞬时功率总是大于零的,电阻元件是耗能的。

电感元件和电容元件吸收的瞬时功率时正时负,当 $p > 0$ 时元件从电路吸收能量,当 $p < 0$ 时元件向电路释放能量,即电感元件和电容元件与电路之间有能量的往返。以电容元件为例,在图 3-8-1（c）所示的波形图中,在 $0 < \omega t < \dfrac{\pi}{2}$ 时间段,$p_C > 0$,电容元件从电路中吸收能量,以电场能形式储存在元件中;在 $\dfrac{\pi}{2} < \omega t < \pi$ 时间段,$p_C < 0$,电容元件向电路释放能量。在上述两个时间段内,p_C 曲线与横轴围成的面积是相等的,即 $0 \sim \dfrac{\pi}{2}$ 时间段内

电容元件所吸收的能量等于 $\frac{\pi}{2} \sim \pi$ 时间段内电容元件所释放的能量。电感元件也有同样的结果。这表明:电容元件和电感元件在正弦电流电路中是不消耗能量的。

对正弦电流电路中的不含独立源的线性二端网络 N 而言,在端部电压 u 与端部电流 i 为关联参考方向的条件下(如图 3-8-2 所示),该二端网络在任一瞬时吸收的功率 p 为

$$p = ui$$

设 $\quad u = \sqrt{2}U \sin(\omega t + \psi_u)$, $\quad i = \sqrt{2}I \sin(\omega t + \psi_i)$
则有

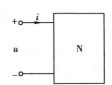

$$p = 2UI \sin(\omega t + \psi_u) \sin(\omega t + \psi_i)$$

应用三角函数的和、差与积的关系 $2 \sin \alpha \sin \beta =$
$\cos(\alpha - \beta) - \cos(\alpha + \beta)$,上式可写为

图 3-8-2 正弦电流电路中的二端网络

$$p = UI \cos(\psi_u - \psi_i) - UI \cos(2\omega t + \psi_u + \psi_i) \tag{3-8-1}$$

将 $UI \cos(2\omega t + \psi_u + \psi_i)$ 改写为 $UI \cos[(2\omega t + 2\psi_u) - (\psi_u - \psi_i)]$,再应用三角函数的关系 $\cos(\alpha - \beta) = \cos \alpha \cos \beta + \sin \alpha \sin \beta$,式(3-8-1)可写为

$$
\begin{aligned}
p &= UI \cos(\psi_u - \psi_i) - UI[\cos(2\omega t + 2\psi_u)\cos(\psi_u - \psi_i) + \sin(2\omega t + 2\psi_u)\sin(\psi_u - \psi_i)] \\
&= UI \cos(\psi_u - \psi_i)[1 - \cos(2\omega t + 2\psi_u)] - UI \sin(\psi_u - \psi_i)\sin(2\omega t + 2\psi_u) \\
&= p_P + p_Q
\end{aligned}
\tag{3-8-2}
$$

式(3-8-2)中的第一个分量 $p_P = UI \cos(\psi_u - \psi_i)[1 - \cos(2\omega t + 2\psi_u)]$ 的最小值为零,最大值为 $2UI \cos(\psi_u - \psi_i)$, p_P 反映了电路实际消耗的功率,在一个周期内的平均值为 $UI \cos(\psi_u - \psi_i)$ 。

式(3-8-2)中的第二个分量 $p_Q = -UI \sin(\psi_u - \psi_i)\sin(2\omega t + 2\psi_u)$,是一个正弦分量,在一个周期内的平均值为零,反映了二端网络与外部电路之间的能量的往返,其幅值为 $UI \sin(\psi_u - \psi_i)$ 。如果二端网络的端部电压 u 与端部电流 i 同相位,即二端网络的端部等效阻抗只有实部,虚部为零, $\psi_u - \psi_i = 0$,此时 $\sin(\psi_u - \psi_i) = 0$,故 $p_Q = 0$ 。这表明:二端网络与外部电路之间没有能量的往返,即使是二端网络内部有储能元件(电感元件和电容元件),这些元件之间的能量往返只在二端网络内部进行。如果二端网络的端部电压 u 与端部电流 i 有相位差,即二端网络的端部等效阻抗的虚部不为零, $\psi_u - \psi_i \neq 0$,此时 $\sin(\psi_u - \psi_i) \neq 0$,故 $p_Q \neq 0$ 。这表明:二端网络与外部电路之间有能量的往返,二端网络内部的储能元件中能量的吸收和释放无法在二端网络内部完成,即发生二端网络与外部电路之间的能量交换现象。

3-8-1 平均功率(有功功率)

正弦电流电路中的二端网络吸收的瞬时功率随时间变化,要测量瞬时功率是困难

的,也是不必要的。瞬时功率在一个周期的平均值为

$$P = \frac{1}{T}\int_0^T p\,\mathrm{d}t = \frac{1}{T}\int_0^T p_\mathrm{P}\,\mathrm{d}t + \frac{1}{T}\int_0^T p_\mathrm{Q}\,\mathrm{d}t = \frac{1}{T}\int_0^T p_\mathrm{P}\,\mathrm{d}t = UI\cos(\psi_u - \psi_i)$$

称为二端网络吸收的平均功率。令

$$\varphi = \psi_u - \psi_i \qquad (3\text{-}8\text{-}3)$$

φ 为二端网络端部电压 u 超前端部电流 i 的相角。当二端网络中不含独立源时,φ 等于二端网络的等效阻抗的阻抗角。平均功率为

$$P = UI\cos(\psi_u - \psi_i) = UI\cos\varphi \qquad (3\text{-}8\text{-}4)$$

平均功率反映了该二端网络所消耗的功率,也称为有功功率,单位名称是瓦[特],符号是 W。电气仪表中的功率表(也称瓦特表)即是测量平均功率的仪表。

3-8-2 视在功率

二端网络端部电压有效值 U 与端部电流有效值 I 的乘积称为视在功率,用符号 S 表示,即

$$S = UI \qquad (3\text{-}8\text{-}5)$$

视在功率的单位为伏安,符号是 VA。虽然视在功率并不是二端网络实际消耗的功率,但在电力工业中有重要的实用意义,说明某些电力设备的容量即采用视在功率。例如 100 kVA 的变压器即表明了该变压器的额定容量。

3-8-3 功率因数、功率因数角

式(3-8-4)表明:在正弦电流电路中二端网络所吸收的平均功率不仅与端电压和端电流的有效值有关,还与端电压与端电流之间的相角差 φ 的余弦值($\cos\varphi$)有关。$\cos\varphi$ 称为电路的功率因数,用符号 λ 表示,即

$$\lambda = \frac{P}{UI} = \cos\varphi \qquad (3\text{-}8\text{-}6)$$

在正弦电流电路中,平均功率与视在功率之比称为功率因数。功率因数也等于端电压超前端电流的相角 φ 的余弦。相角差 φ 称为功率因数角。对于不含独立源的线性二端网络来说,功率因数角也等于该二端网络的等效阻抗的阻抗角。根据功率因数角和功率因数的定义,显然有

$$0 \leqslant |\varphi| \leqslant 90^\circ, \quad 0 \leqslant \lambda \leqslant 1$$

3-8-4 无功功率

式(3-8-2)中的第二个分量 p_Q 是幅值为 $UI\sin(\psi_u - \psi_i) = UI\sin\varphi$ 的正弦分量,其平

均值为零。尽管这部分能量并不被二端网络所消耗,但它是维持电路的正常工作所必须的,也正是反映二端网络中的电抗元件与外电路之间的能量交换的那部分功率。p_Q 的幅值 $UI\sin\varphi$ 称为电路的无功功率,用符号 Q 表示,即

$$Q = UI\sin\varphi \tag{3-8-7}$$

无功功率的单位为无功伏安,简称乏(var)。

3-8-5 S、P、Q 之间的关系

视在功率 S、有功功率 P、无功功率 Q 之间的关系可以用一个直角三角形来描述。图 3-8-3 所示的描述 S、P、Q 之间关系的三角形称为功率三角形。从该三角形可得

图 3-8-3 功率三角形

$$S = \sqrt{P^2 + Q^2} \tag{3-8-8}$$

$$\varphi = \arctan\frac{Q}{P} \tag{3-8-9}$$

3-8-6 用电路参数表示的 P 和 Q 的计算式

对于正弦电流电路中的不含独立源的线性二端网络,在求出其等效阻抗和等效导纳以后,它所吸收的平均(有功)功率和无功功率也可以用阻抗参数和导纳参数表示。设不含独立源的线性二端网络的等效阻抗和等效导纳分别为

$$Z = R + jX, Y = G + jB$$

根据阻抗参数中 Z、R、X 之间的关系和导纳参数中 Y、G、B 之间的关系,有

$$R = |Z|\cos\varphi_Z \qquad 和 \qquad G = |Y|\cos\varphi_Y$$

$$X = |Z|\sin\varphi_Z \qquad 和 \qquad B = |Y|\sin\varphi_Y$$

按照阻抗、导纳的定义有

$$U = |Z|I, \quad I = |Y|U$$

对同一个线性二端网络有 $\varphi_Z = -\varphi_Y$,而 $\varphi_Z = \varphi$,$\cos\varphi = \cos\varphi_Z = \cos\varphi_Y$,$\sin\varphi = \sin\varphi_Z = -\sin\varphi_Y$。应用上述关系,二端网络吸收的平均(有功)功率和无功功率分别为

$$P = UI\cos\varphi = |Z|II\cos\varphi = RI^2$$

和

$$P = UI\cos\varphi = UU|Y|\cos\varphi = UU|Y|\cos\varphi_Y = GU^2$$

$$Q = UI\sin\varphi = |Z|II\sin\varphi = XI^2$$

和

$$Q = UI\sin\varphi = UU|Y|\sin\varphi = -UU|Y|\sin\varphi_Y = -BU^2$$

由此可见,不含独立源的线性二端网络吸收的平均功率等于其等效电阻或等效电导吸收的平均功率;吸收的无功功率等于其等效电抗或等效电纳吸收的无功功率。

电阻元件、电感元件、电容元件是最简单的不含独立源的线性二端网络。

电阻元件的功率因数角等于零,功率因数等于1,吸收的有功功率为 $P = UI \cos 0° = RI^2$,不吸收无功功率。

电感元件的功率因数角等于 $\dfrac{\pi}{2}$,功率因数等于零,不吸收有功功率,吸收的无功功率为 $Q = UI \sin \dfrac{\pi}{2} = UI = X_L I^2$。

电容元件的功率因数角等于 $-\dfrac{\pi}{2}$,功率因数等于零,不吸收有功功率,吸收的无功功率为 $Q = UI \sin \left(-\dfrac{\pi}{2} \right) = -UI = -B_C U^2$,即电容元件可以补偿无功功率。

3-8-7 功率因数的提高

在电力工程中,作为电源的发电机以及变压器等电力设备其工作电压、工作电流都有一定的限额(额定电压、额定电流)以保证能够安全运行。额定电压与额定电流的乘积即为额定功率(或称额定容量)。这些电力设备运行时的功率因数是由外部负载决定的。例如额定容量为 50 kVA 的变压器,假设它在额定电压和额定电流的条件下工作。如果所接的负载是功率因数 $\cos \varphi = 1$ 的电阻负载,此时,变压器在功率因数为 1 的条件下运行,输出有功功率 50 kW,输出的无功功率为零;如果所接负载为电动机一类感性负载,设其功率因数为 $\cos \varphi = 0.866$,此时,变压器在功率因数为 0.866 的条件下运行,输出的有功功率为 50×0.866 kW $= 43.3$ kW,功率因数角 $\varphi = \arccos 0.866 = 30°$,输出的无功功率 $Q = 50 \sin 30°$ k var $= 25$ k var。

上述结果表明:电路在低功率因数条件下运行是不利的,对于给定额定容量的电力设备,负载的功率因数越低,设备输出的有功功率越小,设备的能力未能充分利用。因此,作为负载的电动机等电气设备在设计时应考虑其功率因数须达到一定的要求。在工业或农业生产中的电能用户多为感性负载,其功率因数为 0.6 ~ 0.9。在功率因数过低的情况下,应考虑提高功率因数。

例3-8-1 带镇流器的照明用日光灯的电路模型可视为电阻元件与电感元件串联的电路,如图 3-8-4(a)所示。设一支额定电压为 220 V、功率为 40 W 的日光灯接于频率为 50 Hz、电压(有效值)为 220 V 的正弦电压源,测得电路中的电流为 0.4 A(有效值)。试求:(1)电路的等效阻抗 Z、等效电阻 R 和等效电感 L;(2)电路的功率因数;(3)电路吸收的无功功率;(4)欲将电路的功率因数提高到 0.9,可采取何种措施。

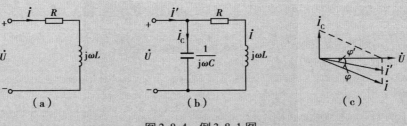

图 3-8-4　例 3-8-1 图

解　该日光灯工作在正弦稳态情况下,其模型电路的等效阻抗为

$$Z = R + j\omega L$$

角频率 $\omega = 2\pi f = 2\pi \times 50 \text{ rad/s} = 314 \text{ rad/s}$。

(1)根据阻抗的定义可知 $|Z| = \dfrac{U}{I} = \dfrac{220}{0.4}\,\Omega = 550\,\Omega$

该电路吸收的有功功率为 40 W,由 $P = UI\cos\varphi$ 可得

$$\cos\varphi = \frac{P}{UI} = \frac{40}{220 \times 0.4} = 0.454\,5$$

功率因数角　　　　$\varphi = \arccos 0.454\,5 = 62.97°$

故电路的等效阻抗为

$$Z = |Z| \angle \varphi_z = 550 \angle 62.97°\,\Omega = (250 + j490)\,\Omega$$

等效电阻 $R = 250\,\Omega$,等效电感 $L = \dfrac{X}{\omega} = \dfrac{490}{314}\,\text{H} = 1.56\,\text{H}$。

(2)电路的功率因数 $\lambda = \cos\varphi = 0.454\,5$。

(3)电路吸收的无功功率

$$Q = UI\sin\varphi = 220 \times 0.4 \times \sin 62.97°\,\text{var} = 78.4\,\text{var}$$

或　　　　　　　$Q = P\tan\varphi = 40\tan 62.97°\,\text{var} = 78.4\,\text{var}$

(4)日光灯电路模型为感性电路,它从电源吸收的无功功率为 78.4 var。欲提高该电路的功率因数即应减少它所需吸收的无功功率。在日光灯电路中,接入电容元件可以补偿电路所需要的无功功率,减少电源输出的无功功率,从而使得包含原日光灯模型电路和接入的电容元件的电路的总功率因数比原电路的功率因数得以提高。接入电容元件可采用串联或并联两种方式。为了保证原日光灯电路的正常工作,应当使其工作电压不变,所以以并联方式接入电容元件为宜,接入电容元件后的电路如图 3-8-4(b)所示。

并联电容可提高功率的原因可以借助于相量图找到答案。图 3-8-4(c)为并联电容后的相量图,在该图中, $\dot{I}$ 为原日光灯模型电路中的电流, $\dot{I}_C$ 为并联电容元件中的电流, $\dot{I}'$ 为并联电容以后电源供给整个电路的电流。显然, $\dot{I}'$ 滞后电压 $\dot{U}$ 的相角 φ'

较 $\dot{I}$ 滞后 $\dot{U}$ 的相角 φ 小，故并联电容后整个电路的功率因数提高了。当并联电容 C 的电容值增大时，φ' 将减小，C 增大到某一值 C_m 时，可以使 $\dot{I}$ 与 $\dot{U}$ 同相位，从而使得电路的功率因数达到 1（尽管是不必要的）。如果再增大电容（$C > C_m$），$\dot{I}$ 将超前 $\dot{U}$，电路呈容性，这时电路的功率因数反而会下降。

设并联电容后的电路的总功率因数提高到 0.9，功率因数角 φ' 应为

$$\varphi' = \arccos 0.9 = 25.84°$$

此时电路吸收的无功功率 Q' 为

$$Q' = P \tan \varphi' = 40 \tan 25.84° \text{var} = 19.37 \text{ var}$$

原日光灯电路的电压不变，其工作状态没有改变，所吸收的无功功率仍为 78.4 var，故电容元件吸收的无功功率 Q_C 应为

$$Q_C = Q' - Q = (19.37 - 78.4) \text{var} = -59.03 \text{ var}$$

电容元件吸收的无功功率如前所述为 $Q_C = -B_C U^2 = -\omega C U^2$，故并联电容 C 为

$$C = \frac{Q_C}{-\omega U^2} = \frac{-59.03}{-314 \times 220^2} \text{F} = 3.88 \times 10^{-6} \text{F} = 3.88 \text{ μF}$$

借助图 3-8-1(b)、(c) 中所示的电感元件、电容元件的瞬时功率的曲线也可以说明电容元件与电感元件并联时所表现的补偿无功功率的作用。电容元件与电感元件并联时其电压相同，电容电流超前电压 90°，电感电流滞后电压 90°，电容元件电流与电感元件电流反相，即两个元件的瞬时功率的曲线反相，故在电感元件吸收功率时，电容元件是输出功率，也就体现为对电感元件所需的无功功率的补偿。

3-8-8　复功率

为了便于计算正弦电流电路中的功率，定义电压相量 $\dot{U}$ 与电流相量的共轭复数 $\dot{I}^*$ 的乘积为复功率。复功率用 $\tilde{S}$ 表示，即

$$\tilde{S} = \dot{U} \dot{I}^* \tag{3-8-10}$$

引入复功率可以简化正弦电流电路功率的计算。设 $\dot{U} = U \angle \psi_u$，$\dot{I} = I \angle \psi_i$，则

$$\tilde{S} = \dot{U} \dot{I}^* = UI \angle (\psi_u - \psi_i) = UI \angle \varphi = S \angle \varphi$$
$$= UI \cos \varphi + \text{j} UI \sin \varphi = P + \text{j} Q \tag{3-8-11}$$

上式表明：复功率是一个复数，其模为视在功率，辐角为功率因数角，实部为平均功率（有功功率），虚部为无功功率。复功率的单位是伏安（VA）。用复功率计算电路的功率时，仍按以

前的约定,在端部电压、电流为关联参考方向的条件下,所计算的复功率是电路吸收的复功率。

在正弦电流电路中,全电路吸收的复功率之和为零,或者说电路中各电源发出的复功率之和等于所有负载吸收的复功率之和,即复功率守恒。复功率的守恒性包含了有功功率的守恒性和无功功率的守恒性。

例3-8-2 图3-8-5所示RL串联电路接于220 V、50 Hz的正弦电压源,计算该电路吸收的有功功率和无功功率。

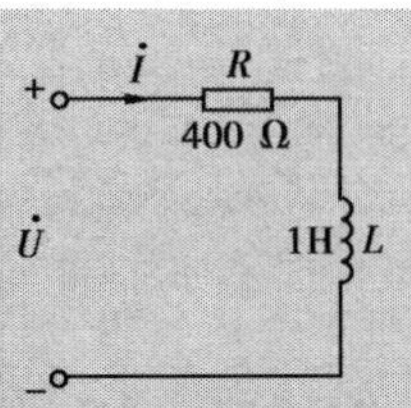

图3-8-5 例3-8-2图

解 电源角频率 $\omega = 2\pi f = 2\pi \times 50 \text{ rad/s} = 314 \text{ rad/s}$。

电路的等效阻抗为 $Z = R + j\omega L = (400 + j314)\,\Omega$,设 $\dot{U} = 220\angle 0°\text{V}$,则电流 $\dot{I}$ 为

$$\dot{I} = \frac{\dot{U}}{Z} = \frac{220}{400 + j314}\text{A} = 0.43\angle -38.13°\text{A}$$

电路吸收的复功率为

$$\begin{aligned}\tilde{S} &= \dot{U}\dot{I}^* = 220\angle 0° \times 0.43\angle 38.13° \text{ VA}\\ &= (220 \times 0.43 \cos 38.13° + j220 \times 0.43 \sin 38.13°)\,\text{VA}\\ &= (74.41 + j58.41)\,\text{VA}\end{aligned}$$

电路吸收的有功功率 $P = 74.41$ W,吸收的无功功率 $Q = 58.41$ var。

3-9 正弦电流电路的相量分析

从本章前述各小节的内容中可以清楚地看到,在正弦电流电路的分析中,引入表示正弦量的相量以及阻抗与导纳参数以后,基尔霍夫定律和元件电压、电流关系的相量形式($\sum \dot{I} = 0$、$\sum \dot{U} = 0$、$\dot{U} = Z\dot{I}$、$\dot{I} = Y\dot{U}$)与线性电阻电路中的相应的关系式($\sum I = 0$、$\sum u = 0$、$u = Ri$、$i = Gu$)在形式上是完全一致的。在分析正弦电流电路时,如果将所有的电路元件用相量模型表示,则可得到正弦电流电路的相量模型。由于电压相量 $\dot{U}$、电流相量 $\dot{I}$ 与元件的阻抗、导纳参数之间均为代数关系,因此可以应用分析线性电阻电路的各种方法和电路定理分析正弦电流电路的相量模型,解出待求正弦电压的相量和待求正弦电流的相量。根据电路工作的角频率即可获得待求的以时间为变量的正弦电压、电流。

3-9-1 串联的阻抗和并联的阻抗

图3-9-1为两个阻抗 Z_1、Z_2 串联组成的电路,应用KVL的相量形式,有

$$\dot{U} = \dot{U}_1 + \dot{U}_2$$

由阻抗与电压相量、电流相量的关系

$$\dot{U}_1 = Z_1 \dot{I}, \quad \dot{U}_2 = Z_2 \dot{I}$$

可得
$$\dot{U} = \dot{U}_1 + \dot{U}_2 = (Z_1 + Z_2) \dot{I}$$

两个阻抗串联的等效阻抗

$$Z = \frac{\dot{U}}{\dot{I}} = Z_1 + Z_2$$

显然,这与两个串联电阻的等效电阻等于两电阻之和是相似的。相似的分压公式为

$$\dot{U}_1 = \frac{Z_1}{Z_1 + Z_2} \dot{U}, \quad \dot{U}_2 = \frac{Z_2}{Z_1 + Z_2} \dot{U}$$

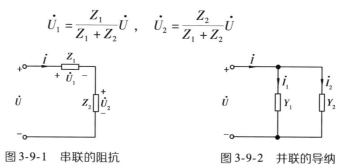

图 3-9-1 串联的阻抗   图 3-9-2 并联的导纳

图 3-9-2 为两个导纳 Y_1、Y_2 并联组成的电路,应用 KCL 的相量形式,有

$$\dot{I} = \dot{I}_1 + \dot{I}_2$$

由导纳与电压相量、电流相量的关系

$$\dot{I}_1 = Y_1 \dot{U}, \quad \dot{I}_2 = Y_2 \dot{U}$$

可得
$$\dot{I} = \dot{I}_1 + \dot{I}_2 = (Y_1 + Y_2) \dot{U}$$

两个导纳并联的等效导纳

$$Y = \frac{\dot{I}}{\dot{U}} = Y_1 + Y_2$$

分流公式为

$$\dot{I}_1 = \frac{Y_1}{Y_1 + Y_2} \dot{I}, \quad \dot{I}_2 = \frac{Y_2}{Y_1 + Y_2} \dot{I}$$

例 3-9-1 图 3-9-3(a)所示正弦电流电路中,已知 $u_S = 10\sqrt{2} \sin(1\,000t)$ V,$R = 5\ \Omega$,$L = 2$ mH,$C = 100\ \mu\mathrm{F}$,求各元件中的电流以及各元件的功率。

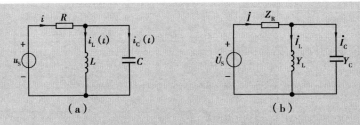

图 3-9-3 例 3-9-1 图

解 将各个电压、电流用相量表示,各元件参数用阻抗或导纳表示得图 3-9-3 (b) 所示的原电路的相量模型。图中

$$Z_R = 5 \ \Omega$$

$$Y_L = \frac{1}{j\omega L} = -j \frac{1}{1\ 000 \times 2 \times 10^{-3}} S = -j0.5 \ S$$

$$Y_C = j\omega C = j1\ 000 \times 100 \times 10^{-6} S = j0.1 \ S$$

$$\dot{U}_S = 10 \angle 0° \ V$$

电感元件与电容元件并联电路的等效导纳为

$$Y = Y_L + Y_C = (-j0.5 + j0.1) S = -j0.4 \ S$$

其等效阻抗为

$$Z_1 = \frac{1}{Y_1} = -\frac{1}{j0.4} \ \Omega = j2.5 \ \Omega$$

等效阻抗 Z_1 与电阻元件 R 串联,其等效阻抗为

$$Z = Z_R + Z_1 = (5 + j2.5)\Omega = 5.59 \angle 26.57° \ \Omega$$

故

$$\dot{I} = \frac{\dot{U}_S}{Z} = \frac{10}{5.59 \angle 26.57°} \ A = 1.789 \angle -26.57° \ A$$

应用分流公式

$$\dot{I}_C = \frac{Y_C}{Y} \dot{I} = \frac{j0.1}{-j0.4} \times 1.789 \angle -26.57° A = 0.447 \angle 153.43° A$$

$$\dot{I}_L = \frac{Y_L}{Y_1} \dot{I} = \frac{-j0.5}{-j0.4} \times 1.789 \angle -26.57° A = 2.236 \angle -26.57° A$$

各元件的电流为

$$i = 1.789 \sqrt{2} \sin(1\ 000t - 26.57°) A$$

$$i_L = 0.447 \sqrt{2} \sin(1\ 000t + 153.43°) A$$

$$i_C = 2.236 \sqrt{2} \sin(1\ 000t - 26.57°) A$$

电压源 u_S 输出的有功功率和无功功率分别为

$$P_S = UI \cos \varphi = 10 \times 1.789 \cos[0 - (-26.57°)] \, W = 16 \, W$$

$$Q_S = UI \sin \varphi = 10 \times 1.789 \sin[0 - (-26.57°)] \, var = 8 \, var$$

电阻元件吸收的有功功率为

$$P_R = RI^2 = 5 \times (1.789)^2 \, W = 16 \, W$$

电感元件吸收的无功功率为

$$Q_L = \omega L I_L^2 = 1\,000 \times 2 \times 10^{-3} \times (2.236)^2 \, var = 9.999 \, var$$

电容元件吸收的无功功率为

$$Q_C = -\frac{1}{\omega C} I_C^2 = -\frac{1}{1\,000 \times 100 \times 10^{-6}} \times (0.447)^2 \, var = -1.998 \, var$$

3-9-2 用系统分析方法和电路定理分析正弦电流电路

在求解正弦电流电路时,可以应用第二章中的各种电路分析法,如支路分析法、节点分析法、回路分析方法、电路的等效替换等求解响应电压相量或响应电流相量。在电路的相量模型中,支路电压、支路电流、节点电压、回路电流为相应的相量。应用正弦电流电路中引出的导出参数,将电阻、电导更换为阻抗、导纳,将自电导、互电导更换为自导纳、互导纳,将自电阻、互电阻更换为自阻抗、互阻抗,建立以待求相量为求解量的支路方程、节点方程、回路方程,求解相应的复数方程即可得到待求正弦量的相量。在第二章中介绍的叠加定理、戴维宁定理、诺顿定理以及电路的等效互换等也可以用于正弦电流电路的相量模型的分析。

例3-9-2 在图3-9-4(a)所示的正弦电流电路中,已知 $u_S = 10\sqrt{2} \sin 20t$ V,$i_S = 10\sqrt{2} \sin(20t - 90°)$ A,$C_1 = C_2 = 0.1$ F,$R_1 = 1$ Ω,$R_2 = 1$ Ω,$L = 0.05$ H,试求电流 i。

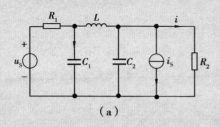
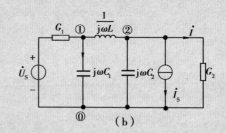

图3-9-4 例3-9-2图

解 用相量法分析该正弦电流电路,原电路的相量模型如图3-9-4(b)所示。采用节点分析法,先计算各元件的导纳。

$$G_1 = \frac{1}{R_1} = 1 \, S, \quad G_2 = \frac{1}{R_2} = 1 \, S$$

$$\frac{1}{j\omega L} = -j\frac{1}{\omega L} = -j\frac{1}{20 \times 0.05} S = -j1\ S$$

$$j\omega C_1 = j\omega C_2 = j20 \times 0.1\ S = j2\ S$$

图中 $\dot{U}_S = 10\angle 0°$ V，$\dot{I}_S = 10\angle -90°$ A。以节点电压相量 $\dot{U}_{n1}$、$\dot{U}_{n2}$ 为求解量的节点方程为

$$(1 - j1 + j2)\dot{U}_{n1} - (-j1)\dot{U}_{n2} = 10\angle 0°$$

$$-(-j1)\dot{U}_{n1} + (1 + j2 - j1)\dot{U}_{n2} = -10\angle -90°$$

整理后得

$$(1 + j1)\dot{U}_{n1} + j1 \times \dot{U}_{n2} = 10\angle 0°$$

$$j1 \times \dot{U}_{n1} + (1 + j1)\dot{U}_{n2} = -10\angle -90°$$

解上述方程组得 $\qquad \dot{U}_{n2} = 3.535\angle 135°$ V

故 $\qquad\qquad \dot{I} = G_2\dot{U}_{n2} = 1 \times 3.535\angle 135°$ A $= 3.535\angle 135°$ A

由 $\dot{I}$ 写出 i 的正弦函数为

$$i = 3.535\sqrt{2}\sin(20t + 135°)\ A$$

例3-9-3 求图3-9-5(a)所示正弦电流电路的戴维宁等效电路。

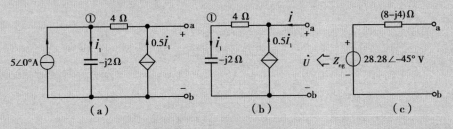

图3-9-5 例3-9-3图

解 求图3-9-5(a)所示电路 a、b 端子间的开路电压 $\dot{U}_{ab}$。由节点①的 KCL 方程

$$-5\angle 0° - 0.5\dot{I}_1 + \dot{I}_1 = 0$$

得 $\qquad\qquad \dot{I}_1 = 10\angle 0°$ A

故 $\quad \dot{U}_{ab} = 4 \times 0.5\dot{I}_1 + (-j2)\dot{I}_1 = (2 - j2)\dot{I}_1 = (2 - j2) \times 10\angle 0°$ V $= 28.28\angle -45°$ V

令原电路中的电流源为零得图3-9-5（b）所示电路,计算a、b端子的等效阻抗Z_{eq}。

设端部电压为$\dot{U}$,端部电流为$\dot{I}$。a节点的KCL方程为

$$-\dot{I} - 0.5\dot{I}_1 + \dot{I}_1 = 0$$

由KVL可得

$$\dot{U} = (4-j2)\dot{I}_1$$

上两式中消去$\dot{I}_1$,得

$$\dot{U} = (4-j2)\times 2\dot{I} = (8-j4)\dot{I}$$

故有

$$Z_{eq} = \frac{\dot{U}}{\dot{I}} = (8-j4)\,\Omega$$

所求的戴维宁等效电路如图3-9-5（c）所示。

3-9-3 用相量图分析正弦电流电路

在某些情况下,应用相量图分析正弦电流电路显得相当方便,相量图也是分析正弦电流电路的有效的工具。

例3-9-4 图3-9-6(a)所示电路可用于测量电感线圈的参数。在电感线圈工作于低频信号的条件下,其电路模型为电阻元件与电感元件串联的电路(如图中方框内元件R、L所示)。在图示电路中,假设$R_1 = 10\ \Omega$,已测得$I = 1.732\ \mathrm{A}$,$I_1 = I_2 = 1\ \mathrm{A}$,电源电压$\dot{U}$的角频率$\omega = 314\ \mathrm{rad/s}$,试求元件参数$R$和$L$。

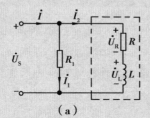 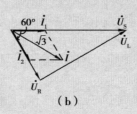

图3-9-6 例3-9-4图

解 以电压$\dot{U}_S$为参考相量作相量图。R_1支路是电阻支路,$\dot{I}_1$与$\dot{U}_S$同相位。R、L串联支路是感性电路,$\dot{I}_2$是滞后$\dot{U}_S$的。故$\dot{U}_S$、$\dot{I}_1$、$\dot{I}_2$的相位关系如图3-9-6(b)所示。已知$I_1 = I_2 = 1\ \mathrm{A}$,$I = 1.732\ \mathrm{A}$,由图3-9-6(a)有$\dot{I} = \dot{I}_1 + \dot{I}_2$。由此可知$\dot{I}_1$与$\dot{I}_2$之间的夹角应为60°。由图3-9-6(a)电路有

$$U_S = R_1 I_1 = 10\times 1\ \mathrm{V} = 10\ \mathrm{V}$$

因为$\dot{U}_R$与$\dot{I}_2$同相位,$\dot{U}_L$超前$\dot{I}_2$ 90°,而$\dot{U}_S = \dot{U}_R + \dot{U}_L$,所以$\dot{U}_S$、$\dot{U}_R$、$\dot{U}_L$构成直角三

角形,故有

$$U_R = U_S \cos 60° = 10 \times 0.5 \text{ V} = 5 \text{ V}$$

$$U_L = U_S \sin 60° = 10 \times \frac{\sqrt{3}}{2} \text{ V} = 8.66 \text{ V}$$

由 U_R、U_L 和 I_2 可求得

$$R = \frac{U_R}{I_2} = \frac{5}{1} \ \Omega = 5 \ \Omega$$

$$L = \frac{U_L}{\omega I_2} = \frac{8.66}{314 \times 1} \text{ H} = 0.027\ 6 \text{ H}$$

例 3-9-5 图 3-9-7(a)为 RC 移相电桥电路。已知 $R_1 = R_2$,电容元件 C 的参数固定,电阻 R 是可调的。在 a、b 端输入正弦电压,试分析 R 变化时输出电压 u_{cd} 的变化规律。

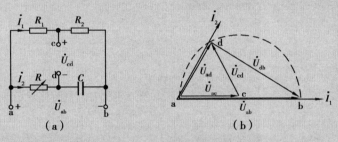

图 3-9-7　例 3-9-5 图

解　选电压 $\dot{U}_{ab}$ 为参考相量作相量图如图 3-9-7(b)所示。R_1、R_2 串联支路是电阻支路,其支路电流 $\dot{I}_1$ 与电压 $\dot{U}_{ab}$ 同相位。因为 $R_1 = R_2$,所以 $U_{ac} = U_{cb}$,且 $\dot{U}_{ab} = \dot{U}_{ac} + \dot{U}_{cb}$。电阻 R 与电容 C 串联的支路是容性的,其支路电流 $\dot{I}_2$ 超前电压 $\dot{U}_{ab}$。电阻 R 两端电压 $\dot{U}_{ad}$ 与 $\dot{I}_2$ 同相位,电容 C 两端的电压 $\dot{U}_{db}$ 滞后电流 $\dot{I}_2$ 的相角为 $\frac{\pi}{2}$。$\dot{U}_{ab}$、$\dot{U}_{ad}$、$\dot{U}_{db}$ 构成直角三角形,$\dot{U}_{ab} = \dot{U}_{ad} + \dot{U}_{db}$,$\dot{U}_{ad}$ 与 $\dot{U}_{db}$ 为两直角边。当电阻 R 变化时,$\dot{I}_2$ 的大小以及它与 $\dot{U}_{ab}$ 之间的相位差均改变。因为 $\dot{U}_{ab}$ 始终等于 $\dot{U}_{ad}$ 与 $\dot{U}_{db}$ 之和,所以当 R 变化时,d 点变化的轨迹为以 c 点为圆心,以 $\frac{U_{ab}}{2}$ 为半径的圆的上半部分(如图 3-9-7(b)中的虚线所示)。

从图 3-9-7(b)可知,当电阻 R 变化时,由于 d 点的轨迹为半个圆周,输出电压 $\dot{U}_{cd}$ 的大小不变,等于 $\frac{U_{ab}}{2}$。$R = 0$ 时,$\dot{I}_2$ 超前 $\dot{U}_{ab}$ 的相角为 $\frac{\pi}{2}$,d 点与 a 点重合,$\dot{U}_{cd}$ 超

前 $\dot{U}_{ab}$ 的相角为 π;当电阻 R 逐渐增大时,$\dot{I}_2$ 超前 $\dot{U}_{ab}$ 的相角逐渐减小,d 点沿上半圆周离开 a 点,$\dot{U}_{cd}$ 超前 $\dot{U}_{ab}$ 的相角也逐渐减小。当 $R \rightarrow \infty$ 时,$\dot{I}_2$ 与 $\dot{U}_{ab}$ 的相位差为零,d 点与 b 点重合,$\dot{U}_{cd}$ 与 $\dot{U}_{ab}$ 同相位。

3-10 正弦电流电路中的最大功率传输条件

在正弦电流电路中,在什么条件下负载能从电源获得最大的功率呢?

在图 3-10-1 所示电路中,正弦电源的电路模型为电压源 $\dot{U}_{s}$ 与阻抗 Z_{s} 串联的电路。$\dot{U}_{s}$ 为电源电压相量,$Z_{s} = R_{s} + jX_{s}$ 为电源的内阻抗,$Z = R + jX$ 为负载的阻抗。设电源的参数已定,则负载吸收的平均功率将取决于负载的参数(阻抗或导纳)。对于图 3-10-1 所示电路,负载中的电流 $\dot{I}$ 为

$$\dot{I} = \frac{\dot{U}_{s}}{Z_{s} + Z} = \frac{\dot{U}_{s}}{(R_{s} + R) + j(X_{s} + X)}$$

其有效值为

$$I = \frac{U_{s}}{\sqrt{(R_{s} + R)^2 + (X_{s} + X)^2}}$$

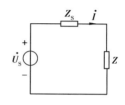

图 3-10-1 最大功率传输

负载 Z 吸收的平均功率为

$$P = RI^2 = \frac{RU_{s}^2}{(R_{s} + R)^2 + (X_{s} + X)^2}$$

由上式可知,如果电源的内阻抗确定,而负载阻抗是可以调整的,欲使 P 获得最大值,则条件之一应为

$$X = -X_{s} \tag{3-10-1}$$

满足式(3-10-1)时,负载 Z 吸收的平均功率为

$$P = \frac{RU_{s}^2}{(R_{s} + R)^2}$$

欲使 P 获得最大值,再令 $\dfrac{dP}{dR} = 0$,即

$$\frac{d}{dR}\left[\frac{RU_{s}^2}{(R_{s} + R)^2}\right] = \frac{(R_{s} + R)^2 U_{s}^2 - RU_{s}^2 \times 2(R_{s} + R)}{(R_{s} + R)^4}$$

$$= \frac{U_{s}^2(R_{s} + R)(R_{s} - R)}{(R_{s} + R)^4} = 0$$

显然,当

$$R = R_S \tag{3-10-2}$$

时,$\dfrac{\mathrm{d}P}{\mathrm{d}R}=0$,$P$ 获得最大值。由式(3-10-1)和式(3-10-2)可知:

当 $R = R_S, \quad X = -X_S$

即 $Z = Z_S^* = R_S - \mathrm{j}X_S \tag{3-10-3}$

时,负载 Z 吸收的平均功率最大。所获得的最大功率为

$$P_{max} = \frac{U_S^2}{4R_S}$$

当电源的电路模型为电流源 $\dot{I}_S$ 与导纳 $Y_S = G_S + \mathrm{j}B_S$ 并联的电路时,负载获得最大功率的条件为

$$Y = Y_S^*$$

所获得的最大功率为

$$P_{max} = \frac{I_S^2}{4G_S}$$

当 $Z = Z_S^*$(或 $Y = Y_S^*$)时,称为负载阻抗与电源阻抗共轭匹配,简称负载与电源匹配。在电子工程中,匹配的概念有重要的应用。

例 3-10-1 在图 3-10-2(a)所示电路中,负载 Z 为何值时能从电路中获得最大功率?所获得的最大功率为多少?

解 先求出负载 Z 左侧电路的戴维宁等效电路。应用例 3-9-3 的结果得图 3-10-2(b)所示电路,当负载 $Z = (8 + \mathrm{j}4)\,\Omega$ 时,获得的最大功率为

$$P_{max} = \frac{28.28^2}{4 \times 8}\mathrm{W} = 24.99\ \mathrm{W}$$

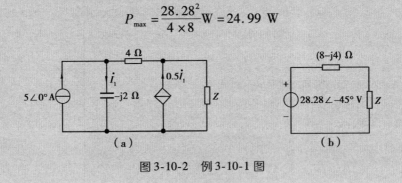

图 3-10-2 例 3-10-1 图

习 题

3-1 已知正弦电压的幅值为 310 V,频率为 50 Hz,初相角为 $\dfrac{\pi}{6}$,写出该正弦电压的正弦时间函数式,画出波形图。

3-2　已知正弦电流的幅值为 0.1 A,周期为 0.02 s,初相角为 $-\dfrac{\pi}{3}$,写出该正弦电流的正弦时间函数式,画出波形图。

3-3　已知 4 个正弦电流的函数式为 $i_1 = 0.5\sin(\omega t)$ A, $i_2 = 0.8\sin\left(\omega t - \dfrac{\pi}{4}\right)$ A, $i_3 = 0.6\cos\left(\omega t - \dfrac{\pi}{6}\right)$ A, $i_4 = 1.2\sin\left(\omega t - \dfrac{\pi}{6}\right)$ A,说明 4 个电流的有效值、初相角及它们之间的相位关系。

3-4　写出下列正弦量的有效值相量并画出相量图。

$$u_1 = 220\sqrt{2}\sin(\omega t)\text{ V}, u_2 = 220\sqrt{2}\sin\left(\omega t - \dfrac{2\pi}{3}\right)\text{ V}, u_3 = 220\sqrt{2}\sin\left(\omega t + \dfrac{2\pi}{3}\right)\text{ V},$$

$$u_4 = 380\sqrt{2}\sin\left(\omega t + \dfrac{\pi}{6}\right)\text{ V}, u_5 = 380\sqrt{2}\sin\left(\omega t - \dfrac{\pi}{2}\right)\text{ V}, u_6 = 380\sqrt{2}\sin\left(\omega t + \dfrac{5\pi}{6}\right)\text{ V}$$

3-5　已知下列正弦量的有效值相量,且 $\omega = 314$ rad/s,写出其对应的正弦时间函数式。

$$\dot{I}_1 = 0.5\angle 36° \text{ A}, \dot{I}_2 = 1.5\angle -120° \text{ A}, \dot{I}_3 = 0.8\angle 89° \text{ A}, \dot{I}_4 = 1.2\angle 0° \text{ A}, \dot{I}_5 = 1\angle 180° \text{ A}$$

3-6　在题 3-6 图所示的电路中,已知 $i_1 = 0.3\sqrt{2}\sin(1\,000t)$ A, $i_2 = 0.4\sqrt{2}\sin\left(1\,000t + \dfrac{\pi}{2}\right)$ A,试求 i_3。

3-7　在题 3-7 图所示电路中,已知 $u_1 = 1.5\sqrt{2}\sin\left(1\,000t - \dfrac{\pi}{6}\right)$ V, $u_2 = \sqrt{2}\sin\left(1\,000t + \dfrac{\pi}{3}\right)$ V,试求 u_3。

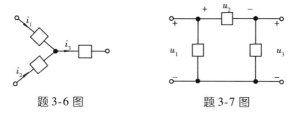

题 3-6 图　　　　　　　　题 3-7 图

3-8　已知题 3-8 图所示正弦电流电路中的电流 $i = 0.1\sqrt{2}\sin(1\,000t)$ A,试求 u_R、u_L、u_C 和 u,绘出 5 个正弦量的相量图。

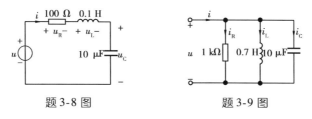

题 3-8 图　　　　　　　　题 3-9 图

3-9 已知题 3-9 图所示正弦电流电路中的电压 $u = 220\sqrt{2}\sin\left(314t - \dfrac{\pi}{4}\right)$ V,试求 i_R、i_L、i_C 和 i,绘出 5 个正弦量的相量图。

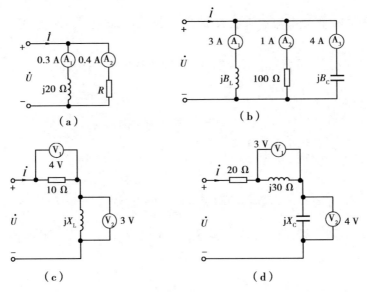

（a）　　　　（b）

（c）　　　　（d）

题 3-10 图

3-10 在题 3-10 图所示的正弦电流电路中,电压表Ⓥ和电流表Ⓐ旁已标明了表的读数(有效值)。电压表的内阻视为无限大,电流表的内阻视为零。试求各图中的电压 U 的有效值、电流 I 的有效值,以及元件的参数 R、X_L、X_C、B_L、B_C。

3-11 在题 3-11 图所示正弦电流电路中,已知:(1)当 $f = 50$ Hz 时,$U = 20$ V,$I = 4$ A;(2)当 $f = 100$ Hz 时,$U = 20$ V,$I = 2.5$ A。试求 R 和 L。

3-12 已知正弦电流电路中的不含独立源的线性二端网络的端部电压相量和端部电流相量,试求二端网络的等效阻抗和等效导纳,并说明二端网络的性质,画出二端网络的等效电路。

(1) $\dot{U} = (40 + j30)$ V, $\dot{I} = (20 + j15)$ A;

(2) $\dot{U} = (40 + j30)$ V, $\dot{I} = (1.75 - j0.25)$ A;

(3) $\dot{U} = (40 + j30)$ V, $\dot{I} = (1.75 + j1.75)$ A

3-13 试求题 3-13 图所示电路的等效阻抗和等效导纳。如果已知电容电压相量为 $\dot{U}_C = 100\angle 0°$ V,求 $\dot{I}_C$、$\dot{I}_R$、$\dot{I}$ 和 $\dot{U}$,画出相量图。

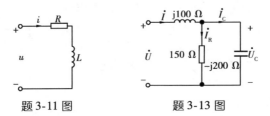

题 3-11 图　　　题 3-13 图

3-14　题3-14图所示电路为交流电路中的电桥电路,已知$L=1\text{ mH},R_1=R_2=1\text{ k}\Omega$。试问:(1)电容$C$为何值时能使$I_0=0$?(2)当满足前述条件时,电路的输入阻抗为何值?

3-15　在题3-15图所示的正弦电流电路中,$U=220\text{ V},I=10\text{ A},\omega=314\text{ rad/s}$。如果已知网络N吸收的平均功率为1 760 W,试求网络N的功率因数、吸收的无功功率以及N的等效电阻和等效电感。

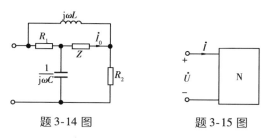

题3-14图　　　　　　题3-15图

3-16　在题3-16图所示的正弦电流电路中,$U=220\text{ V}$,试求电路吸收的有功功率和无功功率。

3-17　题3-17所示电路为日光灯电路的模型,$f=50\text{ Hz}$。欲将额定电压220 V、额定功率40 W、功率因数为0.5的日光灯的功率因数提高到0.9,需并联多大的电容?

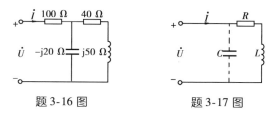

题3-16图　　　　　　题3-17图

3-18　在题3-18图所示的正弦电流电路中,$U=220\text{ V},f=50\text{ Hz}$。已知在下列3种不同的情况下,电流表(内阻视为零)的读数均为0.5 A:(1)开关S_1断开、S_2接通;(2)开关S_1接通、S_2断开;(3)开关S_1、S_2均接通。试求R和L。

3-19　在题3-19图所示的正弦电流电路中,$R_1=50\text{ k}\Omega,R_2=100\text{ k}\Omega,C_1=2\ 000\text{ pF}$。已知$f=1\ 000\text{ Hz}$时,$\dot U_1$与$\dot U_2$同相,试问$C_2$为多少?

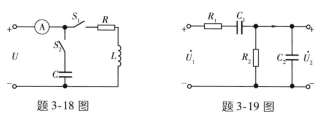

题3-18图　　　　　　题3-19图

3-20　题3-20图所示电路可用于测量线圈的参数(RL串联电路的R和L)。设电源电压是有效值为100 V的工频正弦电压,若调节可变电阻(R_1与R_2)使电压表(内阻视为无限大)的读数最小为30 V,此时$R_1=20\ \Omega,R_2=30\ \Omega,R_3=25\ \Omega$。试求线圈的参数$R$和$L$。

3-21 题 3-21 图所示电路,试求:(1)当负载 Z_L 为何值时能从电路中获得最大功率? 其最大功率为多少? (2)如果负载为纯电阻 R_L, R_L 为何值能从电路中获得最大功率?

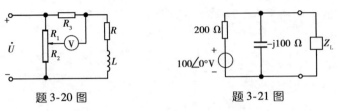

题 3-20 图   题 3-21 图

第四章 含耦合电感的电路和三相电路

本章引入耦合电感元件模拟电路中存在的磁耦合现象,讨论耦合电感元件的电压、电流关系,分析含有耦合电感元件的正弦电流电路。

三相电路是三相制电力线路的电路模型。本章介绍三相电路的相关知识,对称三相电路中线电压与相电压、线电流与相电流的关系,对称三相电路和不对称三相电路的分析方法。

4-1 耦合电感元件

通过磁场相互联系的相邻的载流线圈(如图4-1-1所示)称为耦合线圈。设线圈 I 中的电流 i_1 产生的磁通为 Φ_{11},Φ_{11} 与线圈 I 相交链的磁链为 Ψ_{11}(在线圈为密绕的情况下 Ψ_{11} 等于 Φ_{11} 与线圈 I 的匝数 N_1 的乘

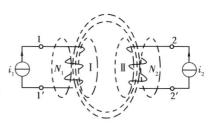

图 4-1-1 耦合线圈

积)称为线圈 I 的自感磁通链。如果 Ψ_{11} 的参考方向与 i_1 的参考方向符合右螺旋定则且周围空间是线性磁介质时,则有 $\Psi_{11} = L_1 i_1$,L_1 是线圈 I 的自感。Φ_{11} 中与线圈 II 相交链的部分(Φ_{11} 也有可能全部与线圈 II 相交链)记为 Φ_{21},相交链的磁通链为 Ψ_{21}(双下标中,第一位数 2 表示线圈 II 所相交链的磁通,第二位数 1 表示该磁通由 i_1 所产生)称为线圈 II 的互感磁通链。在线性磁介质的条件下有 $\Psi_{21} = M_{21} i_1$,M_{21} 为互感系数。同理,设线圈 II 中的电流 i_2 产生的磁通为 Φ_{22},Φ_{22} 与线圈 II 相交链的磁通链为 Ψ_{22} 称为线圈 II 的自感磁通链。如果 Ψ_{22} 的参考方向与 i_2 的参考方向符合右螺旋定则,在线性磁介质条件下则有 $\Psi_{22} = L_2 i_2$,L_2 是线圈 II 的自感。Φ_{22} 中与线圈 I 相交链的部分(Φ_{22} 也有可能全部与线圈 I

相交链)记为 Φ_{12},相交链的磁通链为 Ψ_{12} 称为线圈Ⅰ的互感磁通链,亦有 $\Psi_{12} = M_{12}i_2$。M_{12} 亦为互感系数。可以证明 $M_{12} = M_{21}$。为了便于描述,令 $M_{12} = M_{21} = M$。显然,每一个线圈所交链的总的磁通链应为自感磁通链与互感磁通链的叠加。设线圈Ⅰ的总磁链 Ψ_1 与自感磁通链 Ψ_{11} 取同一参考方向,线圈Ⅱ的总磁链 Ψ_2 与自感磁通链 Ψ_{22} 取同一参考方向,则两个耦合线圈的磁通链分别为

$$\Psi_1 = \Psi_{11} \pm \Psi_{12} = L_1 i_1 \pm M i_2 \tag{4-1-1}$$

$$\Psi_2 = \pm \Psi_{21} + \Psi_{22} = \pm M i_1 + L_2 i_2 \tag{4-1-2}$$

上两式中,互感磁通链前有"+""-"两个符号是因为互感磁通链与自感磁通链有相互加强或相互削弱两种可能。互感磁通链与自感磁通链的方向一致(相互加强)时取"+"号;互感磁通链与自感磁通链的方向相反(相互削弱)时取"-"号。对于实际的耦合线圈,可以根据它们的相对位置、线圈的绕向和电流的方向来判断互感磁通链是起"加强"的作用还是"削弱"的作用。为了便于确定互感磁通链是取"+"还是取"-",引入了耦合线圈的"同名端"标记。同名端是指耦合线圈中的分别属于不同线圈的这样一对端子:从每一个线圈中选出一个端子,当两个线圈的电流各自从选出的端子流入时,每个线圈的互感磁通与自感磁通是相互加强的。耦合线圈的同名端常用小圆点"·"或星号"*"表示。图4-1-2是同名端的示例,在图4-1-2(a)中,端子1和2是同名端(端子1′和2′亦是同名端),在图4-1-2(b)中,端子1和2′是同名端(端子1′和2亦是同名端)。

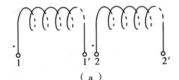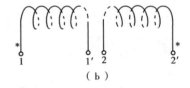

图4-1-2　耦合线圈的同名端示例

耦合线圈的同名端的识别有重要的工程应用背景。在电机、变压器等电气设备中,识别耦合线圈的同名端并进行正确的连接是事关紧要的。对于实际的耦合线圈,可用实验的方法确定其同名端。图4-1-3为确定两耦合线圈的同名端的电路原理图,虚线方框内表示两耦合线圈。在线圈Ⅰ的1、1′端子接入一个直流电压源,在线圈Ⅱ的端口2、2′端子接入直流电压表,电压表的极性

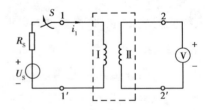

图4-1-3　确定耦合线圈的同名端的图示

如图所示。在开关 S 闭合瞬间,电流 i_1 从线圈Ⅰ的1端子流入线圈Ⅰ,且该瞬时 $\frac{di_1}{dt} > 0$,此时在线圈Ⅱ上产生互感电压 $M\frac{di_1}{dt}$,电压表的指针将发生偏转。根据图示的电压表的

极性,如果此时电压表指针正向偏转,则线圈Ⅱ的端子2为高电位端,这表明1、2两端子为同名端。上述结果的正确性解释如下:电压表指针正向偏转表明线圈Ⅱ的端子2为高电位端,即感应电流的方向为从线圈Ⅱ的端子2流出,经电压表再流入端子2′进入线圈Ⅱ。根据电磁感应定律,感应电流的磁通的作用是阻碍 i_1 的增大所引起的磁通的增加。换句话说,如果线圈Ⅱ中有电流从端子2流入,则该电流的磁通与线圈Ⅰ中流入端子1的电流 i_1 的磁通是相互加强的,表明端子1和端子2是同名端。从以上分析可知:两个耦合的线圈Ⅰ和Ⅱ,如果有电流 i_1 从线圈Ⅰ的打"·"端流入且 $\dfrac{di_1}{dt} > 0$,则在线圈Ⅱ上由 i_1 产生的互感电压的方向一定是打"·"端为高电位端。

如果在耦合的两个线圈中均有变化的电流,则在每个线圈上的电压都包含着两个分量:由该线圈中变化的电流产生的自感电压和由与之耦合的另一个线圈中变化的电流产生的互感电压。耦合线圈的每个线圈上的电压等于自感电压与互感电压的叠加。

为了模拟磁耦合现象,在电路理论中引入了耦合电感元件。线性耦合电感元件的符号如图4-1-4所示。在图中画出绕向是不方便的,因而在元件符号中应用了同名端标记。耦合电感元件是一种二端口元件,1、1′端子为一个端口,2、2′端子为一个端口,一对打"·"的端子(图中的端子1、2)为同名端。L_1、L_2 为自感系数,M 为互感系数,其单位名称为亨[利],符号为 H。

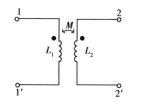

图 4-1-4 耦合电感元件

4-1-1 耦合电感元件的电压、电流关系

就图4-1-4所示的耦合电感元件而言,其电压、电流关系式的具体形式与电压的参考方向、电流的参考方向以及同名端的位置有关。

以图4-1-5(a)所示的耦合电感元件为例,1—1′端口的电压 u_1 中包含由 i_1 产生的自感电压 u_{11} 和由 i_2 产生的互感电压 u_{12},如果指定 u_{11} 的参考方向和 u_{12} 的参考方向均与 u_1 的参考方向相同,则有 $u_1 = u_{11} + u_{12}$。同理,2—2′端口的电压 u_2 中包含由 i_2 产生的自感电压 u_{22} 和由 i_1 产生的互感电压 u_{21},如果指定 u_{22} 的参考方向和 u_{21} 的参考方向均与 u_2 的参考方向相同,则有 $u_2 = u_{21} + u_{22}$。

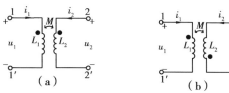

图 4-1-5 耦合电感元件

先分析自感电压 u_{11} 和 u_{22}：在图 4-1-5（a）中，u_1 与 i_1 为关联参考方向，即 u_{11} 与 i_1 为关联方向，故 1—1′ 端口的自感电压为 $u_{11} = L_1 \dfrac{\mathrm{d}i_1}{\mathrm{d}t}$；$u_2$ 与 i_2 为关联参考方向，即 u_{22} 与 i_2 为关联参考方向，故 2—2′ 端口的自感电压为 $u_{22} = L_2 \dfrac{\mathrm{d}i_2}{\mathrm{d}t}$。

再根据同名端和电流、电压的参考方向分析互感电压 u_{12} 和 u_{21}：在图 4-1-5（a）中，i_2 的参考方向是从打"·"端进入，当 $\dfrac{\mathrm{d}i_2}{\mathrm{d}t} > 0$ 时，在 1—1′ 端口上由 i_2 产生的互感电压 u_{12}（下标第一位 1 表示在 1—1′ 端口处，下标第二位 2 表示由电流 i_2 产生）亦应是打"·"端（端子 1）为高电位端，与 u_1 的参考方向一致，即有 $u_{12} = M \dfrac{\mathrm{d}i_2}{\mathrm{d}t}$；$i_1$ 的参考方向是从打"·"端进入，当 $\dfrac{\mathrm{d}i_1}{\mathrm{d}t} > 0$ 时，在 2—2′ 端口上由 i_1 产生的互感电压 u_{21}（下标第一位 2 表示在 2—2′ 端口处，下标第二位 1 表示由电流 i_1 产生）亦应是打"·"端（端子 2）为高电位端，与 u_2 的参考方向一致，即有 $u_{21} = M \dfrac{\mathrm{d}i_1}{\mathrm{d}t}$。

由此可得图 4-1-5（a）所示耦合电感元件的电压、电流的关系式为

$$u_1 = u_{11} + u_{12} = L_1 \frac{\mathrm{d}i_1}{\mathrm{d}t} + M \frac{\mathrm{d}i_2}{\mathrm{d}t} \tag{4-1-3}$$

$$u_2 = u_{21} + u_{22} = M \frac{\mathrm{d}i_1}{\mathrm{d}t} + L_2 \frac{\mathrm{d}i_2}{\mathrm{d}t} \tag{4-1-4}$$

对于图 4-1-5（b）所示的耦合电感元件，已指定 u_1 与 i_1 为关联参考方向，u_2 与 i_2 为关联参考方向，其自感电压不再赘述。

根据图中所示的同名端标记，分析互感电压：i_2 的参考方向是从非打"·"端进入，当 $\dfrac{\mathrm{d}i_2}{\mathrm{d}t} > 0$ 时，在 1—1′ 端口上由 i_2 产生的互感电压 u_{12} 应是非打"·"端（端子 1′）为高电位端，与 u_1 的参考方向相反，即有 $u_{12} = -M \dfrac{\mathrm{d}i_2}{\mathrm{d}t}$；$i_1$ 的参考方向是从打"·"端进入，当 $\dfrac{\mathrm{d}i_1}{\mathrm{d}t} > 0$ 时，在 2—2′ 端口上由 i_1 产生的互感电压 u_{21} 应是打"·"端（端子 2′）为高电位端，与 u_2 的参考方向相反，即有 $u_{21} = -M \dfrac{\mathrm{d}i_1}{\mathrm{d}t}$。由此可得图 4-1-5（b）所示耦合电感元件的电压、电流关系式为

$$u_1 = u_{11} + u_{12} = L_1 \frac{\mathrm{d}i_1}{\mathrm{d}t} - M \frac{\mathrm{d}i_2}{\mathrm{d}t} \tag{4-1-5}$$

$$u_2 = u_{21} + u_{22} = -M\frac{\mathrm{d}i_1}{\mathrm{d}t} + L_2\frac{\mathrm{d}i_2}{\mathrm{d}t} \tag{4-1-6}$$

在耦合电感元件中,每一个端口的电压都由自感电压和互感电压两部分组成,自感电压决定于自感系数和本端口中电流对时间的变化率,互感电压决定于互感系数和另一端口中电流对时间的变化率。列写耦合电感元件的电压、电流关系式时,在每一个端口的电压、电流均为关联参考方向的条件下,其电压、电流关系式有如下规律:自感电压恒为正;互感电压项前取"＋"或"－"由两个端口电流的参考方向与同名端的关系而定,当两个端口电流的参考方向均为进入(或均为离开)同名端时,互感电压前取"＋",否则取"－"。

例4-1-1　写出图4-1-6(a)、(b)、(c)所示的耦合电感元件的电压、电流关系式。

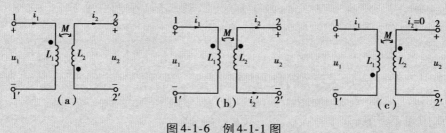

图4-1-6　例4-1-1图

解法1　对图4-1-6(a)所示元件,u_2 与 i_2 为非关联参考方向。为了便于正确地写出电压、电流关系式,可先写出 u_1、$u_{2'2}$、i_1、i_2 的关系式。因为 u_1 与 i_1、$u_{2'2}$ 与 i_2 均为关联参考方向,且 i_1、i_2 的参考方向均指向同名端,故有

$$u_1 = L_1\frac{\mathrm{d}i_1}{\mathrm{d}t} + M\frac{\mathrm{d}i_2}{\mathrm{d}t}$$

$$u_{2'2} = M\frac{\mathrm{d}i_1}{\mathrm{d}t} + L_2\frac{\mathrm{d}i_2}{\mathrm{d}t}$$

由 $u_2 = -u_{2'2}$ 可得

$$u_2 = -u_{2'2} = -M\frac{\mathrm{d}i_1}{\mathrm{d}t} - L_2\frac{\mathrm{d}i_2}{\mathrm{d}t}$$

对于图4-1-6(b)所示元件,u_1 与 i_1 为关联参考方向,u_2 与 i_2 为非关联参考方向。令 $i_2' = -i_2$,则 i_2' 与 u_2 为关联参考方向,且 i_1 和 i_2' 均指向同名端,故有

$$u_1 = L_1\frac{\mathrm{d}i_1}{\mathrm{d}t} + M\frac{\mathrm{d}i_2'}{\mathrm{d}t} = L_1\frac{\mathrm{d}i_1}{\mathrm{d}t} + M\frac{\mathrm{d}(-i_2)}{\mathrm{d}t} = L_1\frac{\mathrm{d}i_1}{\mathrm{d}t} - M\frac{\mathrm{d}i_2}{\mathrm{d}t}$$

$$u_2 = M\frac{\mathrm{d}i_1}{\mathrm{d}t} + L_2\frac{\mathrm{d}i_2'}{\mathrm{d}t} = M\frac{\mathrm{d}i_1}{\mathrm{d}t} + L_2\frac{\mathrm{d}(-i_2)}{\mathrm{d}t} = M\frac{\mathrm{d}i_1}{\mathrm{d}t} - L_2\frac{\mathrm{d}i_2}{\mathrm{d}t}$$

在图4-1-6(c)所示电路中,$i_2 = 0$。因为 u_1 与 i_1、u_2 与 i_2 均为关联参考方向,且 i_1 和 i_2 的参考方向指向非同名端,故有

$$u_1 = L_1 \frac{di_1}{dt} - M \frac{di_2}{dt} = L_1 \frac{di_1}{dt}$$

$$u_2 = -M \frac{di_1}{dt} + L_2 \frac{di_2}{dt} = -M \frac{di_1}{dt}$$

解法2 对图4-1-6(a)所示元件,就1—1′端口而言,u_1 与 i_1 为关联参考方向,其自感电压 $u_{11} = L_1 \frac{di_1}{dt}$;因为 i_2 的参考方向是从打"·"端进入,故互感电压 u_{12} 应为打"·"端(端子1)为高电位端,与 u_1 的参考方向一致,所以有 $u_{12} = M \frac{di_2}{dt}$。故

$$u_1 = L_1 \frac{di_1}{dt} + M \frac{di_2}{dt}$$

就2—2′端口而言,u_2 与 i_2 为非关联参考方向,其自感电压 $u_{22} = -L_2 \frac{di_2}{dt}$;因为 i_1 的参考方向是从打"·"端进入,故互感电压 u_{21} 应为打"·"端(端子2′)为高电位端,与 u_2 的参考方向相反,所以有 $u_{21} = -M \frac{di_1}{dt}$。故

$$u_2 = -M \frac{di_1}{dt} - L_2 \frac{di_2}{dt}$$

对图4-1-6(b)所示元件,就1—1′端口而言,自感电压 $u_{11} = L_1 \frac{di_1}{dt}$;因为 i_2 的参考方向是从非打"·"端进入,故互感电压 u_{12} 应为非打"·"端(端子1′)为高电位端,与 u_1 的参考方向相反,所以有 $u_{12} = -M \frac{di_2}{dt}$。就2—2′端口而言,自感电压 $u_{22} = -L_2 \frac{di_2}{dt}$;因为 i_1 的参考方向是从打"·"端进入,故互感电压 u_{21} 应为打"·"端(2 端子)为高电位端,与 u_2 的参考方向一致,所以有 $u_{21} = M \frac{di_1}{dt}$。故 u_1、u_2 分别为

$$u_1 = L_1 \frac{di_1}{dt} - M \frac{di_2}{dt}$$

$$u_2 = M \frac{di_1}{dt} - L_2 \frac{di_2}{dt}$$

其结果与解法1相同。

正确地写出耦合电感元件的电压、电流关系式是分析含耦合电感元件的电路的关键。列写耦合电感元件的电压、电流关系式可采用两种方法。

方法1:指定 u_1 与 i_1 为关联参考方向,u_2 与 i_2 为关联参考方向(如果是非关联参考

方向,可另选变量使其符合关联参考方向的要求,见例4-1-1解法1)。在该条件下,两个自感电压恒为正。互感电压项在关系式中取"+"还是"-"由 i_1 和 i_2 的参考方向与同名端的关系而定:当两个端口电流的参考方向都是进入(或都是离开)同名端时,互感电压前取"+",否则取"-"(详见例4-1-1解法1)。

方法2:根据 u_1 与 i_1、u_2 与 i_2 是否为关联参考方向决定自感电压在式中取"+"还是"-"。互感电压的确定分两步进行:首先根据电流的参考方向是进入还是离开同名端确定该电流产生的互感电压的高电位端(即确定互感电压的方向);再视互感电压的方向与所在端口电压的参考方向是"一致"还是"相反"确定互感电压项在式中取"+"还是"-"(详见例4-1-1解法2)。

4-1-2 耦合系数

在一般情况下,在耦合电感元件中,由同一个电流产生的自感磁通 $\Phi_{11}(\Phi_{22})$ 大于该电流的互感磁通 $\Phi_{21}(\Phi_{12})$。在极限情况下(如重叠密绕的两线圈),$\Phi_{11} = \Phi_{21}$、$\Phi_{22} = \Phi_{12}$,称为全耦合。全耦合时,$\dfrac{L_1 i_1}{N_1} = \dfrac{M i_1}{N_2}$、$\dfrac{L_2 i_2}{N_2} = \dfrac{M i_2}{N_1}$,得 $\dfrac{N_1}{N_2} = \dfrac{L_1}{M} = \dfrac{M}{L_2}$,故有 $L_1 L_2 = M^2$。也就是说,全耦合时的互感系数是其上限 $M_{\max}$,即

$$M_{\max} = \sqrt{L_1 L_2} \tag{4-1-7}$$

定义

$$k = \frac{M}{M_{\max}} = \frac{M}{\sqrt{L_1 L_2}} \tag{4-1-8}$$

为耦合系数,用来表示耦合电感元件耦合的紧疏程度。无耦合时 $k = 0 (M = 0)$,全耦合时 $k = 1$,因而有

$$0 \leqslant k \leqslant 1 \tag{4-1-9}$$

4-1-3 耦合电感元件储存的能量

耦合电感元件是储能元件,在 u_1 与 i_1 取关联参考方向,u_2 与 i_2 取关联参考方向的条件下,耦合电感元件吸收的瞬时功率为

$$p = u_1 i_1 + u_2 i_2$$

应用耦合电感元件的电压、电流关系有

$$p = \left(L_1 \frac{di_1}{dt} \pm M \frac{di_2}{dt} \right) i_1 + \left(\pm M \frac{di_1}{dt} + L_2 \frac{di_2}{dt} \right) i_2$$

$$= L_1 i_1 \frac{di_1}{dt} + L_2 i_2 \frac{di_2}{dt} \pm M \left(i_1 \frac{di_2}{dt} + i_2 \frac{di_1}{dt} \right)$$

而 $i_1\dfrac{\mathrm{d}i_2}{\mathrm{d}t}+i_2\dfrac{\mathrm{d}i_1}{\mathrm{d}t}=\dfrac{\mathrm{d}(i_1i_2)}{\mathrm{d}t}$。由 $\dfrac{\mathrm{d}W}{\mathrm{d}t}=p$ 可得

$$\mathrm{d}W=p\mathrm{d}t=L_1i_1\mathrm{d}i_1+L_2i_2\mathrm{d}i_2\pm M\mathrm{d}(i_1i_2)$$

设 $i_1(0)=0$、$i_2(0)=0$，到 t 时刻，耦合电感元件储存的能量为

$$W(t)=\frac{1}{2}L_1i_1^2(t)+\frac{1}{2}L_2i_2^2(t)\pm Mi_1(t)i_2(t)\qquad(4\text{-}1\text{-}10)$$

在上式中，当 $i_1(t)$ 和 $i_2(t)$ 从同名端流入时 $Mi_1(t)i_2(t)$ 项前取" $+$ "号，否则取" $-$ "号。耦合电感元件是无源元件，在任何时刻 t，耦合电感元件储存的能量都是非负的。也就是说有

$$\frac{1}{2}L_1i_1^2(t)+\frac{1}{2}L_2i_2^2(t)\pm Mi_1(t)i_2(t)\geqslant0$$

4-1-4 正弦电流电路中的耦合电感元件

在正弦电流电路中的耦合电感元件的相量模型如图 4-1-7（a）所示，电压、电流关系的相量形式为

$$\dot{U}_1=\mathrm{j}\omega L_1\dot{I}_1+\mathrm{j}\omega M\dot{I}_2\qquad(4\text{-}1\text{-}11)$$

$$\dot{U}_2=\mathrm{j}\omega M\dot{I}_1+\mathrm{j}\omega L_2\dot{I}_2\qquad(4\text{-}1\text{-}12)$$

式中 ωM 称为互感电抗。互感电压 $\mathrm{j}\omega M\dot{I}_2$ 和 $\mathrm{j}\omega M\dot{I}_1$ 可视为电流控电压源，图 4-1-7（a）所示的耦合电感元件可用受控源表示如图 4-1-7（b）所示。

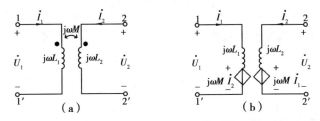

图 4-1-7　正弦电路中的耦合电感元件

4-2　含有耦合电感的正弦电流电路的分析

空心变压器的电路模型是典型的含有耦合电感元件的电路。空心变压器由两个绕在一个非铁磁材料的芯子上的两个线圈构成，其中一个线圈接到电源，称为原边或初级；另一个线圈接负载，称为副边或次级。通过磁耦合，电能从原边传递到副边。在正弦电流电路中的接入电源和负载的空心变压器的电路模型如图 4-2-1（a）所示，通过空心变压器，电能从电源传送到负载。R_1 为原边电阻，L_1 为原边电感，R_2 为副边电阻，L_2 为副边电

感,M 为原边与副边之间的互感,$\dot{U}_S$ 为原边接入的电压源电压,$Z_L = R_L + jX_L$ 为副边接入的负载阻抗。

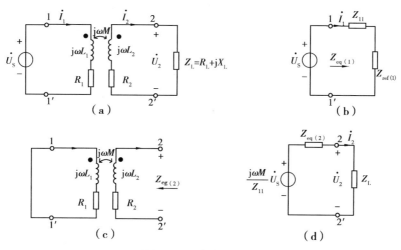

图 4-2-1 空心变压器

分析含有耦合电感元件的电路时,选取电流为求解量建立电路方程较为方便。按图 4-2-1(a)中指定的原、副边电流 $\dot{I}_1$、$\dot{I}_2$ 的参考方向,原、副边回路电压方程为

$$(R_1 + j\omega L_1)\dot{I}_1 - j\omega M \dot{I}_2 = \dot{U}_S \tag{4-2-1}$$

$$-j\omega M\dot{I}_1 + (R_2 + R_L + j\omega L_2 + jX_L)\dot{I}_2 = 0 \tag{4-2-2}$$

令 $Z_{11} = R_1 + j\omega L_1$ 称为原边回路阻抗,$Z_{22} = R_2 + R_L + j\omega L_2 + jX_L$ 称为副边回路阻抗,上述方程可写为

$$Z_{11}\dot{I}_1 - j\omega M\dot{I}_2 = \dot{U}_S$$

$$-j\omega M\dot{I}_1 + Z_{22}\dot{I}_2 = 0$$

解方程得

$$\dot{I}_1 = \frac{Z_{22}\dot{U}_S}{Z_{11}Z_{22} + (\omega M)^2} = \frac{\dot{U}_S}{Z_{11} + \dfrac{(\omega M)^2}{Z_{22}}} \tag{4-2-3}$$

$$\dot{I}_2 = \frac{j\omega M\dot{U}_S}{Z_{11}Z_{22} + (\omega M)^2} \tag{4-2-4}$$

负载 Z_L 的端电压 $\dot{U}_2$ 等于

$$\dot{U}_2 = Z_L\dot{I}_2 = \frac{j\omega MZ_L\dot{U}_S}{Z_{11}Z_{22} + (\omega M)^2} \tag{4-2-5}$$

4-2-1 空心变压器的等效电路、反映阻抗

由式(4-2-3)可得,图4-2-1(a)所示电路1—1′端口右侧电路的等效阻抗为

$$Z_{\text{eq}(1)} = \frac{\dot{U}_S}{\dot{I}_1} = Z_{11} + \frac{(\omega M)^2}{Z_{22}} \tag{4-2-6}$$

上式表明:该等效阻抗中,除原边回路阻抗 Z_{11} 以外,还有副边回路阻抗 Z_{22} 通过互感 M 反映到原边的阻抗 $\frac{(\omega M)^2}{Z_{22}}$,称为副边对原边的反映阻抗,记为

$$Z_{\text{ref}(1)} = \frac{(\omega M)^2}{Z_{22}} \tag{4-2-7}$$

应用 $Z_{\text{ref}(1)}$ 可按图4-2-1(b)所示电路计算原边电流 $\dot{I}_1$。

如果将副边对原边的反映阻抗按实部、虚部写出,则有

$$Z_{\text{ref}(1)} = \frac{(\omega M)^2}{Z_{22}} = \frac{(\omega M)^2}{(R_2 + R_L) + j(\omega L_2 + X_L)}$$

$$= \frac{(R_2 + R_L)(\omega M)^2}{(R_2 + R_L)^2 + (\omega L_2 + X_L)^2} + j\frac{-(\omega L_2 + X_L)(\omega M)^2}{(R_2 + R_L)^2 + (\omega L_2 + X_L)^2}$$

上式中,虚部带有的"–"号表明反映阻抗的等效电抗的性质与副边回路阻抗 Z_{22} 的等效电抗 $\omega L_2 + X_L$ 的性质是相反的,若 Z_{22} 是感性的,则 $Z_{\text{ref}(1)}$ 是容性的。

图4-2-1(a)所示电路2—2′端口左侧是一个含独立源的二端网络,对负载 Z_L 而言,该含独立源的二端网络可以用电压源、阻抗串联的电路等效替代。对图4-2-1(a)所示电路应用戴维宁定理,令2—2′端口开路(即 $\dot{I}_2 = 0$),则开路电压 $\dot{U}_{22'(\text{oc})}$ 为

$$\dot{U}_{22'(\text{oc})} = j\omega M \frac{\dot{U}_S}{Z_{11}} \tag{4-2-8}$$

再令 $\dot{U}_S = 0$,求2—2′端口左侧电路的等效阻抗 $Z_{\text{eq}(2)}$(如图4-2-1(c)所示)。此时可利用式(4-2-6)的结果,只需要将式中的 Z_{11} 替换为 $R_2 + j\omega L_2$,Z_{22} 替换为 Z_{11} 即可,故有

$$Z_{\text{eq}(2)} = (R_2 + j\omega L_2) + \frac{(\omega M)^2}{Z_{11}} \tag{4-2-9}$$

图4-2-1(a)所示电路2—2′端口左侧的二端网络的戴维宁等效电路如图4-2-1(d)所示,应用该等效电路计算负载端电压 $\dot{U}_2$ 和电流 $\dot{I}_2$ 是方便的。

例4-2-1　图4-2-2(a) 所示电路,已知 $R_1 = 40\ \Omega$, $L_1 = 4\ \text{H}$, $R_2 = 1\ \Omega$, $L_2 = 0.1\ \text{H}$, $M = 0.5\ \text{H}$, $Z_L = 80\ \Omega$, 正弦电压源 $u_s = 220\sqrt{2}\sin(314t)\text{V}$, 求 i_1 和 i_2。

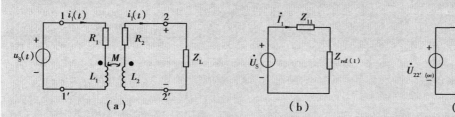

图4-2-2　例4-2-1 图

解　原、副边回路阻抗分别为

$$Z_{11} = R_1 + j\omega L_1 = (40 + j314 \times 4)\Omega = (40 + j1\ 256)\Omega = 1\ 256\angle 88.18°\ \Omega$$

$$Z_{22} = R_2 + j\omega L_2 + Z_L = (1 + j314 \times 0.1 + 80)\Omega = (81 + j31.4)\ \Omega = 86.87\angle 21.19°\ \Omega$$

副边反映到原边的反映阻抗为

$$Z_{\text{ref}(1)} = \frac{(\omega M)^2}{Z_{22}} = \frac{(314 \times 0.5)^2}{86.87\angle 21.19°}\Omega = 283.75\angle -21.19°\ \Omega = (264.56 - j102.56)\ \Omega$$

应用图4-2-2(b)所示的等效电路计算原边电流 $\dot{I}_1$, 得

$$\dot{I}_1 = \frac{\dot{U}_S}{Z_{11} + Z_{\text{ref}(1)}} = \frac{220}{40 + j1\ 256 + 264.56 - j102.56}\ \text{A} = 0.184\angle -75.21°\ \text{A}$$

欲求副边电流 $\dot{I}_2$, 可先求出图4-2-2(a) 所示电路2—2′端口左侧电路的戴维宁等效电路。

设2—2′端口开路, 则开路电压 $\dot{U}_{22'(\text{oc})}$ 为

$$\dot{U}_{22'(\text{oc})} = j\omega M \frac{\dot{U}_S}{Z_{11}} = \frac{314 \times 0.5\angle 90° \times 220}{1\ 256.64\angle 88.18°}\ \text{V} = 27.49\angle 1.82°\ \text{V}$$

令原边回路中的电压源电压为零, 2—2′端口左侧电路的等效阻抗为

$$Z_{\text{eq}(2)} = R_2 + j\omega L_2 + \frac{(\omega M)^2}{Z_{11}} = \left[1 + j314 \times 0.1 + \frac{(314 \times 0.5)^2}{1\ 256.64\angle 88.18°}\right]\Omega$$

$$= (1.62 + j11.79)\Omega = 11.91\angle 82.18°\ \Omega$$

2—2′端口左侧电路的戴维宁等效电路如图4-2-2 (c) 所示, 由此可得副边电流 $\dot{I}_2$ 为

$$\dot{I}_2 = \frac{\dot{U}_{22'(\text{oc})}}{Z_{\text{eq}(2)} + Z_L} = \frac{27.49\angle 1.82°}{1.62 + j11.8 + 80}\ \text{A} = \frac{27.49\angle 1.82°}{82.47\angle 8.23°}\ \text{A} = 0.333\angle -6.41°\ \text{A}$$

故原、副边电流为

$$i_1 = 0.184 \sqrt{2} \sin(314t - 75.21°)\text{A}$$

$$i_2 = 0.333 \sqrt{2} \sin(314t - 6.41°)\text{A}$$

本例也可根据式(4-2-1)和式(4-2-2)所示的方程解得 $\dot{I}_1$ 和 $\dot{I}_2$,即应用式(4-2-3)和式(4-2-4)的结果可得

$$\dot{I}_1 = \frac{Z_{22}\dot{U}_S}{Z_{11}Z_{22} + (\omega M)^2} = \frac{86.87\angle21.19° \times 220}{1\,256\angle88.18° \times 86.87\angle21.19° + (314 \times 0.5)^2}\text{A}$$

$$= \frac{19\,111.4\angle21.19°}{103\,553\angle96.40°}\text{A} = 0.184\angle-75.21°\text{A}$$

$$\dot{I}_2 = \frac{j\omega M \dot{U}_S}{Z_{11}Z_{22} + (\omega M)^2} = \frac{314 \times 0.5\angle90° \times 220}{103\,553\angle96.40°}\text{A} = 0.333\angle-6.40°\text{A}$$

与前述结果相同。

4-2-2 串联的耦合电感和并联的耦合电感

图4-2-3为串联的耦合电感,图4-2-3(a)为非同名端相联,称为顺接;图4-2-3(b)为同名端相联,称为反接。根据耦合电感的电压、电流关系可得

（a） （b）

图4-2-3 串联的耦合电感

$$\dot{U} = (j\omega L_1 + j\omega L_2 \pm j2\omega M)\dot{I} = j\omega(L_1 + L_2 \pm 2M)\dot{I}$$

上式中,顺接情况取"+",反接情况取"-"。该式表明:串联的耦合电感可以用等效电感 L 替代,而且

$$L = L_1 + L_2 \pm 2M \tag{4-2-10}$$

等效电感不可能为负值,由式(4-2-10)有

$$M \leqslant \frac{1}{2}(L_1 + L_2) \tag{4-2-11}$$

即互感不会大于两个自感的算术平均值。

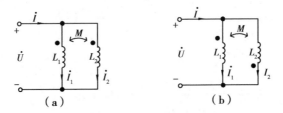

（a） （b）

图4-2-4 并联的耦合电感

图4-2-4 为并联的耦合电感,图4-2-4(a)为同名端同侧并联,图4-2-4(b)为同名端异侧并联。按图中指定的电压和电流的参考方向,有

$$j\omega L_1 \dot{I}_1 \pm j\omega M \dot{I}_2 = \dot{U} \tag{4-2-12}$$

$$\pm j\omega M \dot{I}_1 + j\omega L_2 \dot{I}_2 = \dot{U} \tag{4-2-13}$$

$$\dot{I}_1 + \dot{I}_2 = \dot{I} \tag{4-2-14}$$

由上述三式可解得

$$\dot{U} = j\omega \frac{L_1 L_2 - M^2}{L_1 + L_2 \mp 2M} \dot{I} \tag{4-2-15}$$

上式表明:并联的耦合电感可以用一个等效电感 L 替代,而且

$$L = \frac{L_1 L_2 - M^2}{L_1 + L_2 \mp 2M} \tag{4-2-16}$$

在式(4-2-12)、式(4-2-13)、式(4-2-15)和式(4-2-16)中,对于前面有两个符号的项,其符号规则为:同名端同侧并联时,取上面的符号;同名端异侧并联时,取下面的符号。

4-2-3 去耦等效电路

若将式(4-2-12)中的 $\dot{I}_2$ 代之以 $\dot{I}_2 = \dot{I} - \dot{I}_1$,将式(4-2-13)中的 $\dot{I}_1$ 代之以 $\dot{I}_1 = \dot{I} - \dot{I}_2$,可得

$$\pm j\omega M \dot{I} + j\omega (L_1 \mp M) \dot{I}_1 = \dot{U} \tag{4-2-17}$$

$$\pm j\omega M \dot{I} + j\omega (L_2 \mp M) \dot{I}_2 = \dot{U} \tag{4-2-18}$$

在式(4-2-17)、式(4-2-18)中,对于前面有两个符号的项,其符号规则为:同名端同侧并联时,取上面的符号,其等效电路如图4-2-5(a)所示;同名端异侧并联时,取下面的符号,其等效电路如图4-2-5(b)所示。图4-2-5 所示电路即为并联的耦合电感的"去耦"等效电路。

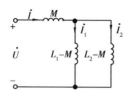
（a）同名端同侧并联的等效电路

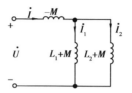
（b）同名端异侧并联的等效电路

图4-2-5 去耦等效电路

去耦的方法还可用于图 4-2-6 所示的有一个公共节点的耦合电感的电路,其去耦等效电路已在电路的右边给出,读者可自行验证其正确性。

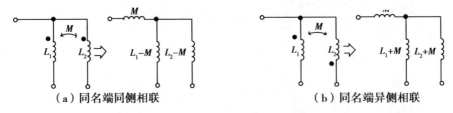

（a）同名端同侧相联　　　　　　　（b）同名端异侧相联

图 4-2-6　有一个公共节点的耦合电感

例 4-2-2　自耦变压器是一种常用的设备,其电路模型如图 4-2-7(a)所示。设各参数为 $R_1 = 10\ \Omega$,$j\omega L_1 = j20\ \Omega$,$R_2 = 20\ \Omega$,$j\omega L_2 = j50\ \Omega$,$j\omega M = j20\ \Omega$,若所接电源 $\dot{U}_s = 200\angle 0°\ \text{V}$,负载 $R_L = 100\ \Omega$,求电流 $\dot{I}_L$。

解法 1　在图 4-2-7(a)所示电路中,耦合的电感是同名端异侧相联,应用图 4-2-6(b)所示的结果,其去耦等效电路如图 4-2-7(b)所示,电路方程为

$$[R_1 + j\omega(L_1 + M)]\dot{I}_s + [R_2 + j\omega(L_2 + M)]\dot{I} = \dot{U}_s \qquad (4-2-19)$$

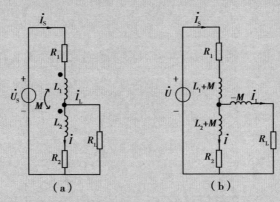

（a）　　　　　　　　　（b）

图 4-2-7　例 4-2-2 图

$$(R_L - j\omega M)\dot{I}_L - [R_2 + j\omega(L_2 + M)]\dot{I} = 0 \qquad (4-2-20)$$

$$\dot{I} + \dot{I}_L = \dot{I}_s \qquad (4-2-21)$$

消去 $\dot{I}_s$,代入元件参数得

$$(30 + j110)\dot{I} + (10 + j40)\dot{I}_L = 200$$

$$-(20 + j70)\dot{I} + (100 - j20)\dot{I}_L = 0$$

解得

$$\dot{I}_L = 1.185\angle -25.64°\ \text{A}$$

解法2　本例也可根据图4-2-7（a）电路直接建立电路方程予以求解。电源$\dot{U}_S$所在网孔和负载R_L所在网孔的方程分别为

$$(R_1 + j\omega L_1)\dot{I}_S + j\omega M\dot{I} + (R_2 + j\omega L_2)\dot{I} + j\omega M\dot{I}_S = U_S \tag{4-2-22}$$

$$R_L\dot{I}_L - (R_2 + j\omega L_2)\dot{I} - j\omega M\dot{I}_S = 0 \tag{4-2-23}$$

节点电流方程为

$$\dot{I} + \dot{I}_L = \dot{I}_S \tag{4-2-24}$$

整理式(4-2-22)可得

$$[R_1 + j\omega(L_1 + M)]\dot{I}_S + [R_2 + j\omega(L_2 + M)]\dot{I} = \dot{U}_S \tag{4-2-25}$$

将(4-2-24)代入式(4-2-23)，经整理可得

$$(R_L - j\omega M)\dot{I}_L - [R_2 + j\omega(L_2 + M)]\dot{I} = 0 \tag{4-2-26}$$

式(4-2-25)和式(4-2-26)与上一个解法中的式(4-2-19)和式(4-2-20)完全相同，这表明解出的结果与前一种方法是相同的。

对于图4-2-1（a）所示的接有电源和负载的空心变压器的电路模型，将其电路方程式(4-2-1)和式(4-2-2)改写为如下形式

$$[R_1 + j\omega(L_1 - M)]\dot{I}_1 + j\omega M(\dot{I}_1 - \dot{I}_2) = \dot{U}_S \tag{4-2-27}$$

$$-j\omega M(\dot{I}_1 - \dot{I}_2) + [R_2 + j\omega(L_2 - M) + R_L + jX_L]\dot{I}_2 = 0 \tag{4-2-28}$$

上两式也是图4-2-8所示电路的电路方程。图4-2-8也就是图4-2-1（a）所示电路的去耦等效电路，等效是对电源$\dot{U}_S$和负载Z_L而言的。空心变压器的原边与副边在电路上并未连通，是通过磁耦合相互约束的，而去耦等效电路已经成为一个T形电路。因为等效是对电源和负载而言的，所以用该等效电路计算原、副边电流$\dot{I}_1$、$\dot{I}_2$是有效的。

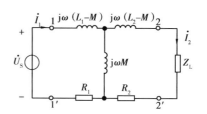

图4-2-8　空心变压器的去耦等效电路

4-3　理想变压器

实际的变压器大多采用高磁导率的磁性材料作芯子，L_1、L_2和M很大，初级、次级线圈紧密耦合，其耦合系数接近于1。如果忽略损耗（不计初级和次级的电阻），在$\dot{U}_1$与$\dot{I}_1$取关联参考方向，$\dot{U}_2$与$\dot{I}_2$取关联参考方向，$\dot{I}_1$、$\dot{I}_2$的参考方向均为从同名端进入的条件下，

其原、副边回路的电压、电流关系为

$$j\omega L_1 \dot{I}_1 + j\omega M \dot{I}_2 = \dot{U}_1 \qquad (4\text{-}3\text{-}1)$$

$$j\omega M \dot{I}_1 + j\omega L \dot{I}_2 = \dot{U}_2 \qquad (4\text{-}3\text{-}2)$$

当 $k = 1$ 即全耦合时，有 $M = \sqrt{L_1 L_2}$，代入上述方程得

$$j\omega L_1 \dot{I}_1 + j\omega \sqrt{L_1 L_2} \dot{I}_2 = \dot{U}_1$$

$$j\omega \sqrt{L_1 L_2} \dot{I}_1 + j\omega L_2 \dot{I}_2 = \dot{U}_2$$

将上两式改写为

$$\sqrt{L_1}\left(j\omega \sqrt{L_1} \dot{I}_1 + j\omega \sqrt{L_2} \dot{I}_2\right) = \dot{U}_1$$

$$\sqrt{L_2}\left(j\omega \sqrt{L_1} \dot{I}_1 + j\omega \sqrt{L_2} \dot{I}_2\right) = \dot{U}_2$$

比较两式可得

$$\frac{\dot{U}_1}{\dot{U}_2} = \sqrt{\frac{L_1}{L_2}}$$

令 $n = \sqrt{\dfrac{L_1}{L_2}}$，并称为全耦合变压器的变比，则有

$$\frac{\dot{U}_1}{\dot{U}_2} = \sqrt{\frac{L_1}{L_2}} = n \qquad 或 \qquad \dot{U}_1 = n\dot{U}_2 \qquad (4\text{-}3\text{-}3)$$

由式(4-3-1)和式(4-3-2)解得

$$\dot{I}_1 = \frac{\dot{U}_1 - j\omega M \dot{I}_2}{j\omega L_1} = \frac{\dot{U}_1}{j\omega L_1} - \frac{M}{L_1} \dot{I}_2 = \frac{\dot{U}_1}{j\omega L_1} - \sqrt{\frac{L_2}{L_1}} \dot{I}_2 = \frac{\dot{U}_1}{j\omega L_1} - \frac{1}{n} \dot{I}_2$$

如果考虑 L_1、L_2 均为无限大，但 $\sqrt{\dfrac{L_1}{L_2}} = n$，上式即为

$$\dot{I}_1 = -\frac{1}{n} \dot{I}_2 \qquad (4\text{-}3\text{-}4)$$

按上述理想条件所得到的全耦合变压器的电压、电流关系式(4-3-3)和式(4-3-4)可定义一种新的电路元件——理想变压器(或称理想变量器)。

4-3-1 理想变压器的电压、电流关系

理想变压器是一种理想的电路元件，是构成实际变压器的电路模型的基本元件，元件符号如图4-3-1所示。图中的"·"为同名端标记。

在 u_1 与 i_1 取关联参考方向,u_2 与 i_2 取关联参考方向,i_1 和 i_2 的参考方向均为从同名端进入的条件下,原、副边电压、电流关系定义为

$$u_1 = nu_2 \tag{4-3-5}$$

$$i_1 = -\frac{1}{n}i_2 \tag{4-3-6}$$

上式中,n 称为理想变压器的变比。式(4-3-5)、式(4-3-6)所示的理想变压器的特性方程是代数方程,表明理想变压器不是动态元件,而是电阻性元件。理想变压器在任一瞬时吸收的功率为

$$u_1 i_1 + u_2 i_2 = nu_2\left(-\frac{1}{n}i_2\right) + u_2 i_2 = 0$$

表明理想变压器既不消耗能量也不储存能量。也就是说,理想变压器原边从电源吸收的功率通过副边全部传输给负载。

如果图 4-3-1(a) 所示的理想变压器工作在正弦电流电路中,式(4-3-5)、式(4-3-6)的相量形式为

$$\dot{U}_1 = n\dot{U}_2 \tag{4-3-7}$$

$$\dot{I}_1 = -\frac{1}{n}\dot{I}_2 \tag{4-3-8}$$

其相量模型如图 4-3-1(b)所示。

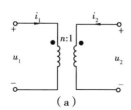 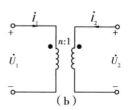

图 4-3-1 理想变压器

如果 u_1 与 i_1(或者 u_2 与 i_2)取非关联方向,或者 i_1 和 i_2 的参考方向为从非同名端进入,则特性方程应作相应的变化。以图 4-3-2 所示的理想变压器为例,其特性方程分别为图右侧所示。

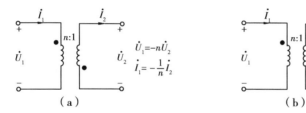

图 4-3-2 理想变压器

4-3-2 理想变压器的阻抗变换作用

分析图4-3-3所示的接负载的理想变压器的电路。在理想变压器的副边接入阻抗 Z,则从原边视入的等效阻抗为

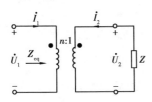

$$Z_{eq} = \frac{\dot{U}_1}{\dot{I}_1} = \frac{n\dot{U}_2}{-\frac{1}{n}\dot{I}_2} = n^2\left(-\frac{\dot{U}_2}{\dot{I}_2}\right) = n^2 Z$$

图4-3-3 阻抗变换作用

由此可见,将阻抗为 Z 的负载接入变比为 n 的理想变压器的副边,从原边视入的等效阻抗已改变为 $n^2 Z$。如果负载和信号源的内阻都是不可调整的、纯电阻性的,则可应用理想变压器的阻抗变换作用使负载与信号源的匹配,实现负载从信号源获得最大功率。

例4-3-1 在图4-3-4所示电路中,已知信号源内阻 $R_S = 10 \text{ k}\Omega$,负载 $R = 4 \Omega$,为了使负载能从信号源获得最大功率,在负载和信号源之间加接一个理想变压器,试求理想变压器的变比。

解 应用理想变压器变换阻抗的作用,应有 $Z_{eq} = n^2 R$。根据最大功率传输的条件,要求 $Z_{eq} = R_S$,故有 $R_S = n^2 R$。理想变压器的变比应为

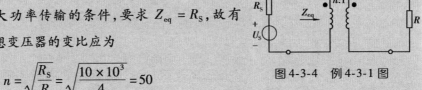

图4-3-4 例4-3-1图

$$n = \sqrt{\frac{R_S}{R}} = \sqrt{\frac{10 \times 10^3}{4}} = 50$$

4-4 三相电路

自19世纪后期成功制造了三相变压器和三相异步电动机,并实现了三相交流输电以来,世界各国的电力工业在电能的生产、传输和供电方式上绝大多数都采用称为三相制的三相电路。三相电路由三相电压源、三相输电线路、三相负载组成。日常生活中使用的单相交流电也是取自三相电路中的某一相。三相电路实质上是一种特殊的正弦电流电路。

4-4-1 对称三相电压

三相交流发电机的三个绕组输出的3个电压是频率相同、幅值相同、相位相互相差 $120°$ 的正弦电压。这样一组电压可表示为

$$u_A = \sqrt{2}U\sin(\omega t)$$

$$u_B = \sqrt{2}U\sin(\omega t - 120°)$$

$$u_C = \sqrt{2}U\sin(\omega t - 240°) = \sqrt{2}U\sin(\omega t + 120°)$$

分别称为 A 相电压、B 相电压、C 相电压,其波形图如图 4-4-1 所示。它们的相量分别为

$$\dot{U}_A = U\angle 0°,\quad \dot{U}_B = U\angle -120°,\quad \dot{U}_C = U\angle 120°$$

相量图如图 4-4-2 所示。u_A、u_B、u_C 称为对称三相电压。上述三相电压的相位关系是 B 相滞后 A 相 120°,C 相滞后 B 相 120°,这种由超前相到滞后相按 A—B—C 排序的相序称为正序或顺序。如果它们的相位关系是 B 相超前 A 相 120°,C 相超前 B 相 120°,即相序为 C—B—A,则称为负序或逆序。电力系统中一般采用正序。

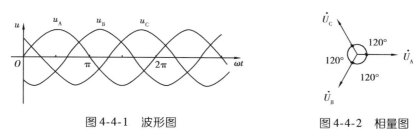

图 4-4-1　波形图　　　　　　　　图 4-4-2　相量图

忽略发电机三相绕组的损耗,用电压源模拟三相绕组的输出电压,将对称三相电压源按一定的方式连接即成为对称三相电源。

4-4-2　三相电源和三相负载的两种连接方式

三相电源和三相负载可以按星形(Ｙ形)或三角形(△形)方式连接。

1. 星形连接的对称三相电源和星形连接的对称三相负载

图 4-4-3 为按星形方式连接的对称三相电源,3 个电源的“−”极端子连接在一起的节点 N,称为电源中性点;3 个电源的“+”极端子的引出导线称为端线,俗称火线;由中性点 N 引出的导线称为中线,又称零线。这种有 4 条引出导线的供电方式称为三相四线制。

星形连接的对称三相电源中,每一相电源的电压 $\dot{U}_A$、$\dot{U}_B$、$\dot{U}_C$ 称为相电压,两端线端子间的电压 $\dot{U}_{AB}$、$\dot{U}_{BC}$、$\dot{U}_{CA}$ 称为线电压。按图 4-4-3 中的电压的参考方向,线电压可用相电压表示为

$$\dot{U}_{AB} = \dot{U}_A - \dot{U}_B = U\angle 0° - U\angle -120° = \sqrt{3}U\angle 30° = \sqrt{3}\dot{U}_A\angle 30°$$

$$\dot{U}_{BC} = \dot{U}_B - \dot{U}_C = U\angle -120° - U\angle 120° = \sqrt{3}U\angle -90° = \sqrt{3}\dot{U}_B\angle 30°$$

$$\dot{U}_{CA} = \dot{U}_C - \dot{U}_A = U\angle 120° - U\angle 0° = \sqrt{3}U\angle 150° = \sqrt{3}\dot{U}_C\angle 30°$$

相电压、线电压的相量图如图4-4-4所示。

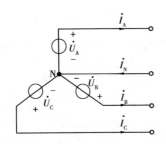
图 4-4-3　星形连接的对称三相电源

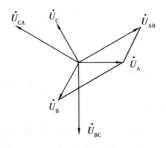
图 4-4-4　相量图

上述关系表明,星形连接的对称三相电源的线电压也是一组对称三相电压,其线电压与相电压有如下关系:

线电压有效值 U_L 为相电压值有效值 U_P 的 $\sqrt{3}$ 倍,即 $U_L = \sqrt{3} U_P$;

线电压与相电压的相位关系为:$\dot{U}_{AB}$ 超前 $\dot{U}_A$ 的相角为 $30°$,$\dot{U}_{BC}$ 超前 $\dot{U}_B$ 的相角为 $30°$,$\dot{U}_{CA}$ 超前 $\dot{U}_C$ 的相角为 $30°$。

在星形连接的对称三相电源中,每一相电源中的电流即相电流也就是该相电源引出端的端线电流。$\dot{I}_A$ 既是 A 相电源的相电流,也是 A 相电源所在端线的线电流。同理,$\dot{I}_B$ 是 B 相相电流,也是 B 相电源所在端线的线电流;$\dot{I}_C$ 是 C 相相电流,也是 C 相电源所在端线的线电流。对于三相四线制,按图中指定的各电流的参考方向,有

$$\dot{I}_A + \dot{I}_B + \dot{I}_C = \dot{I}_N$$

星形连接的三相电源,如果未引出中线,则成为三相三线制。

三相电路中的 3 个负载可以呈图4-4-5所示的星形连接,三相负载连接在一起的节点 N′ 称为负载中性点。负载端的相电压相量为 $\dot{U}_{A'N'}$、$\dot{U}_{B'N'}$、$\dot{U}_{C'N'}$,线电压相量为 $\dot{U}_{A'B'}$、$\dot{U}_{B'C'}$、$\dot{U}_{C'A'}$。

当 $Z_A = Z_B = Z_C = Z$ 时称为对称三相负载。对于星形连接的对称三相负载,如果负载端线电压 $\dot{U}_{A'B'}$、$\dot{U}_{B'C'}$、$\dot{U}_{C'A'}$ 是一组对称三相电压,则负载端相电压亦为一组对称三相电压,线电压可用相电压表示为

$$\dot{U}_{A'B'} = \dot{U}_{A'N'} - \dot{U}_{B'N'} = \sqrt{3} \dot{U}_{A'N'} \angle 30°$$

$$\dot{U}_{B'C'} = \dot{U}_{B'N'} - \dot{U}_{C'N'} = \sqrt{3} \dot{U}_{B'N'} \angle 30°$$

$$\dot{U}_{C'A'} = \dot{U}_{C'N'} - \dot{U}_{A'N'} = \sqrt{3} \dot{U}_{C'N'} \angle 30°$$

线电压和相电压的相量图如 4-4-6 所示。

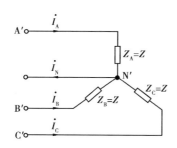

图 4-4-5　星形连接的对称三相负载

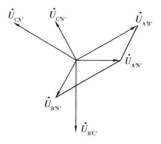

图 4-4-6　相量图

上式表明,在上述对称条件下,星形连接的对称三相负载端线电压与相电压之间有如下关系:

$$U_{\mathrm{L}} = \sqrt{3}U_{\mathrm{P}};$$

$\dot{U}_{\mathrm{A'B'}}$ 超前 $\dot{U}_{\mathrm{A'N'}}$ 的相角为 30°,$\dot{U}_{\mathrm{B'C'}}$ 超前 $\dot{U}_{\mathrm{B'N'}}$ 的相角为 30°,$\dot{U}_{\mathrm{C'A'}}$ 超前 $\dot{U}_{\mathrm{C'N'}}$ 的相角为 30°。

显然,对于星形连接的三相负载,每相负载中的相电流也是该相负载所连接的端线的线电流。

2. 三角形连接的对称三相电源和三角形连接的对称三相负载

图 4-4-7 为按三角形方式连接的对称三相电源。对于对称三相电压源构成的回路有

$$\dot{U}_{\mathrm{A}} + \dot{U}_{\mathrm{B}} + \dot{U}_{\mathrm{C}} = 0$$

由 A、B、C 3 个端子引出 3 根端线,是三相三线制。3 个电源的电压既是相电压也是两端线间的电压,即 $\dot{U}_{\mathrm{AB}} = \dot{U}_{\mathrm{A}}$、$\dot{U}_{\mathrm{BC}} = \dot{U}_{\mathrm{B}}$、$\dot{U}_{\mathrm{CA}} = \dot{U}_{\mathrm{C}}$。

三相电路的负载可以呈图 4-4-8 所示的三角形连接。每相负载中的电流 $\dot{I}_{\mathrm{A'B'}}$、$\dot{I}_{\mathrm{B'C'}}$、$\dot{I}_{\mathrm{C'A'}}$ 称为相电流。

对于三角形连接的对称三相负载,即 $Z_{\mathrm{A}} = Z_{\mathrm{B}} = Z_{\mathrm{C}} = Z$,如果负载端相电压 $\dot{U}_{\mathrm{A'B'}}$、$\dot{U}_{\mathrm{B'C'}}$、$\dot{U}_{\mathrm{C'A'}}$ 是一组对称三相电压,则 3 个相电流亦为一组对称的三相电流。此时,线电流也是一组对称的三相电流。设 A

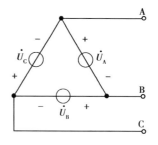

图 4-4-7　三角形连接的对称三相电源

相电流为 $\dot{I}_{\mathrm{A'B'}}$,则 B 相电流为 $\dot{I}_{\mathrm{B'C'}} = \dot{I}_{\mathrm{A'B'}} \angle -120°$,C 相电流为 $\dot{I}_{\mathrm{C'A'}} = \dot{I}_{\mathrm{A'B'}} \angle 120°$,线电流可以用相电流表示为

$$\dot{I}_{\mathrm{A}} = \dot{I}_{\mathrm{A'B'}} - \dot{I}_{\mathrm{C'A'}} = \sqrt{3}\dot{I}_{\mathrm{A'B'}} \angle -30°$$

$$\dot{I}_{\mathrm{B}} = \dot{I}_{\mathrm{B'C'}} - \dot{I}_{\mathrm{A'B'}} = \sqrt{3}\dot{I}_{\mathrm{B'C'}} \angle -30°$$

线电流和相电流的相量图如图 4-4-9 所示。

$$\dot{I}_C = \dot{I}_{C'A'} - \dot{I}_{B'C'} = \sqrt{3}\,\dot{I}_{C'A'} \angle -30°$$

上述关系表明:在对称条件下,三角形连接的三相负载端线电流与相电流之间有如下关系:

线电流有效值 I_L 为相电流有效值 I_P 的 $\sqrt{3}$ 倍,即 $I_L = \sqrt{3}\,I_P$;

$\dot{I}_A$ 滞后 $\dot{I}_{A'B'}$ 30°,$\dot{I}_B$ 滞后 $\dot{I}_{B'C'}$ 30°,$\dot{I}_C$ 滞后 $\dot{I}_{C'A'}$ 30°。

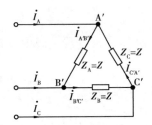 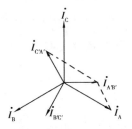

图 4-4-8 三角形连接的对称三相负载　　　图 4-4-9　相量图

3. 三角形连接的对称三相电源与星形连接的对称三相电源的等效互换

将三角形连接的对称三相电源的线电压与相电压的关系同星形连接的对称三相电源的线电压与相电压的关系相比较可知,图 4-4-10 所示的两种连接方式的对称三相电源对 A、B、C 3 个端子右侧的负载是等效的。

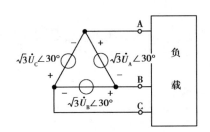 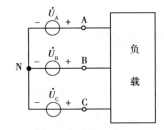

图 4-4-10　两种连接方式的对称三相电源对负载等效

4-5　对称三相电路的分析

按照电源和负载的不同的连接方式,有 Ⅴ—Ⅴ、△—Ⅴ、Ⅴ—△、△—△4 种连接的三相电路。三相电路是一种复杂的正弦电流电路,可以应用分析正弦电流电路的方法分析计算。由对称三相电源和对称三相负载构成的三相电路称为对称三相电路。对称三相电路,其相电压与线电压、相电流与线电流的关系有其特殊性,各相电压、相电流、线电压、线电流具有对称性。根据这些特点,能够找到简捷的分析对称三相电路的方法。

4-5-1　Ⅴ—Ⅴ 连接的对称三相电路

在图 4-5-1(a)所示电路中,对称三相电源和对称三相负载都呈星形连接,称为

Y—Y 连接的对称三相电路。Z_1 为端线阻抗,Z_N 为中线组抗。应用节点分析法,以电源端中性点 N 为参考节点,其节点方程为

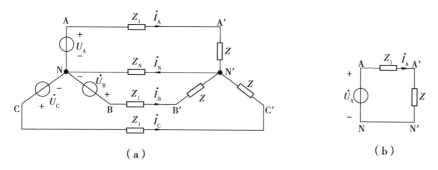

（a） （b）

图 4-5-1 Y—Y 连接的对称三相电路

$$\left(\frac{1}{Z+Z_1}+\frac{1}{Z+Z_1}+\frac{1}{Z+Z_1}+\frac{1}{Z_N}\right)\dot{U}_{N'N}=\frac{\dot{U}_A}{Z+Z_1}+\frac{\dot{U}_B}{Z+Z_1}+\frac{\dot{U}_C}{Z+Z_1}$$

$$=\frac{1}{Z+Z_1}(\dot{U}_A+\dot{U}_B+\dot{U}_C)$$

因为三相电源是对称的,所以上述方程右端 $\dot{U}_A+\dot{U}_B+\dot{U}_C=0$。求解该方程,必然有 $\dot{U}_{N'N}=0$,即负载中性点 N′ 与电源中性点 N 是等电位点。为了简化计算,将 N、N′ 两点短接,可以独立地计算每一相电路。例如若要计算 A 相电路,可画出由 A 相电源 $\dot{U}_A$、端线阻抗 Z_1、负载 Z 和将 N 与 N′ 短接的导线构成的如图 4-5-1（b）所示的 A 相的单相电路,从而计算出 A 相电流(也是 A 线电流)为

$$\dot{I}_A=\frac{\dot{U}_A}{Z_1+Z}$$

进而求得负载端 A 相电压

$$\dot{U}_{A'N'}=Z\dot{I}_A$$

根据对称三相电压源各相电压的关系有 $\dot{U}_B=\dot{U}_A\angle-120°$、$\dot{U}_C=\dot{U}_A\angle120°$,B 相电路和 C 相电路中端线阻抗 Z_1 和负载阻抗 Z 与 A 相电路相同,因而不必再画出 B、C 两相的单相计算电路,根据对称性即可求得 B 相电流和 C 相电流分别为

$$\dot{I}_B=\frac{\dot{U}_B}{Z_1+Z}=\frac{\dot{U}_A\angle-120°}{Z_1+Z}=\dot{I}_A\angle-120°$$

$$\dot{I}_C=\frac{\dot{U}_C}{Z_1+Z}=\frac{\dot{U}_A\angle120°}{Z_1+Z}=\dot{I}_A\angle120°$$

上述结果表明:3 个相电流(也是线电流)是一组对称三相电流。由此可计算负载端 B、C 两相相电压

$$\dot{U}_{B'N'} = Z\dot{I}_B = Z\dot{I}_A \angle -120° = \dot{U}_{A'N'} \angle -120°$$

$$\dot{U}_{C'N'} = Z\dot{I}_C = Z\dot{I}_A \angle 120° = \dot{U}_{A'N'} \angle 120°$$

负载端 3 个相电压也是一组对称三相电压。根据星形连接的对称三相负载线电压与相电压的关系可求得负载端线电压

$$\dot{U}_{A'B'} = \dot{U}_{A'N'} - \dot{U}_{B'N'} = \sqrt{3}\dot{U}_{A'N'} \angle 30°$$

$$\dot{U}_{B'C'} = \dot{U}_{B'N'} - \dot{U}_{C'N'} = \sqrt{3}\dot{U}_{B'N'} \angle 30° = \dot{U}_{A'B'} \angle -120°$$

$$\dot{U}_{C'A'} = \dot{U}_{C'N'} - \dot{U}_{A'N'} = \sqrt{3}\dot{U}_{C'N'} \angle 30° = \dot{U}_{A'B'} \angle 120°$$

负载端线电压也是一组对称三相电压。

显然,丫—丫连接的对称三相电路中,中线电流

$$\dot{I}_N = \dot{I}_A + \dot{I}_B + \dot{I}_C = 0$$

由此可见,在分析丫—丫连接的对称三相电路时,可将电源中性点 N 与负载中性点 N′短接,任取一相(一般取 A 相)单独进行计算,然后可按相序关系直接得到 B 相和 C 相的解。

4-5-2 丫—△连接的对称三相电路

图 4-5-2(a)为丫—△连接的对称三相电路。如果将△连接的负载用等效的丫形负载替代,得如图 4-5-2(b)所示的丫—丫连接的对称三相电路,可用前述方法求解。在解得 A 相电流 $\dot{I}_A$ 后,由

$$\dot{U}_{A'N'} = \frac{1}{3}Z\dot{I}_A$$

$$\dot{U}_{A'B'} = \sqrt{3}\dot{U}_{A'N'} \angle 30°$$

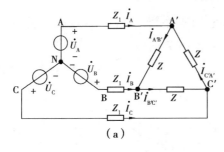 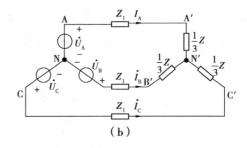

| (a) | (b) |

图 4-5-2 丫—△连接的对称三相电路

可得原电路负载端线电压$\dot{U}_{A'B'}$。回到原电路可计算出三角形负载中的相电流$\dot{I}_{A'B'} = \dfrac{\dot{U}_{A'B'}}{Z}$。

同理,根据已解得的$\dot{I}_B$、$\dot{I}_C$,按同样的步骤可解得$\dot{U}_{B'C'}$、$\dot{U}_{C'A'}$以及$\dot{I}_{B'C'}$、$\dot{I}_{C'A'}$。

实际上,根据图4-5-2(b)所示电路取 A 相单独求解得 A 相电压、电流以及负载端线电压$\dot{U}_{A'B'}$以后,由对称三相电路中线电压与相电压、线电流与相电流的关系和$\dot{U}_{B'C'} = \dot{U}_{A'B'}$ $\angle -120°$、$\dot{U}_{C'A'} = \dot{U}_{A'B'} \angle 120°$、$\dot{I}_{B'C'} = \dot{I}_{A'B'} \angle -120°$、$\dot{I}_{C'A'} = \dot{I}_{A'B'} \angle 120°$等电压、电流的相序关系,回到图4-5-2(a) 所示的电路即可以得到各相的电压、电流,而不必再求解 B 相和 C 相电路。

通过上述两类对称三相电路的分析可以看出:在分析对称三相电路时,Y 连接的三相电源、三相负载的线电压与相电压的关系和△连接的三相电源、三相负载的线电流与相电流的关系是非常有用的。熟练地使用上述结论并结合应用相序关系可以简化分析计算的过程,收到事半功倍的效果。

4-5-3　三相电路的功率

在三相电路中,三相负载吸收的有功功率 P、无功功率 Q 分别等于各相负载吸收有功功率、无功功率之和,即

$$P = P_A + P_B + P_C$$

$$Q = Q_A + Q_B + Q_C$$

在对称三相电路中,各相电压有效值相同、各相电流有效值相同、各相的功率因数角(即各相负载阻抗的阻抗角)相同。令 φ_P 为负载的阻抗角,则有

$$P = 3P_P = 3U_P I_P \cos \varphi_P \tag{4-5-1}$$

$$Q = 3Q_P = 3U_P I_P \sin \varphi_P \tag{4-5-2}$$

当对称三相负载呈 Y 连接时,有 $U_L = \sqrt{3} U_P$、$I_L = I_P$;当对称三相负载呈△连接时,有 $U_L = U_P$、$I_L = \sqrt{3} I_P$。因此,无论是 Y 连接还是△连接的对称三相负载,式(4-5-1)、式(4-5-2)可分别表示为

$$P = \sqrt{3} U_L I_L \cos \varphi_P \tag{4-5-3}$$

$$Q = \sqrt{3} U_L I_L \sin \varphi_P \tag{4-5-4}$$

需要注意的是:上式中的 φ_P 仍然是每相负载的功率因数角,即某一相的相电压超前

相电流的相角。

三相电路的视在功率定义为

$$S = \sqrt{P^2 + Q^2}$$

对于对称三相电路,有 $S = 3U_\mathrm{P}I_\mathrm{P} = \sqrt{3}U_\mathrm{L}I_\mathrm{L}$。

可以证明,对称三相电路的瞬时功率为

$$p = p_\mathrm{A} + p_\mathrm{B} + p_\mathrm{C} = 3U_\mathrm{P}I_\mathrm{P}\cos\varphi_\mathrm{P} = 3P_\mathrm{P} = P$$

即对称三相电路的瞬时功率是常量,等于三相电路吸收的平均功率。这意味着作为重要负载的三相电动机在运行时有恒定的转矩,充分体现了三相制的优点。

例 4-5-1 在图 4-5-3(a) 所示的对称三相电路中,对称三相负载每相阻抗 $Z = (24 + \mathrm{j}36)\,\Omega$,端线阻抗 $Z_1 = 2\,\Omega$,端子 A、B、C 接至线电压有效值为 380 V 的对称三相电源,求各线电流相量,负载端各相电压相量、相电流相量,三相负载吸收的平均功率和无功功率。

解 已知端子 A、B、C 接至线电压为 380 V 的对称三相电源,故可将三相电源视为相电压为 $\dfrac{380}{\sqrt{3}}\,\mathrm{V} = 220\,\mathrm{V}$ 的星形连接的对称三相电源。再将三角形连接的负载变换为等效的星形连接的对称三相负载,即 $Z_\mathrm{Y} = \dfrac{1}{3}Z = \dfrac{1}{3}(24 + \mathrm{j}36)\,\Omega = (8 + \mathrm{j}12)\,\Omega$。由此可将原电路转换为等效的如图 4-5-3(b) 所示的 Y—Y 连接的电路。令 $\dot{U}_\mathrm{A} = 220\angle0°\,\mathrm{V}$,取 A 相电路计算的电路图如图 4-5-3(c) 所示。可求得 A 相电流

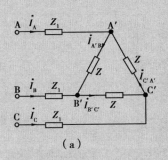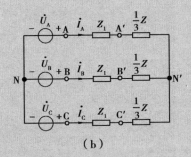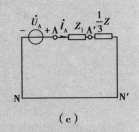

图 4-5-3 例 4-5-1 图

$$\dot{I}_\mathrm{A} = \frac{\dot{U}_\mathrm{A}}{Z_1 + \dfrac{1}{3}Z} = \frac{220\angle0°}{2 + (8 + \mathrm{j}12)}\,\mathrm{A} = 14.08\angle-50.19°\,\mathrm{A}$$

A 相电压

$$\dot{U}_{\mathrm{A}'\mathrm{N}'} = \frac{1}{3}Z\dot{I}_\mathrm{A} = (8 + \mathrm{j}12)\times14.08\angle-50.19°\,\mathrm{V} = 203\angle-6.12°\,\mathrm{V}$$

根据星形连接负载线电压与相电压的关系，Y—Y 连接电路中负载端线电压（即原电路中负载端的线电压）为

$$\dot{U}_{A'B'} = \sqrt{3}\dot{U}_{A'N'}\angle 30° \quad \dot{U}_{A'B'} = 203\sqrt{3}\angle 36.12° \text{ V}$$

$$\dot{U}_{B'C'} = \dot{U}_{A'B'}\angle -120° = 203\sqrt{3}\angle 36.12° -120° \text{ V} = 203\sqrt{3}\angle -83.8° \text{ V}$$

$$\dot{U}_{C'A'} = \dot{U}_{A'B'}\angle 120° = 203\sqrt{3}\angle 36.12° +120° \text{ V} = 203\sqrt{3}\angle 156.12° \text{ V}$$

$\dot{U}_{A'B'}$、$\dot{U}_{B'C'}$、$\dot{U}_{C'A'}$ 也是原电路负载的相电压。$\dot{I}_A$ 是原电路的线电流，故有

$$\dot{I}_A = 14.08\angle -50.19° \text{ A}$$

$$\dot{I}_B = \dot{I}_A\angle -120° \text{ A} = 14.05\angle -50.19° -120° \text{ A} = 14.08\angle -170.19° \text{ A}$$

$$\dot{I}_C = \dot{I}_A\angle 120° \text{ A} = 14.08\angle -50.19° +120° \text{ A} = 14.08\angle 69.18° \text{ A}$$

根据三角形连接负载线电流与相电流的关系，可得相电流

$$\dot{I}_{A'B'} = \frac{1}{\sqrt{3}}\dot{I}_A\angle 30° = \frac{1}{\sqrt{3}}\times 14.08\angle -50.19° +30° \text{ A} = 8.129\angle -20.19° \text{ A}$$

$$\dot{I}_{B'C'} = \dot{I}_{A'B'}\angle -120° = 8.129\angle -20.19° -120° \text{ A} = 8.129\angle -140.19° \text{ A}$$

$$\dot{I}_{C'A'} = \dot{I}_{A'B'}\angle 120° = 8.129\angle -20.19° +120° \text{ A} = 8.129\angle 99.81° \text{ A}$$

负载的功率因数角 $\varphi = \arctan\dfrac{36}{24} = 56.31°$。三相负载吸收的平均功率和无功功率分别为

$$P = 3U_P I_P\cos\varphi_P = 3\times 203\sqrt{3}\times 8.129\times\cos 56.31° \text{ W} = 4\ 756 \text{ W}$$

$$Q = 3U_P I_P\sin\varphi_P = 3\times 203\sqrt{3}\times 8.129\times\sin 56.31° \text{ var} = 7\ 134 \text{ var}$$

4-6 不对称三相电路

在三相电路中，如果三相电源电压不对称，或者三相负载阻抗不对称，则为不对称三相电路。在实际的电力网络中，三相电压源可视为对称三相电源，而三相负载一般是不对称的。如果某一相负载发生短路或断路，则可能会导致严重的不对称。对于不对称三相电路来说，前述的对称三相电路的分析方法已不再适用。

图 4-6-1 所示电路是由对称三相电源和不对称三相负载 Z_A、Z_B、Z_C 构成的不对称三相电路，中线阻抗为 Z_0。应用节点分析法，选电源中性点 N 为参考节点，负载中性点 N′与电源中性点之间的电压为 $\dot{U}_{N'N}$，则该电路的节点方程为

$$\left(\frac{1}{Z_A} + \frac{1}{Z_B} + \frac{1}{Z_C} + \frac{1}{Z_0}\right)\dot{U}_{N'N} = \frac{\dot{U}_A}{Z_A} + \frac{\dot{U}_B}{Z_B} + \frac{\dot{U}_C}{Z_C}$$

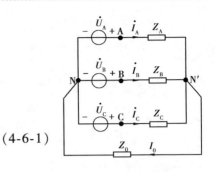

可解得

$$\dot{U}_{N'N} = \frac{\dfrac{\dot{U}_A}{Z_A} + \dfrac{\dot{U}_B}{Z_B} + \dfrac{\dot{U}_C}{Z_C}}{\dfrac{1}{Z_A} + \dfrac{1}{Z_B} + \dfrac{1}{Z_C} + \dfrac{1}{Z_0}} \qquad (4\text{-}6\text{-}1)$$

图 4-6-1　不对称三相电路

由 $\dot{U}_{N'N}$ 可解得 3 个线电流(也是相电流)为

$$\dot{I}_A = \frac{\dot{U}_A - \dot{U}_{N'N}}{Z_A}, \quad \dot{I}_B = \frac{\dot{U}_B - \dot{U}_{N'N}}{Z_B}, \quad \dot{I}_C = \frac{\dot{U}_C - \dot{U}_{N'N}}{Z_C}$$

中线电流 $\dot{I}_0$ 为

$$\dot{I}_0 = \dot{I}_A + \dot{I}_B + \dot{I}_C \qquad (4\text{-}6\text{-}2)$$

负载端相电压分别为

$$\dot{U}_{AN'} = Z_A\dot{I}_A, \quad \dot{U}_{BN'} = Z_B\dot{I}_B, \quad \dot{U}_{CN'} = Z_C\dot{I}_C \qquad (4\text{-}6\text{-}3)$$

由式(4-6-1)可知,对于不对称的三相电路,$\dot{U}_{N'N} \neq 0$。负载不对称的程度越严重,$\dot{U}_{N'N}$ 的模越大,将使得 $\dot{U}_{AN'}$、$\dot{U}_{BN'}$、$\dot{U}_{CN'}$ 严重不对称。在不对称三相电路中,有的相可能出现相电压低于电气设备的额定电压而致使设备不能正常工作,有的相可能出现相电压超过额定电压而导致设备损坏。因此,三相电路在严重不对称情况下运行是十分不利的,这种情况是电力网络运行中应当尽力避免的。

当三相电路不对称时,中线电流 $\dot{I}_0 \neq 0$。由图 4-6-1 可知,负载中性点与电源中性点之间的电压 $\dot{U}_{N'N} = Z_0\dot{I}_0$,中线阻抗 Z_0 的模越小,可以使得 $\dot{U}_{N'N}$ 的模越小。该结果表明:在负载不对称的情况下,中线具有小的阻抗可以迫使 $\dot{U}_{N'N}$ 的模相对较小,从而保证各相负载的正常运行。由此可见,在电力网络中,中线的存在是十分重要的。在三相负载不对称的情况下,如果中线断开,即 Z_0 为无限大,$\dot{U}_{N'N}$ 则为式(4-6-1)中的最坏的情况。基于上述原因,电气设备或电力线路中的熔断器不应安装在中线上,以免出现中线断开的情况。

例 4-6-1　由一个电容器和两个白炽灯呈 Y 形连接的三相负载接入线电压为 380 V 的对称三相电源,其电路图如图 4-6-2 所示。设白炽灯的模型为电阻元件,

其电导为 G，若电容器的电容 C 选取为 $5\omega C = G$，试求两个白炽灯两端的电压。

解 设电容元件接入 A 相，相电压 $\dot U_A = 220\angle 0°$ V，则负载中性点 N′ 与电源中性点 N 间的电压为

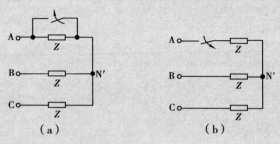

图 4-6-2 例 4-6-1 图

$$\dot U_{N'N} = \frac{j\omega C\dot U_A + G\dot U_B + G\dot U_C}{j\omega C + G + G} = \frac{j\omega C\dot U_A + G(\dot U_B + \dot U_C)}{j\omega C + G + G}$$

对称三相电源有 $\dot U_A + \dot U_B + \dot U_C = 0$，故

$$\dot U_{N'N} = \frac{j\omega C\dot U_A + G(\dot U_B + \dot U_C)}{j\omega C + G + G} = \frac{j\omega C\,\dot U_A - G\,\dot U_A}{j\omega C + 2G} = \frac{j\omega C - G}{j\omega C + 2G}\dot U_A$$

若 $5\omega C = G$，则有

$$\dot U_{N'N} = \frac{j\omega C - G}{j\omega C + 2G}\dot U_A = \frac{j\omega C - 5\omega C}{j\omega C + 2\times 5\omega C}\dot U_A = \frac{-5 + j1}{10 + j1}\times 220\angle 0°\ \text{V} = 111.6\angle 162.98°\ \text{V}$$

负载端 B、C 两相电压为

$$\dot U_{BN'} = \dot U_B - \dot U_{N'N} = (220\angle -120° - 111.6\angle 162.98°)\ \text{V} = 223.2\angle -90.85°\ \text{V}$$

$$\dot U_{CN'} = \dot U_C - \dot U_{N'N} = (220\angle 120° - 111.6\angle 162.98°)\ \text{V} = 157.8\angle 91.2°\ \text{V}$$

如果白炽灯的额定电压为 220 V，则 B 相白炽灯的实际工作电压高于额定电压，比正常工作时稍亮；而 C 相白炽灯的实际工作电压低于额定电压，其亮度低于正常工作时的亮度。根据上述分析结果，可应用此例的由一个电容器和两个白炽灯构成的呈丫形连接的不对称三相负载作为一种用于测定三相电源相序的示相器。设电容器接入相为 A 相，则较亮的白炽灯所在的一相是 B 相，而较暗的白炽灯所在的一相为 C 相。

例 4-6-2 图 4-6-3（a）和图 4-6-3（b）分别为对称三相电路中 A 相短路和 A 相断路的情况。设每相阻抗为 $Z = |Z|\mathrm e^{\mathrm j\varphi}$，试分析上述两种情况下各相负载的电压、电流。

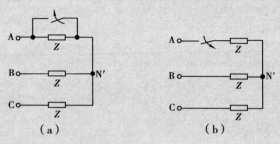

（a）　　　　　　　　　　（b）

图 4-6-3 例 4-6-2 图

解 设对称三相电源提供的三相相电压分别为

$$\dot U_A = U\angle 0°,\qquad \dot U_B = U\angle -120°,\qquad \dot U_C = U\angle 120°$$

1.在图4-6-3(a)所示电路中,由于 A 相短路,$\dot{U}_{AN'}=0$;B 相负载已接在 A、B 两线之间,其相电压为 A、B 两线之间的线电压;C 相负载已接在 C、A 两线之间,其相电压为 C、A 两线之间的线电压。故有

$$\dot{U}_{BN'}=-\dot{U}_{AB}=-\sqrt{3}\dot{U}_{A}\angle 30^{\circ}=-\sqrt{3}U\angle 30^{\circ}=\sqrt{3}U\angle -150^{\circ}$$

$$\dot{U}_{CN'}=\dot{U}_{CA}=\sqrt{3}\dot{U}_{C}\angle 30^{\circ}=\sqrt{3}U\angle 150^{\circ}$$

B、C 两相的电流分别为

$$\dot{I}_{B}=\frac{\dot{U}_{BN'}}{Z}=\frac{\sqrt{3}U\angle -150^{\circ}}{|Z|\varphi}=\frac{\sqrt{3}U}{|Z|}\angle(-150^{\circ}-\varphi)$$

$$\dot{I}_{C}=\frac{\dot{U}_{CN'}}{Z}=\frac{\sqrt{3}U\angle 150^{\circ}}{|Z|\angle\varphi}=\frac{\sqrt{3}U}{|Z|}\angle(150^{\circ}-\varphi)$$

A 相电流为

$$\dot{I}_{A}=-(\dot{I}_{B}+\dot{I}_{C})=-\dot{I}_{B}-\dot{I}_{C}=-\frac{\sqrt{3}U}{|Z|}\angle(-150^{\circ}-\varphi)-\frac{\sqrt{3}U}{|Z|}\angle(150^{\circ}-\varphi)$$

$$=\left(\frac{\sqrt{3}U}{|Z|}\angle(30^{\circ}-\varphi)\right)+\left(\frac{\sqrt{3}U}{|Z|}\angle-(30^{\circ}-\varphi)\right)=\frac{3U}{|Z|}\angle -\varphi$$

由此可见,Y 形连接的对称三相负载,当一相短路时,其他两相的电压增至原有电压的 $\sqrt{3}$ 倍,电流亦增至 $\sqrt{3}$ 倍,短路相的电流增至原有电流的 3 倍。

2.在图4-6-3(b)所示电路中,由于 A 相断路,B、C 两相负载已串联接在 B、C 两线之间,故有

$$\dot{U}_{BN'}=\frac{1}{2}\dot{U}_{BC}=\frac{1}{2}\sqrt{3}\dot{U}_{B}\angle 30^{\circ}=\frac{1}{2}\sqrt{3}U\angle(-120^{\circ}+30^{\circ})=\frac{\sqrt{3}}{2}U\angle -90^{\circ}$$

$$\dot{U}_{CN'}=-\frac{1}{2}\dot{U}_{BC}=\frac{\sqrt{3}}{2}U\angle(180^{\circ}-90^{\circ})=\frac{\sqrt{3}}{2}U\angle 90^{\circ}$$

B、C 两相负载中的电流为

$$\dot{I}_{B}=\frac{\dot{U}_{BN'}}{Z}=\frac{\sqrt{3}U\angle -90^{\circ}}{2|Z|\angle\varphi}=\frac{\sqrt{3}U}{2|Z|}\angle(-90^{\circ}-\varphi)$$

$$\dot{I}_{C}=-\dot{I}_{B}=\frac{\sqrt{3}U}{2|Z|}\angle(-90^{\circ}-\varphi)$$

由于 A 相断路,故有 $\dot{I}_{A}=0$。负载端 A 相电压为

$$\dot{U}_{AN'}=\dot{U}_{A}-\dot{U}_{B}+\dot{U}_{BN'}=U\angle 0^{\circ}-U\angle -120^{\circ}+\frac{\sqrt{3}}{2}U\angle -90^{\circ}=\frac{3}{2}U\angle 0^{\circ}$$

也就是说,A 相断路时,负载端 A 相电压增至原有电压的 1.5 倍,其他两相电压降至原有电压的 $\sqrt{3}/2$。

习 题

4-1 试确定题 4-1 图所示耦合线圈的同名端。如果线圈周围空间为线性磁介质,且已知图 4-1(a)中线圈 Ⅰ 的电感 $L_1 = 0.6$ H,线圈 Ⅱ 的电感 $L_2 = 0.4$ H,两线圈的互感 $M = 0.3$ H,试问题 4-1 图(a)中两线圈的耦合系数为何值?

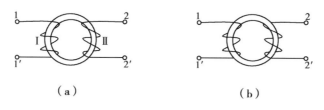

题 4-1 图

4-2 题 4-2 图所示的耦合电感元件,根据图中给出的电压、电流的参考方向,写出耦合电感元件的电压、电流关系式。

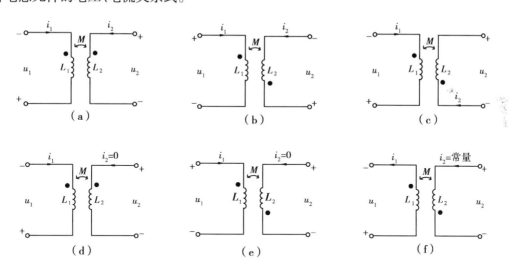

题 4-2 图

4-3 在题 4-3 图所示电路中,c、d 端子间开路。已知 $L_1 = 0.4$ H,$L_2 = 0.5$ H,$L_3 = 0.3$ H,$M_{12} = 0.2$ H,$M_{23} = 0.1$ H,$M_{13} = 0.15$ H,$i_S = 2e^{-t}$ A,试求 u_{ab}、u_{bd}、u_{cd}。

4-4 在题 4-4 图所示电路中,已知 $\dot{U}_S = 100 \angle 0°$ V,$R = 10$ Ω,$\omega L_1 = 30$ Ω,$\omega L_2 = 20$ Ω,$\omega M = 10$ Ω。试求:(1)2—2′端口开路时的开路电压和电路消耗的有功功率及无功

功率;(2)2—2′端口短路时的短路电流和电路消耗的有功功率及无功功率。

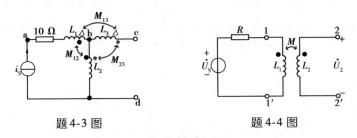

题 4-3 图   题 4-4 图

4-5　在题 4-5 图所示电路中,已知 $R = 10\ \Omega,\omega L_1 = 2\ \Omega,\omega L_2 = 4\ \Omega,\omega M = 2\ \Omega,\dfrac{1}{\omega C} = 3\ \Omega,\dot{U}_S = 10\angle 0°\ \mathrm{V}$,试求 $\dot{I}_1$、$\dot{I}_2$ 和 $\dot{U}_2$。

4-6　在题 4-6 图所示电路中,已知 $R_1 = R_2 = 5\ \Omega,\omega L_1 = \omega L_2 = 10\ \Omega,\omega M = 5\ \Omega,\dot{U}_S = 60\angle 0°\ \mathrm{V}$,试求该二端网络的戴维宁等效电路。

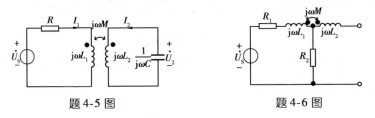

题 4-5 图   题 4-6 图

4-7　试求题 4-7 图所示电路的输入阻抗(设 $\omega = 1\ \mathrm{rad/s}$)。

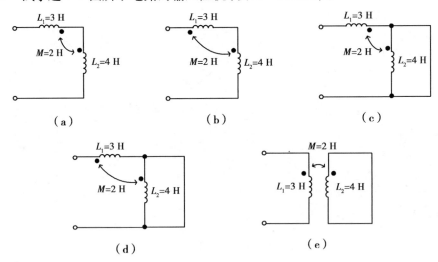

题 4-7 图

4-8　将两个耦合线圈(其端子分别为 1—1′和 2—2′)串联后接于 220 V 工频正弦电压源。已知:(1)线圈 I 的 1′端子和线圈 II 的 2 端子相连接,再将线圈 I 的 1 端子和线圈 II 的 2′端子接于电源,测得电流 $I = 2.7$ A,两线圈吸收的功率为 218.7 W;(2)线圈 I 的 1′端子和线圈 II 的 2′端子相连接,再将线圈 I 的 1 端子和线圈 II 的 2 端子接于电源,测得

电流 $I = 7$ A。如果线圈的电路模型为电阻元件与电感元件的串联,试求两耦合线圈的互感系数并说明哪两个端子为同名端。

4-9 试求题 4-9 图所示电路中的电压 $\dot{U}_2$。

4-10 题 4-10 图所示电路,欲使负载 R_L 能从电路中获得最大功率,试问图示电路中的理想变压器的变比 n 为何值?

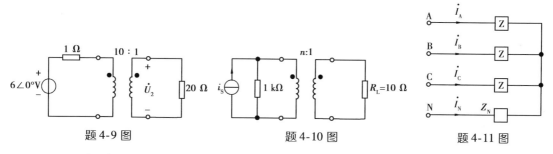

题 4-9 图   题 4-10 图   题 4-11 图

4-11 在题 4-11 图所示的对称三相电路中,已知负载 $Z = (40 + j30)$ Ω,中线阻抗 $Z_N = 1$ Ω,电源端线电压有效值为 380 V,试求线电流 $\dot{I}_A$、$\dot{I}_B$、$\dot{I}_C$,中线电流 $\dot{I}_N$,负载相电压及三相负载吸收的平均功率。

4-12 在题 4-12 图所示的对称三相电路中,已知 $\dot{U}_A = 220\angle 0°$ V,$\dot{U}_B = 220\angle -120°$ V,$\dot{U}_C = 220\angle 120°$ V,$Z = (9 + j6)$ Ω,$Z_1 = (0.1 + j0.17)$ Ω,试求负载相电流 $\dot{I}_{A'B'}$、线电流 $\dot{I}_A$ 和负载相电压 $\dot{U}_{A'B'}$。

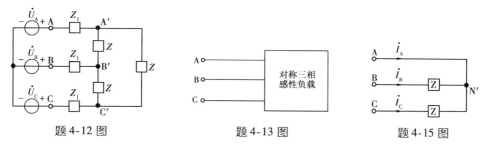

题 4-12 图   题 4-13 图   题 4-15 图

4-13 在题 4-13 图所示的对称电路中,已知对称三相负载吸收的功率为 2.4 kW,功率因数为 0.866,线电压有效值为 380 V。(1)试求线电流有效值;(2)若负载为星形连接,试求每相负载的阻抗。

4-14 一对称三相负载,每相阻抗为 $Z = (12 + j16)$ Ω。将该负载按星形连接和三角形连接两种方式接于线电压有效值为 380 V 的对称三相电源时,其线电流有效值和吸收的平均功率各为多少?

4-15 题 4-15 图表示对称三相电路中 A 相负载短路时所得到的电路,已知 $Z = (3 + j4)$ Ω,$\dot{U}_{AB} = 380\angle 30°$ V,$\dot{U}_{BC} = 380\angle -90°$ V,$\dot{U}_{CA} = 380\angle 150°$ V,试求此时的 $\dot{I}_A$、$\dot{I}_B$、$\dot{I}_C$。

第五章 二端口网络

二端口网络是工程电路分析中经常使用的一种电路模型。应用各种参数表示的二端口网络方程用简捷的形式描述输入端口变量与输出端口变量之间的关系,对于分析这类电路会收到事半功倍的效果。本章所讨论的二端口网络为不含独立源,所包含的电容元件和电感元件尚未储能的线性二端口网络。

5-1 二端口网络及其方程

在工程实际中应用的某些电路如放大器、滤波器等,常常被作为一个模块或作为一种单元电路接入电路中用于传输或处理信号。这些电路有一对端子接入信号源或电源,另一对端子接负载。在电路分析中,往往感兴趣的是它的输入—输出关系,即输入—输出特性,而不必分析整个电路的各支路电压、电流。如果该电路的结构十分复杂,采用前述的建立整个电路的方程去分析电路是很费事的,也是不必要的。

模拟这类具有输入、输出两对端子的电路模型称为二端口网络。图 5-1-1(a)表示一个接入了电源和负载的二端口网络,1—1′为一对输入端子,即输入端口,2—2′为一对输出端子,即输出端口。图 5-1-1(b)所示的三端网络 N 可作为具有公共端子的二端口网络,某些含晶体管或运算放大器的电路则具有该形式的电路模型。

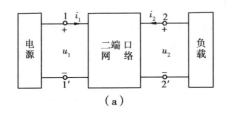
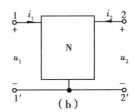

图 5-1-1 二端口网络

为了便于讨论,以正弦电流电路中的二端口网络为例进行分析。设图 5-1-2 所示二端口网络 N 是正弦电流电路中的不含独立源、内部储能元件尚未储存能量的线性二端口网络。在输入端口 1—1′接入的信号源,端口电压为 $\dot{U}_1$、电流为 $\dot{I}_1$;输出端口 2—2′接入的负载,端口电压为 $\dot{U}_2$、电流为 $\dot{I}_2$。两个端口电压、电流均为关联参考方向。

在 1—1′端口有由信号源支路决定的方程

$$\dot{U}_1 + Z_s \dot{I}_1 = \dot{U}_s \qquad (5\text{-}1\text{-}1)$$

在 2—2′端口有由负载支路决定的方程

$$Z \dot{I}_2 + \dot{U}_2 = 0 \qquad (5\text{-}1\text{-}2)$$

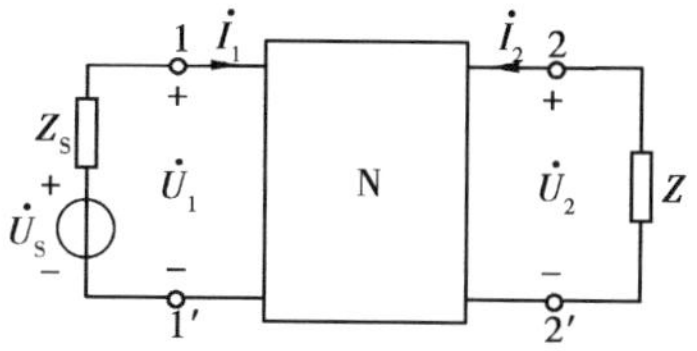

如果能就二端口网络 N 再建立含端口变量 $\dot{U}_1$、

图 5-1-2 接入信号源和负载的二端口网络

$\dot{I}_1$、$\dot{U}_2$、$\dot{I}_2$ 的两个独立的方程

$$f_1(\dot{U}_1,\dot{I}_1,\dot{U}_2,\dot{I}_2)=0 \qquad (5\text{-}1\text{-}3)$$

$$f_2(\dot{U}_1,\dot{I}_1,\dot{U}_2,\dot{I}_2)=0 \qquad (5\text{-}1\text{-}4)$$

应用式(5-1-1)、式(5-1-2)、式(5-1-3)、式(5-1-4)所示的电路方程,即可分析图 5-1-2 所示电路输入端口和输出端口的电压、电流。

由二端口网络 N 决定的含 $\dot{U}_1$、$\dot{I}_1$、$\dot{U}_2$、$\dot{I}_2$ 4 个变量的两个独立的电路方程可以有如下 6 种不同的形式

$$\begin{cases} \dot{U}_1 = Z_{11}\dot{I}_1 + Z_{12}\dot{I}_2 \\ \dot{U}_2 = Z_{21}\dot{I}_1 + Z_{22}\dot{I}_2 \end{cases} \qquad \begin{cases} \dot{I}_1 = Y_{11}\dot{U}_1 + Y_{12}\dot{U}_2 \\ \dot{I}_2 = Y_{21}\dot{U}_1 + Y_{22}\dot{U}_2 \end{cases}$$

$$\begin{cases} \dot{U}_1 = h_{11}\dot{I}_1 + h_{12}\dot{U}_2 \\ \dot{I}_2 = h_{21}\dot{I}_1 + h_{22}\dot{U}_2 \end{cases} \qquad \begin{cases} \dot{I}_1 = g_{11}\dot{U}_1 + g_{12}\dot{I}_2 \\ \dot{U}_2 = g_{21}\dot{U}_1 + g_{22}\dot{I}_2 \end{cases}$$

$$\begin{cases} \dot{U}_1 = A\dot{U}_2 + B(-\dot{I}_2) \\ \dot{I}_1 = C\dot{U}_2 + D(-\dot{I}_2) \end{cases} \qquad \begin{cases} \dot{U}_2 = A'\dot{U}_1 + B'\dot{I}_1 \\ -\dot{I}_2 = C'\dot{U}_1 + D'\dot{I}_1 \end{cases}$$

上述方程中的各种参数分别称为二端口网络的 Z 参数($Z_{11},Z_{12},Z_{21},Z_{22}$)、Y 参数($Y_{11}$,$Y_{12},Y_{21},Y_{22}$)、混合参数或 H 参数($h_{11},h_{12},h_{21},h_{22}$)、逆混合参数或 G 参数($g_{11},g_{12},g_{21}$,$g_{22}$)、传输参数($A,B,C,D$)、逆传输参数($A',B',C',D'$)。

5-2 短路导纳参数和开路阻抗参数

5-2-1 Y 参数和用 Y 参数表示的二端口网络方程

对于图 5-2-1 所示的二端口网络,端口电压 $\dot{U}_1$、$\dot{U}_2$ 和端口电流 $\dot{I}_1$、$\dot{I}_2$ 的参考方向如图所示,用 Y 参数表示的方程为

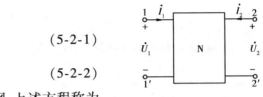

图 5-2-1 二端口网络

$$\dot{I}_1 = Y_{11}\dot{U}_1 + Y_{12}\dot{U}_2 \qquad (5\text{-}2\text{-}1)$$

$$\dot{I}_2 = Y_{21}\dot{U}_1 + Y_{22}\dot{U}_2 \qquad (5\text{-}2\text{-}2)$$

参数 Y_{11}、Y_{12}、Y_{21}、Y_{22} 都具有导纳的量纲,上述方程称为二端口网络的 Y 参数方程。

可以通过计算或实验的方法获得 Y 参数。对于式(5-2-1)、式(5-2-2),如果令 $\dot{U}_2 = 0$,则有

$$Y_{11} = \left.\frac{\dot{I}_1}{\dot{U}_1}\right|_{\dot{U}_2=0} \qquad\qquad Y_{21} = \left.\frac{\dot{I}_2}{\dot{U}_1}\right|_{\dot{U}_2=0}$$

这表明:将 2—2′端口短路(即 $\dot{U}_2 = 0$),确定 $\dot{I}_1$ 与 $\dot{U}_1$ 之比即得 Y_{11},确定 $\dot{I}_2$ 与 $\dot{U}_2$ 之比即得 Y_{21}。

对于一个给定的二端口网络 N,如果 N 的结构及其元件参数均已知,可以在 1—1′端口接入电压源 $\dot{U}_1$,将 2—2′端口短路(即 $\dot{U}_2 = 0$)得图 5-2-2 所示电路。用电路分析的方法,列出相应的电路方程,计算 $\dot{I}_1$ 与 $\dot{U}_1$ 之比和 $\dot{I}_2$ 与 $\dot{U}_1$ 之比,即可求得 Y_{11} 和 Y_{21}。如果 N 的结构和元件的参数未知,只要 N 是一个已经给定的二端口网络,则可以用实验的方法获得 Y 参数。其方法为将 2—2′端口短路(即 $\dot{U}_2 = 0$),在端口 1—1′施加已知电压 $\dot{U}_1$,测量 $\dot{I}_1$、$\dot{I}_2$(如图 5-2-2),再计算 $Y_{11} = \dfrac{\dot{I}_1}{\dot{U}_1}$、$Y_{21} = \dfrac{\dot{I}_2}{\dot{U}_1}$ 即得到 Y_{11}、Y_{21}。

同理,对于式(5-2-1)和式(5-2-2)如果令 $\dot{U}_1 = 0$,则有

$$Y_{12} = \left.\frac{\dot{I}_1}{\dot{U}_2}\right|_{\dot{U}_1=0} \qquad\qquad Y_{22} = \left.\frac{\dot{I}_2}{\dot{U}_2}\right|_{\dot{U}_1=0}$$

这表明:在 2—2′端口接入电压源 $\dot{U}_2$,将 1—1′端口短路(即 $\dot{U}_1 = 0$)得图 5-2-3 所示电路,确定 $\dot{I}_1$

与 $\dot{U}_2$ 之比即得 Y_{12}，确定 $\dot{I}_2$ 与 $\dot{U}_2$ 之比即得 Y_{22}。用计算或者实验的方法与求 Y_{11}、Y_{21} 相似，不再赘述。由于 Y 参数可以用两个端口分别短路的方法求得，故又被称为短路导纳参数。

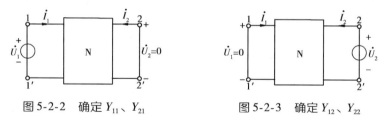

图 5-2-2　确定 Y_{11}、Y_{21}　　　图 5-2-3　确定 Y_{12}、Y_{22}

将式(5-2-1)和(5-2-2)用矩阵形式表示有

$$\begin{bmatrix} \dot{I}_1 \\ \dot{I}_2 \end{bmatrix} = \begin{bmatrix} Y_{11} & Y_{12} \\ Y_{21} & Y_{22} \end{bmatrix} \begin{bmatrix} \dot{U}_1 \\ \dot{U}_2 \end{bmatrix} = Y \begin{bmatrix} \dot{U}_1 \\ \dot{U}_2 \end{bmatrix}, \quad Y = \begin{bmatrix} Y_{11} & Y_{12} \\ Y_{21} & Y_{22} \end{bmatrix} \tag{5-2-3}$$

上式中的矩阵 Y 称为二端口网络 N 的短路导纳矩阵。

例 5-2-1　求图 5-2-4(a)所示二端口网络的 Y 参数。

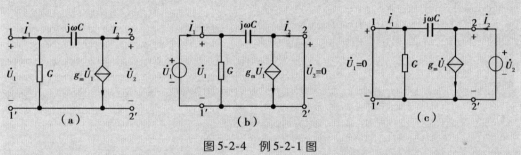

图 5-2-4　例 5-2-1 图

解法 1　令 2—2′ 端口短路(即 $\dot{U}_2 = 0$)，在 1—1′ 端口接入电压源 $\dot{U}_1$，1—1′ 端口的电流为 $\dot{I}_1$(如图 5-2-4(b)所示)。应用 KCL 和电阻元件、电容元件、受控源的电压电流关系可得

$$\dot{I}_1 = G\dot{U}_1 + j\omega C\dot{U}_1 = (G + j\omega C)\dot{U}_1$$

$$\dot{I}_2 = -j\omega C\dot{U}_1 + g_m\dot{U}_1 = (g_m - j\omega C)\dot{U}_1$$

解得　　　$Y_{11} = \dfrac{\dot{I}_1}{\dot{U}_1}\bigg|_{\dot{U}_2 = 0} = G + j\omega C,\ Y_{21} = \dfrac{\dot{I}_2}{\dot{U}_1}\bigg|_{\dot{U}_2 = 0} = g_m - j\omega C$

令 1—1′ 端口短路($\dot{U}_1 = 0$)，在 2—2′ 端口接入电压源 $\dot{U}_2$，2—2′ 端口的电流为 $\dot{I}_2$(如图 5-2-4(c)所示)。同理可得

$$\dot{I}_1 = -\mathrm{j}\omega C \dot{U}_2$$

$$\dot{I}_2 = \mathrm{j}\omega C \dot{U}_2$$

故有

$$Y_{12} = \frac{\dot{I}_1}{\dot{U}_2}\Bigg|_{\dot{U}_1=0} = -\mathrm{j}\omega C, \quad Y_{22} = \frac{\dot{I}_2}{\dot{U}_2}\Bigg|_{\dot{U}_1=0} = \mathrm{j}\omega C$$

解法2 对于结构较简单的二端口网络,可应用基尔霍夫定律和二端口网络内部各元件的电压、电流关系导出形如式(5-2-1)和式(5-2-2)所示的方程,从而得到其 Y 参数。就图5-2-4(a)所示的二端口网络而言,1、2端子所连接的节点电流方程为

$$\dot{I}_1 = G\dot{U}_1 + \mathrm{j}\omega C(\dot{U}_1 - \dot{U}_2) = (G + \mathrm{j}\omega C)\dot{U}_1 - \mathrm{j}\omega C \dot{U}_2$$

$$\dot{I}_2 = \mathrm{j}\omega C(\dot{U}_2 - \dot{U}_1) + g_\mathrm{m}\dot{U}_1 = (g_\mathrm{m} - \mathrm{j}\omega C)\dot{U}_1 + \mathrm{j}\omega C \dot{U}_2$$

根据上述方程可知,二端口网络的 Y 参数为

$$Y_{11} = G + \mathrm{j}\omega C, \ Y_{12} = -\mathrm{j}\omega C, \ Y_{21} = g_\mathrm{m} - \mathrm{j}\omega C, \ Y_{22} = \mathrm{j}\omega C$$

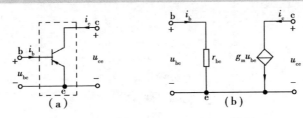

图5-2-5 晶体三极管低频小信号模型

二端口网络的 Y 参数在工程上有重要的应用。图5-2-5(a)所示的晶体三极管可视为二端口器件。电子学中,在分析工作在放大模式下的晶体管的工作原理的基础上得知,在 b—e 端口输入低频的小的正弦信号时,输入端口的电压 u_be、电流 i_b 与输出端口的电压 u_ce、电流 i_c 之间有如下关系

$$i_\mathrm{b} = g_\mathrm{be}u_\mathrm{be} + g_\mathrm{bc}u_\mathrm{ce}$$

$$i_\mathrm{c} = g_\mathrm{m}u_\mathrm{be} + g_\mathrm{ce}u_\mathrm{ce}$$

显然,上述方程是一个用 Y 参数表示的二端口网络的方程。根据晶体管工作的具体情况,如果不计 g_be 和 g_ce 对 i_b 和 i_c 的影响(即认为 $g_\mathrm{bc}=0$、$g_\mathrm{ce}=0$),并令 $r_\mathrm{be} = \dfrac{1}{g_\mathrm{be}}$,则可画出晶体三极管的如图5-2-5(b)所示的简化小信号模型。该模型是分析含晶体三极管电路的常用的电路模型,是一个二端口网络,r_be 称为晶体三极管的输入电阻,g_m 称为晶体三极管的互导。

5-2-2 Z 参数和用 Z 参数表示的二端口网络方程

对于图 5-2-6 所示的二端口网络,用 Z 参数表示的方程为

$$\dot{U}_1 = Z_{11}\dot{I}_1 + Z_{12}\dot{I}_2 \tag{5-2-4}$$

$$\dot{U}_2 = Z_{21}\dot{I}_1 + Z_{22}\dot{I}_2 \tag{5-2-5}$$

参数 Z_{11}、Z_{12}、Z_{21}、Z_{22} 具有阻抗的量纲,上述方程称为二端口网络的 Z 参数方程。

可以通过计算或实验的方法获得 Z 参数。对于式(5-2-4)和式(5-2-5),如果令 $\dot{I}_2 = 0$,则有

$$Z_{11} = \left.\frac{\dot{U}_1}{\dot{I}_1}\right|_{\dot{I}_2=0} \qquad\qquad Z_{21} = \left.\frac{\dot{U}_2}{\dot{I}_1}\right|_{\dot{I}_2=0}$$

这表明:将 2—2′端口开路(即 $\dot{I}_2 = 0$,如图 5-2-7 所示),计算 $\dot{U}_1$ 与 $\dot{I}_1$ 之比即得 Z_{11},计算 $\dot{U}_2$ 与 $\dot{I}_1$ 之比即得 Z_{21}。也可以将 2—2′端口开路($\dot{I}_2 = 0$),在端口 1—1′处施加已知电压 $\dot{U}_1$,测量 $\dot{I}_1$、$\dot{U}_2$,再计算 $Z_{11} = \dfrac{\dot{U}_1}{\dot{I}_1}$、$Z_{21} = \dfrac{\dot{U}_2}{\dot{I}_1}$,即得到 Z_{11}、Z_{21}。

同理,对于式(5-2-4)和式(5-2-5)如果令 $\dot{I}_1 = 0$,则有

$$Z_{12} = \left.\frac{\dot{U}_1}{\dot{I}_2}\right|_{\dot{I}_1=0} \qquad\qquad Z_{22} = \left.\frac{\dot{U}_2}{\dot{I}_2}\right|_{\dot{I}_1=0}$$

这表明:将 1—1′端口开路(即 $\dot{I}_1 = 0$,如图 5-2-8 所示),计算 $\dot{U}_1$ 与 $\dot{I}_2$ 之比即得 Z_{12},计算 $\dot{U}_2$ 与 $\dot{I}_2$ 之比即得 Z_{22}。也可以将 1—1′端口开路(即 $\dot{I}_1 = 0$),在端口 2—2′处施加已知电压 $\dot{U}_2$,测量 $\dot{U}_1$、$\dot{I}_2$,经计算 $Z_{12} = \dfrac{\dot{U}_1}{\dot{I}_2}$、$Z_{22} = \dfrac{\dot{U}_2}{\dot{I}_2}$,即得到 Z_{12}、Z_{22}。由于 Z 参数可以用两个端口分别开路的方法求的,故又被称为开路阻抗参数。

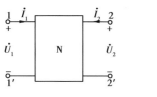

图 5-2-6 二端口网络

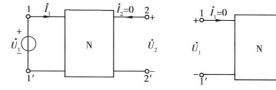

图 5-2-7 确定 Z_{11}、Z_{21}

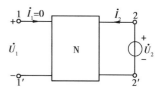

图 5-2-8 确定 Z_{12}、Z_{22}

将式(5-2-4)和式(5-2-5)用矩阵形表示有

$$\begin{bmatrix} \dot{U}_1 \\ \dot{U}_2 \end{bmatrix} = \begin{bmatrix} Z_{11} & Z_{12} \\ Z_{21} & Z_{22} \end{bmatrix} \begin{bmatrix} \dot{I}_1 \\ \dot{I}_2 \end{bmatrix} = Z \begin{bmatrix} \dot{I}_1 \\ \dot{I}_2 \end{bmatrix}, \quad Z = \begin{bmatrix} Z_{11} & Z_{12} \\ Z_{21} & Z_{22} \end{bmatrix} \tag{5-2-6}$$

上式中的矩阵 Z 称为二端口网络 N 的开路阻抗矩阵。

例 5-2-2 试求图 5-2-9(a)所示二端口网络的 Z 参数。

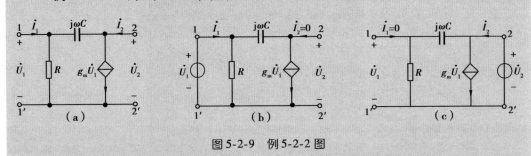

图 5-2-9 例 5-2-2 图

解 令 2—2'端口开路($\dot{I}_2 = 0$),在 1—1'端口接入电压源 $\dot{U}_1$(如图 5-2-9(b)所示),

端口电流为 $\dot{I}_1$。应用 KVL 和电阻元件、电容元件、受控源的电压、电流关系可得

$$\dot{U}_1 = R(\dot{I}_1 - g_m \dot{U}_1) = R\dot{I}_1 - Rg_m \dot{U}_1 \tag{5-2-7}$$

$$\dot{U}_2 = -\frac{1}{j\omega C} g_m \dot{U}_1 + \dot{U}_1 = \left(1 - \frac{g_m}{j\omega C}\right)\dot{U}_1 \tag{5-2-8}$$

由式(5-2-7)可得

$$\dot{U}_1 = \frac{R}{1 + Rg_m}\dot{I}_1 \tag{5-2-9}$$

故有

$$Z_{11} = \frac{\dot{U}_1}{\dot{I}_1}\bigg|_{\dot{I}_2 = 0} = \frac{R}{1 + Rg_m}$$

将式(5-2-9)代入式(5-2-8),得

$$\dot{U}_2 = \frac{\left(1 - \dfrac{g_m}{j\omega C}\right)R}{1 + Rg_m}\dot{I}_1 = \frac{(j\omega C - g_m)R}{j\omega C(1 + Rg_m)}\dot{I}_1$$

故有

$$Z_{21} = \frac{\dot{U}_2}{\dot{I}_1}\bigg|_{\dot{I}_2 = 0} = \frac{(j\omega C - g_m)R}{j\omega C(1 + Rg_m)}$$

令 1—1'端口开路($\dot{I}_1 = 0$),在 2—2'端口接入电压源 $\dot{U}_2$(如图(5-2-9(c)))所

示。同理可得

$$\dot{U}_1 = R(\dot{I}_2 - g_\text{m}\dot{U}_1) = R\dot{I}_2 - Rg_\text{m}\dot{U}_1 \tag{5-2-10}$$

$$\dot{U}_2 = \frac{1}{\text{j}\omega C}(\dot{I}_2 - g_\text{m}\dot{U}_1) + \dot{U}_1 = \frac{1}{\text{j}\omega C}\dot{I}_2 + \left(1 - \frac{g_\text{m}}{\text{j}\omega C}\right)\dot{U}_1 \tag{5-2-11}$$

由式(5-2-10)可得

$$\dot{U}_1 = \frac{R}{1 + Rg_\text{m}}\dot{I}_2 \tag{5-2-12}$$

故有

$$Z_{12} = \left.\frac{\dot{U}_1}{\dot{I}_2}\right|_{\dot{I}_1 = 0} = \frac{R}{1 + Rg_\text{m}}$$

将式(5-2-12)代入式(5-2-11),得

$$\dot{U}_2 = \frac{1}{\text{j}\omega C}\dot{I}_2 + \left(1 - \frac{g_\text{m}}{\text{j}\omega C}\right)\frac{R}{1 + Rg_\text{m}}\dot{I}_2 = \frac{1 + \text{j}\omega RC}{\text{j}\omega C(1 + Rg_\text{m})}\dot{I}_2$$

故有

$$Z_{22} = \left.\frac{\dot{U}_2}{\dot{I}_2}\right|_{\dot{I}_1 = 0} = \frac{1 + \text{j}\omega RC}{\text{j}\omega C(1 + Rg_\text{m})}$$

5-3　混合参数和传输参数

5-3-1　H 参数和用 H 参数表示的二端口网络方程

对于图 5-3-1 所示的二端口网络,用 H 参数表示的方程为

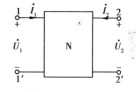

$$\dot{U}_1 = h_{11}\dot{I}_1 + h_{12}\dot{U}_2 \tag{5-3-1}$$

$$\dot{I}_2 = h_{21}\dot{I}_1 + h_{22}\dot{U}_2 \tag{5-3-2}$$

图 5-3-1　二端口网络

上式的 4 个参数中,h_{11} 具有阻抗的量纲,h_{22} 具有导纳的量纲,h_{12} 和 h_{21} 是量纲一的量。上述方程称为二端口网络的混合参数方程。

分别令 2—2′端口短路($\dot{U}_2 = 0$)和 1—1′端口开路($\dot{I}_1 = 0$),可用下列各式分别计算方程中的 4 个参数,即

$$h_{11} = \left.\frac{\dot{U}_1}{\dot{I}_1}\right|_{\dot{U}_2 = 0}, \quad h_{12} = \left.\frac{\dot{U}_1}{\dot{U}_2}\right|_{\dot{I}_1 = 0}, \quad h_{21} = \left.\frac{\dot{I}_2}{\dot{I}_1}\right|_{\dot{U}_2 = 0}, \quad h_{22} = \left.\frac{\dot{I}_2}{\dot{U}_2}\right|_{\dot{I}_1 = 0}$$

将式(5-3-1)和式(5-3-2)用矩阵形式表示有

$$\begin{bmatrix} \dot{U}_1 \\ \dot{I}_2 \end{bmatrix} = \begin{bmatrix} h_{11} & h_{12} \\ h_{21} & h_{22} \end{bmatrix} \begin{bmatrix} \dot{I}_1 \\ \dot{U}_2 \end{bmatrix} = H \begin{bmatrix} \dot{I}_1 \\ \dot{U}_2 \end{bmatrix}, \quad H = \begin{bmatrix} h_{11} & h_{12} \\ h_{21} & h_{22} \end{bmatrix} \qquad (5\text{-}3\text{-}3)$$

上式中的矩阵 H 称为二端口网络 N 的混合参数矩阵。

晶体三极管的低频小信号模型也可用 H 参数表示,其共射 H 参数等效电路如图 5-3-2 所示。

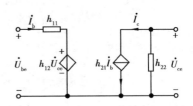

图 5-3-2　晶体三极管 H 参数电路模型

5-3-2　T 参数和用 T 参数表示的二端口网络方程

对于图 5-3-1 所示的二端口网络,用 T 参数表示的方程为

$$\dot{U}_1 = A\dot{U}_2 + B(-\dot{I}_2) \qquad (5\text{-}3\text{-}4)$$

$$\dot{I}_1 = C\dot{U}_2 + D(-\dot{I}_2) \qquad (5\text{-}3\text{-}5)$$

上式中 A、B、C、D 称为二端口网络的 T 参数或传输参数,上述方程称为二端口网络的传输参数方程。分别令 2—2′端口开路($\dot{I}_2 = 0$)和短路($\dot{U}_2 = 0$),可用下列各式分别计算 4 个参数,即

$$A = \frac{\dot{U}_1}{\dot{U}_2}\bigg|_{\dot{I}_2=0}, \quad B = \frac{\dot{U}_1}{-\dot{I}_2}\bigg|_{\dot{U}_2=0}, \quad C = \frac{\dot{I}_1}{\dot{U}_2}\bigg|_{\dot{I}_2=0}, \quad D = \frac{\dot{I}_1}{-\dot{I}_2}\bigg|_{\dot{U}_2=0}$$

将式(5-3-4)和式(5-3-5)用矩阵形式表示有

$$\begin{bmatrix} \dot{U}_1 \\ \dot{I}_1 \end{bmatrix} = \begin{bmatrix} A & B \\ C & D \end{bmatrix} \begin{bmatrix} \dot{U}_2 \\ -\dot{I}_2 \end{bmatrix} = T \begin{bmatrix} \dot{U}_2 \\ -\dot{I}_2 \end{bmatrix}, \quad T = \begin{bmatrix} A & B \\ C & D \end{bmatrix} \qquad (5\text{-}3\text{-}6)$$

上式中的矩阵 T 称为二端口网络 N 的传输参数矩阵。

在信号的传输中常常采用传输参数方程。

5-4　二端口网络的不同参数的相互转换

一般的二端口网络,大多数可以用多种参数方程来描述端口电压、端口电流之间的关系。例如图 5-2-4(a)所示的二端口网络,在例 5-2-1 中得到了它的 Y 参数,在例 5-2-2 中又得到了它的 Z 参数。同一个二端口网络的各种参数是可以相互转换的。假如某个

二端口网络的开路阻抗矩阵 Z 和短路导纳矩阵 Y 均存在,用这两种矩阵表示的二端口网络方程分别为

$$\begin{bmatrix} \dot{U}_1 \\ \dot{U}_2 \end{bmatrix} = Z \begin{bmatrix} \dot{I}_1 \\ \dot{I}_2 \end{bmatrix}, \qquad \begin{bmatrix} \dot{I}_1 \\ \dot{I}_2 \end{bmatrix} = Y \begin{bmatrix} \dot{U}_1 \\ \dot{U}_2 \end{bmatrix}$$

则 Z 与 Y 必定互为逆阵,即有

$$Z = Y^{-1} \quad 和 \quad Y = Z^{-1}$$

同一个二端口网络的各种参数之间的关系见表 5-1-1。按照该表所给出的结果,根据二端口网络的一种参数可计算出其他几种参数。

表 5-1-1 二端口网络的参数矩阵互换表

	Y	Z	H	G	T	T'
Y	$\begin{bmatrix} Y_{11} & Y_{12} \\ Y_{21} & Y_{22} \end{bmatrix}$	$\begin{bmatrix} \dfrac{Z_{22}}{\Delta_Z} & -\dfrac{Z_{12}}{\Delta_Z} \\ -\dfrac{Z_{21}}{\Delta_Z} & \dfrac{Z_{11}}{\Delta_Z} \end{bmatrix}$	$\begin{bmatrix} \dfrac{1}{h_{11}} & -\dfrac{h_{12}}{h_{11}} \\ \dfrac{h_{21}}{h_{11}} & \dfrac{\Delta_H}{h_{11}} \end{bmatrix}$	$\begin{bmatrix} \dfrac{\Delta_G}{g_{22}} & \dfrac{g_{12}}{g_{22}} \\ -\dfrac{g_{21}}{g_{22}} & \dfrac{1}{g_{22}} \end{bmatrix}$	$\begin{bmatrix} \dfrac{D}{B} & -\dfrac{\Delta_T}{B} \\ -\dfrac{1}{B} & \dfrac{A}{B} \end{bmatrix}$	$\begin{bmatrix} -\dfrac{A'}{B'} & \dfrac{1}{B'} \\ \dfrac{\Delta_{T'}}{B'} & -\dfrac{D'}{B'} \end{bmatrix}$
Z	$\begin{bmatrix} \dfrac{Y_{22}}{\Delta_Y} & -\dfrac{Y_{12}}{\Delta_Y} \\ -\dfrac{Y_{21}}{\Delta_Y} & \dfrac{Y_{11}}{\Delta_Y} \end{bmatrix}$	$\begin{bmatrix} Z_{11} & Z_{12} \\ Z_{21} & Z_{22} \end{bmatrix}$	$\begin{bmatrix} \dfrac{\Delta_H}{h_{22}} & \dfrac{h_{12}}{h_{22}} \\ -\dfrac{h_{21}}{h_{22}} & \dfrac{1}{h_{22}} \end{bmatrix}$	$\begin{bmatrix} \dfrac{1}{g_{11}} & -\dfrac{g_{12}}{g_{11}} \\ \dfrac{g_{21}}{g_{11}} & \dfrac{\Delta_G}{g_{11}} \end{bmatrix}$	$\begin{bmatrix} \dfrac{A}{C} & \dfrac{\Delta_T}{C} \\ \dfrac{1}{C} & \dfrac{D}{C} \end{bmatrix}$	$\begin{bmatrix} -\dfrac{D'}{C'} & -\dfrac{1}{C'} \\ -\dfrac{\Delta_{T'}}{C'} & -\dfrac{A'}{C'} \end{bmatrix}$
H	$\begin{bmatrix} \dfrac{1}{Y_{11}} & -\dfrac{Y_{12}}{Y_{11}} \\ \dfrac{Y_{21}}{Y_{11}} & \dfrac{\Delta_Y}{Y_{11}} \end{bmatrix}$	$\begin{bmatrix} \dfrac{\Delta_Z}{Z_{22}} & \dfrac{Z_{12}}{Z_{22}} \\ -\dfrac{Z_{21}}{Z_{22}} & \dfrac{1}{Z_{22}} \end{bmatrix}$	$\begin{bmatrix} h_{11} & h_{12} \\ h_{21} & h_{22} \end{bmatrix}$	$\begin{bmatrix} \dfrac{g_{22}}{\Delta_G} & -\dfrac{g_{12}}{\Delta_G} \\ -\dfrac{g_{21}}{\Delta_G} & \dfrac{g_{11}}{\Delta_G} \end{bmatrix}$	$\begin{bmatrix} \dfrac{B}{D} & \dfrac{\Delta_T}{D} \\ -\dfrac{1}{D} & \dfrac{C}{D} \end{bmatrix}$	$\begin{bmatrix} -\dfrac{B'}{A'} & \dfrac{1}{A'} \\ -\dfrac{\Delta_{T'}}{A'} & -\dfrac{C'}{A'} \end{bmatrix}$
G	$\begin{bmatrix} \dfrac{\Delta_Y}{Y_{22}} & \dfrac{Y_{12}}{Y_{22}} \\ -\dfrac{Y_{21}}{Y_{22}} & \dfrac{1}{Y_{22}} \end{bmatrix}$	$\begin{bmatrix} \dfrac{1}{Z_{11}} & -\dfrac{Z_{12}}{Z_{11}} \\ \dfrac{Z_{12}}{Z_{11}} & \dfrac{\Delta_Z}{Z_{11}} \end{bmatrix}$	$\begin{bmatrix} \dfrac{h_{22}}{\Delta_H} & -\dfrac{h_{12}}{\Delta_H} \\ -\dfrac{h_{21}}{\Delta_H} & \dfrac{h_{11}}{\Delta_H} \end{bmatrix}$	$\begin{bmatrix} g_{11} & g_{12} \\ g_{21} & g_{22} \end{bmatrix}$	$\begin{bmatrix} \dfrac{C}{A} & -\dfrac{\Delta_T}{A} \\ \dfrac{1}{A} & \dfrac{B}{A} \end{bmatrix}$	$\begin{bmatrix} -\dfrac{C'}{D'} & -\dfrac{1}{D'} \\ \dfrac{\Delta_{T'}}{D'} & -\dfrac{B'}{D'} \end{bmatrix}$
T	$\begin{bmatrix} -\dfrac{Y_{22}}{Y_{21}} & -\dfrac{1}{Y_{21}} \\ -\dfrac{\Delta_Y}{Y_{21}} & -\dfrac{Y_{11}}{Y_{21}} \end{bmatrix}$	$\begin{bmatrix} \dfrac{Z_{11}}{Z_{21}} & \dfrac{\Delta_Z}{Z_{21}} \\ \dfrac{1}{Z_{21}} & \dfrac{Z_{22}}{Z_{21}} \end{bmatrix}$	$\begin{bmatrix} -\dfrac{\Delta_H}{h_{21}} & -\dfrac{h_{11}}{h_{21}} \\ -\dfrac{h_{22}}{h_{21}} & -\dfrac{1}{h_{21}} \end{bmatrix}$	$\begin{bmatrix} \dfrac{1}{g_{21}} & \dfrac{g_{22}}{g_{21}} \\ \dfrac{g_{11}}{g_{21}} & \dfrac{\Delta_G}{g_{21}} \end{bmatrix}$	$\begin{bmatrix} A & B \\ C & D \end{bmatrix}$	$\begin{bmatrix} \dfrac{D'}{\Delta_{T'}} & -\dfrac{B'}{\Delta_{T'}} \\ -\dfrac{C'}{\Delta_{T'}} & \dfrac{A'}{\Delta_{T'}} \end{bmatrix}$
T'	$\begin{bmatrix} -\dfrac{Y_{11}}{Y_{12}} & \dfrac{1}{Y_{12}} \\ \dfrac{\Delta_Y}{Y_{12}} & -\dfrac{Y_{22}}{Y_{12}} \end{bmatrix}$	$\begin{bmatrix} \dfrac{Z_{22}}{Z_{12}} & -\dfrac{\Delta_Z}{Z_{12}} \\ -\dfrac{1}{Z_{12}} & \dfrac{Z_{11}}{Z_{12}} \end{bmatrix}$	$\begin{bmatrix} \dfrac{1}{h_{12}} & -\dfrac{h_{11}}{h_{12}} \\ -\dfrac{h_{22}}{h_{12}} & \dfrac{\Delta_H}{h_{12}} \end{bmatrix}$	$\begin{bmatrix} -\dfrac{\Delta_G}{g_{12}} & \dfrac{g_{22}}{g_{12}} \\ \dfrac{g_{11}}{g_{12}} & -\dfrac{1}{g_{12}} \end{bmatrix}$	$\begin{bmatrix} \dfrac{D}{\Delta_T} & -\dfrac{B}{\Delta_T} \\ -\dfrac{C}{\Delta_T} & \dfrac{A}{\Delta_T} \end{bmatrix}$	$\begin{bmatrix} A' & B' \\ C' & D' \end{bmatrix}$

表 5-1 中

$$\Delta_Y = \begin{vmatrix} Y_{11} & Y_{12} \\ Y_{21} & Y_{22} \end{vmatrix}, \quad \Delta_Z = \begin{vmatrix} Z_{11} & Z_{12} \\ Z_{21} & Z_{22} \end{vmatrix}, \quad \Delta_H = \begin{vmatrix} h_{11} & h_{12} \\ h_{21} & h_{22} \end{vmatrix}, \quad \Delta_T = \begin{vmatrix} A & B \\ C & D \end{vmatrix}$$

并非任何一个二端口网络都有前述的 6 种参数。图 5-4-1 所示的理想变压器是一个二端口网络,其特性方程如前所述为

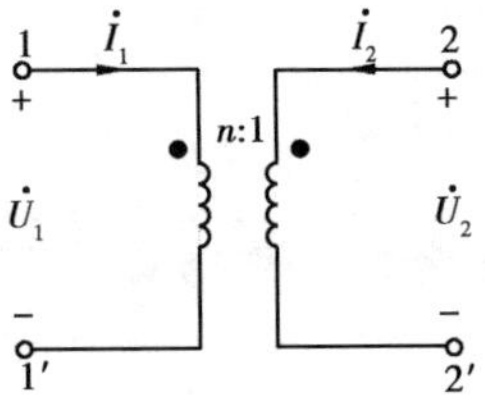

$$\dot{U}_1 = n\dot{U}_2$$

$$\dot{I}_1 = -\frac{1}{n}\dot{I}_2$$

图 5-4-1 理想变压器

上述特性方程为传输参数方程,其 T 参数为:$A = n$、$B = 0$、$C = 0$、$D = \frac{1}{n}$。如果将其特性方程改写为

$$\dot{U}_1 = n\dot{U}_2$$

$$\dot{I}_2 = -n\dot{I}_1$$

其 H 参数为 $h_{11} = 0$、$h_{12} = n$、$h_{21} = -n$、$h_{22} = 0$。然而,理想变压器的特性方程却不能表示为 Z 参数方程和 Y 参数方程。

一般地说,二端口网络的每一种参数中的 4 个参数是独立的。

对于仅由线性电阻、性线电容、线性电感元件组成的二端口网络而言,在每一种参数中,只有 3 个是独立的,另一个参数可以由其他 3 个参数导出,这类二端口网络称为互易二端口网络。根据电路理论中的互易定理可以证明,互易二端口网络的下述 4 种参数中,每一种参数的各个参数之间满足以下条件:

Y 参数 　　　 $Y_{12} = Y_{21}$ 　　　　　　　　　　　　　　　(5-4-1)

Z 参数 　　　 $Z_{12} = Z_{21}$ 　　　　　　　　　　　　　　　(5-4-2)

H 参数 　　　 $h_{12} = -h_{21}$ 　　　　　　　　　　　　　　(5-4-3)

T 参数 　　　 $AD - BC = 1$ 　　　　　　　　　　　　　　(5-4-4)

如果将互易二端口网络的 1—1′端口与 2—2′端口互相交换(即 $\dot{U}_1$ 与 $\dot{U}_2$ 互换,$\dot{I}_1$ 与 $\dot{I}_2$ 互换),而两端口电压、电流关系仍能保持不变,这种互易二端口网络称为对称二端口网络。电路结构、元件性质以及参数完全对称的互易二端口网络(如图 5-4-2 所示电路,其结构、元件性质以及参数完全是左右对称的)是对

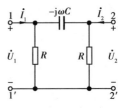

图 5-4-2 对称二端口网络

称二端口网络。对称二端口网络其参数除了满足式(5-4-1)、式(5-4-2)、式(5-4-3)、式(5-4-4)以外,还有下述结论:

Y 参数　　　　$Y_{11} = Y_{22}$

Z 参数　　　　$Z_{11} = Z_{22}$

H 参数　　　　$h_{11}h_{22} - h_{12}h_{21} = 1$

T 参数　　　　$A = D$

也就是说,对称二端口网络只有两个参数是独立的。显然,对称二端口网络一定是互易二端口网络,而互易二端口网络不一定是对称二端口网络。

例 5-4-1　求图 5-4-3 所示二端口网络的 Y 参数和 Z 参数。

解　令 2—2′ 端口短路,有

$$\dot{I}_1 = \frac{\dot{U}_1}{-j} + \frac{\dot{U}_1}{1} = (1+j)\dot{U}_1$$

$$\dot{I}_2 = -\frac{\dot{U}_1}{1} = -\dot{U}_1$$

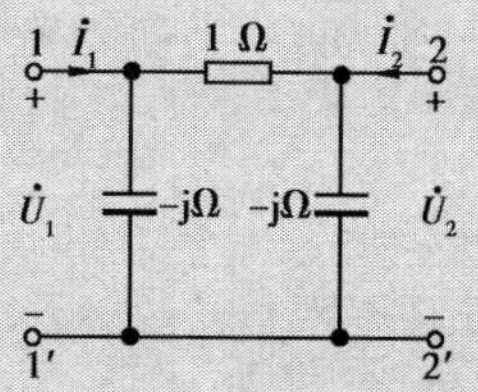

图 5-4-3　例 5-4-1 图

故有　　$Y_{11} = \left.\dfrac{\dot{I}_1}{\dot{U}_1}\right|_{\dot{U}_2 = 0} = (1+j)\ \text{S}, \quad Y_{12} = \left.\dfrac{\dot{I}_2}{\dot{U}_1}\right|_{\dot{U}_2 = 0} = -1\ \text{S}$

该二端口网络是对称二端口网络,故有

$$Y_{21} = Y_{12} = -1\ \text{S}, Y_{22} = Y_{11} = (1+j)\ \text{S}$$

令 2—2′ 端口开路,有

$$Z_{11} = \left.\frac{\dot{U}_1}{\dot{I}_1}\right|_{\dot{I}_2 = 0} = \frac{1}{\left(j + \dfrac{1}{1-j}\right)}\ \Omega = (0.2 - 0.6j)\ \Omega$$

而

$$\dot{U}_2 = \frac{-j}{1-j}\dot{U}_1 = \frac{-j}{1-j}(0.2 - 0.6j)\dot{I}_1 = -(0.2 + 0.4j)\dot{I}_1$$

故有　　$Z_{21} = \left.\dfrac{\dot{U}_2}{\dot{I}_1}\right|_{\dot{I}_2 = 0} = -(0.2 + 0.4j)\ \Omega$

同理可得　$Z_{11} = Z_{22} = (0.2 - 0.6)\ \Omega, Z_{21} = Z_{12} = -(0.2 + 0.4j)\ \Omega$

5-5　二端口网络的等效电路

对于一个结构较复杂的二端口网络,如果已经找到了描述其端口电压、电流关系的某种参数方程,则可以用一个简单的二端口网络来等效替代。显然,等效替代是对该二端口网络以外的电路而言的,等效的条件是该简单的二端口网络的方程与原二端口网络的方程是相同的。

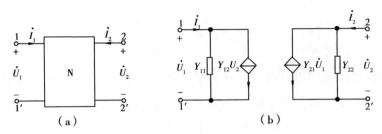

图 5-5-1　二端口网络的等效电路

对于图 5-5-1(a)所示的二端口网络,如果已经找到了它的 Y 参数方程

$$\dot{I}_1 = Y_{11}\dot{U}_1 + Y_{12}\dot{U}_2, \quad \dot{I}_2 = Y_{21}\dot{U}_1 + Y_{22}\dot{U}_2$$

则可获得用受控源表示的如图 5-5-1(b)所示的等效电路。二端口网络的等效电路不是唯一的。图 5-5-2(a)所示的电路也是图 5-5-1(a)所示二端口网络的等效电路。

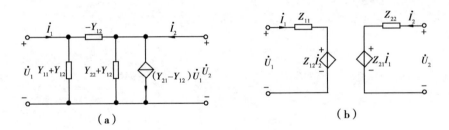

图 5-5-2　二端口网络的等效电路

如果能求得图 5-5-1(a)所示的二端口网络的 Z 参数方程

$$\dot{U}_1 = Z_{11}\dot{I}_1 + Z_{12}\dot{I}_2, \quad \dot{U}_2 = Z_{21}\dot{I}_1 + Z_{22}\dot{I}_2$$

则还可获得图 5-5-2(b)所示的用 Z 参数表示的等效电路。

对互易二端口网络,可以寻求如图 5-5-3(a)所示的 T 形等效电路或如图 5-5-3(b)所示的 Ⅱ 形等效电路。

如果已知互易二端口网络的 Z 参数(Z_{11}、Z_{12} 或 Z_{21}、Z_{22}),欲获得图 5-5-3(a)所示的 T 形电路,可列写出图 5-5-3(a)所示的 T 形电路的 Z 参数方程

$$\dot{U}_1 = Z_1\dot{I}_1 + Z_2(\dot{I}_1 + \dot{I}_2) = (Z_1 + Z_2)\dot{I}_1 + Z_2\dot{I}_2 \tag{5-5-1}$$

$$\dot{U}_2 = Z_2(\dot{I}_1 + \dot{I}_2) + Z_3\dot{I}_2 = Z_2\dot{I}_1 + (Z_2 + Z_3)\dot{I}_2 \tag{5-5-2}$$

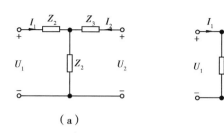

（a）　　　　　　　　　　（b）

图 5-5-3　T 形和 Π 形等效电路

式(5-5-1)和式(5-5-2)表明,T 形等效电路的 3 个独立的 Z 参数应当满足 $Z_{11} = Z_1 + Z_2$,$Z_{12} = Z_{21} = Z_2$,$Z_{22} = Z_2 + Z_3$ 的条件,可解得

$$Z_1 = Z_{11} - Z_{12} \tag{5-5-3}$$

$$Z_2 = Z_{12} = Z_{21} \tag{5-5-4}$$

$$Z_3 = Z_{22} - Z_{12} \tag{5-5-5}$$

式(5-5-3)、式(5-5-4)、式(5-5-5)即是所寻求的已知 Z 参数的互易二端口网络的 T 形等效电路中的 3 个元件(Z_1、Z_2、Z_3)的值。如果该互易二端口网络还是对称二端口网络($Z_{11} = Z_{22}$),则还应有 $Z_1 = Z_3$。

如果已知互易二端口网络的 Y 参数(Y_{11}、Y_{12} 或 Y_{21}、Y_{22}),欲获得图 5-5-3(b)所示的 Π 形等效电路,同理可解得 Π 形等效电路中的 3 个元件参数为

$$Y_1 = Y_{12} + Y_{11}, \quad Y_2 = -Y_{12}, \quad Y_3 = Y_{22} + Y_{12}$$

如果该互易二端口网络是对称二端口网络($Y_{11} = Y_{22}$),则还有 $Y_1 = Y_3$。

5-6　二端口网络的连接

在许多工程实际问题中,一个单元电路尚无法达到设计要求的性能指标。例如放大电路、滤波电路等,往往需要用多个单元电路按一定的方式连接,构成一个更大的、更复杂的电路,使其满足电路设计的要求。另一方面,将一些成熟的电路作为模块,用这些模块搭接成为新的电路的方法也被电路设计人员广为采用。本节主要介绍二端口网络的级联、串联和并联。

5-6-1　二端口网络的级联

将两个二端口网络 M 和 N 按图 5-6-1 所示的方式连接起来称为级联。两个二端口网络级联构成了一个复合的二端口网络。设 M 和 N 分别有用传输参数表示的方程

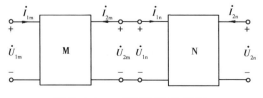

图 5-6-1　二端口网络的级联

$$\dot{U}_{1m} = A_m \dot{U}_{2m} + B_m(-\dot{I}_{2m}) \tag{5-6-1}$$

$$\dot{I}_{1m} = C_m \dot{U}_{2m} + D_m(-\dot{I}_{2m}) \tag{5-6-2}$$

和

$$\dot{U}_{1n} = A_n \dot{U}_{2n} + B_n(-\dot{I}_{2n}) \tag{5-6-3}$$

$$\dot{I}_{1n} = C_n \dot{U}_{2n} + D_n(-\dot{I}_{2n}) \tag{5-6-4}$$

按图 5-6-1 所示的级联,有 $\dot{U}_{2m} = \dot{U}_{1n}$、$\dot{I}_{2m} = -\dot{I}_{1n}$。将式(5-6-3)和式(5-6-4)代入式(5-6-1)和式(5-6-2)得

$$\dot{U}_{1m} = (A_m A_n + B_m C_n)\dot{U}_{2n}(A_m B_n + B_m D_n)(-\dot{I}_{2n})$$

$$\dot{I}_{1m} = (C_m A_n + D_m C_n)\dot{U}_{2n} + (C_m B_n + D_m D_n)(-\dot{I}_{2n})$$

复合二端口网络的传输参数为

$$A = A_m A_n + B_m C_n \qquad\qquad B = A_m B_n + B_m D_n$$
$$C = C_m A_n + D_m C_n \qquad\qquad D = C_m B_n + D_m D_n \tag{5-6-5}$$

上述关系亦可用矩阵形式表示,令两二端口网络的传输参数矩阵分别为

$$T_m = \begin{bmatrix} A_m & B_m \\ C_m & D_m \end{bmatrix} \qquad\qquad T_n = \begin{bmatrix} A_n & B_n \\ C_n & D_n \end{bmatrix}$$

其传输参数方程分别为

$$\begin{bmatrix} \dot{U}_{1m} \\ \dot{I}_{1m} \end{bmatrix} = T_m \begin{bmatrix} \dot{U}_{2m} \\ -\dot{I}_{2m} \end{bmatrix} \qquad\qquad \begin{bmatrix} \dot{U}_{1n} \\ \dot{I}_{1n} \end{bmatrix} = T_n \begin{bmatrix} \dot{U}_{2n} \\ -\dot{I}_{2n} \end{bmatrix}$$

因为

$$\begin{bmatrix} \dot{U}_{2m} \\ -\dot{I}_{2m} \end{bmatrix} = \begin{bmatrix} \dot{U}_{1n} \\ \dot{I}_{1n} \end{bmatrix}$$

故有

$$\begin{bmatrix} \dot{U}_{1m} \\ \dot{I}_{1m} \end{bmatrix} = T_m T_n \begin{bmatrix} \dot{U}_{2n} \\ -\dot{I}_{2n} \end{bmatrix}$$

复合二端口网络的传输参数矩阵 T 为

$$T = T_m T_n = \begin{bmatrix} A_m & B_m \\ C_m & D_m \end{bmatrix}\begin{bmatrix} A_n & B_n \\ C_n & D_n \end{bmatrix} = \begin{bmatrix} A_m A_n + B_m C_n & A_m B_n + B_m D_n \\ C_m A_n + D_m C_n & C_m B_n + D_m D_n \end{bmatrix}$$

5-6-2　二端口网络的并联

将两个二端口网络 M 和 N 按图 5-6-2 所示的方式连接起来称为并联。如果并联以后 M 和 N 仍能保证端口条件不被破坏,即每个端口处仍能保证从一个端子流入的电流等于从另一个端子流出的电流,则构成的复合二端口网络的参数可用 M 和 N 的参数表示。设 M 和 N 分别有用导纳参数表示的方程

$$\dot{I}_{1m} = Y_{11m}\dot{U}_{1m} + Y_{12m}\dot{U}_{2m} \qquad (5\text{-}6\text{-}6)$$

$$\dot{I}_{2m} = Y_{21m}\dot{U}_{1m} + Y_{22m}\dot{U}_{2m} \qquad (5\text{-}6\text{-}7)$$

和

$$\dot{I}_{1n} = Y_{11n}\dot{U}_{1n} + Y_{12n}\dot{U}_{2n} \qquad (5\text{-}6\text{-}8)$$

$$\dot{I}_{2n} = Y_{21n}\dot{U}_{1n} + Y_{22n}\dot{U}_{2n} \qquad (5\text{-}6\text{-}9)$$

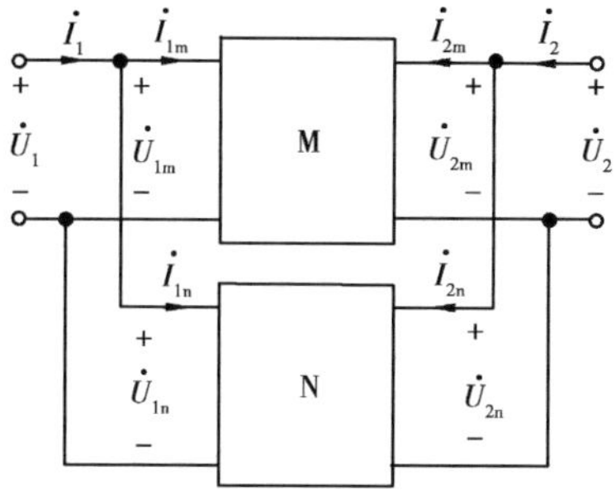

按图 5-6-2 所示的并联,有

$$\dot{U}_1 = \dot{U}_{1m} = \dot{U}_{1n}, \qquad \dot{U}_2 = \dot{U}_{2m} = \dot{U}_{2n}$$

$$\dot{I}_1 = \dot{I}_{1m} + \dot{I}_{1n}, \qquad \dot{I}_2 = \dot{I}_{2m} + \dot{I}_{2n}$$

图 5-6-2　二端口网络的并联

由式(5-6-6)、式(5-6-7)、式(5-6-8)和式(5-6-9)可得

$$\dot{I}_1 = (Y_{11m} + Y_{11n})\dot{U}_1 + (Y_{12m} + Y_{12n})\dot{U}_2$$

$$\dot{I}_2 = (Y_{21m} + Y_{21n})\dot{U}_1 + (Y_{22m} + Y_{22n})\dot{U}_2$$

复合二端口网络的导纳参数为

$$Y_{11} = Y_{11m} + Y_{11n} \qquad\qquad Y_{12} = Y_{12m} + Y_{12n}$$

$$Y_{21} = Y_{21m} + Y_{21n} \qquad\qquad Y_{22} = Y_{22m} + Y_{22n} \qquad (5\text{-}6\text{-}10)$$

用矩阵形式表示有

$$Y = Y_m + Y_n = \begin{bmatrix} Y_{11m} & Y_{12m} \\ Y_{21m} & Y_{22m} \end{bmatrix} + \begin{bmatrix} Y_{11n} & Y_{12n} \\ Y_{21n} & Y_{22n} \end{bmatrix} = \begin{bmatrix} Y_{11m} + Y_{11n} & Y_{12m} + Y_{12n} \\ Y_{21m} + Y_{21n} & Y_{22m} + Y_{22n} \end{bmatrix}$$

5-6-3　二端口网络的串联

图 5-6-3 表示按串联方式连接的两个二端口网络 M 和 N。如果串联以后仍能保证 M 和 N 端口条件不被破坏,且有 Z 参数方程,则串联后构成的新的二端口网络的 Z 参数可以用 M 和 N 的 Z 参数表示。

图 5-6-3 所示电路有

$$\dot{U}_1 = \dot{U}_{1\text{m}} + \dot{U}_{1\text{n}}, \quad \dot{U}_2 = \dot{U}_{2\text{m}} + \dot{U}_{2\text{n}}, \quad \dot{I}_1 = \dot{I}_{1\text{n}} = \dot{I}_{1\text{m}}, \dot{I}_2 = \dot{I}_{2\text{m}} = \dot{I}_{2\text{n}}$$

设 M 和 N 的 Z 参数方程分别为

$$\dot{U}_{1\text{m}} = Z_{11\text{m}} \dot{I}_{1\text{m}} + Z_{12\text{m}} \dot{I}_{2\text{m}} \quad (5\text{-}6\text{-}11)$$

$$\dot{U}_{2\text{m}} = Z_{21\text{m}} \dot{I}_{1\text{m}} + Z_{22\text{m}} \dot{I}_{2\text{m}} \quad (5\text{-}6\text{-}12)$$

和

$$\dot{U}_{1\text{n}} = Z_{11\text{n}} \dot{I}_{1\text{n}} + Z_{12\text{n}} \dot{I}_{2\text{n}} \quad (5\text{-}6\text{-}13)$$

$$\dot{U}_{2\text{n}} = Z_{21\text{n}} \dot{I}_{1\text{n}} + Z_{22\text{n}} \dot{I}_{2\text{n}} \quad (5\text{-}6\text{-}14)$$

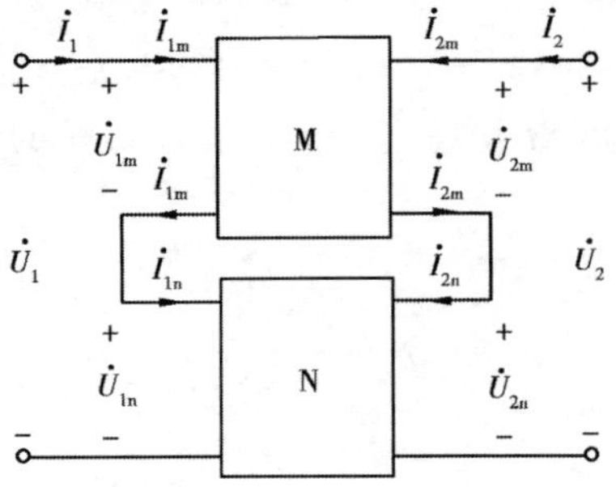

由上述各式可得

$$\dot{U}_1 = (Z_{11\text{m}} + Z_{11\text{n}}) \dot{I}_1 + (Z_{12\text{m}} + Z_{12\text{n}}) \dot{I}_2$$

$$\dot{U}_2 = (Z_{21\text{m}} + Z_{21\text{n}}) \dot{I}_1 + (Z_{22\text{m}} + Z_{22\text{n}}) \dot{I}_2$$

图 5-6-3 二端口网络的串联

复合二端口网络的 Z 参数为

$$Z_{11} = Z_{11\text{m}} + Z_{11\text{n}}, Z_{12} = Z_{12\text{m}} + Z_{12\text{n}}$$

$$Z_{21} = Z_{21\text{m}} + Z_{21\text{n}}, Z_{22} = Z_{22\text{m}} + Z_{22\text{n}} \quad (5\text{-}6\text{-}15)$$

用矩阵形式表示有

$$Z = Z_{\text{m}} + Z_{\text{n}} = \begin{bmatrix} Z_{11\text{m}} & Z_{12\text{m}} \\ Z_{21\text{m}} & Z_{22\text{m}} \end{bmatrix} + \begin{bmatrix} Z_{11\text{n}} & Z_{12\text{n}} \\ Z_{21\text{n}} & Z_{22\text{n}} \end{bmatrix} = \begin{bmatrix} Z_{11\text{m}} + Z_{11\text{n}} & Z_{12\text{m}} + Z_{12\text{n}} \\ Z_{21\text{m}} + Z_{21\text{n}} & Z_{22\text{m}} + Z_{22\text{n}} \end{bmatrix}$$

5-6-4 二端口网络的串并联、并串联

图 5-6-4 和图 5-6-5 分别表示两个二端口网络的串并联和并串联。如果连接以后仍能保证二端口网络 M 和 N 的端口条件均不被破坏,则连接以后获得的复合二端口网络的参数可由两个二端口网络的参数表示,具体形式不再赘述。

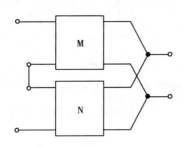

图 5-6-4 二端口网络的串并联

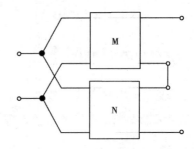

图 5-6-5 二端口网络的并串联

5-7 有端接的二端口网络的分析

二端口网络的输入端口接信号源,输出端口接负载,即得有端接的二端口网络。对于

有端接的二端口网络,如果其内部结构较复杂,而经过

分析需要得到的仅为两个端口的电压和电流,$\dot{U}_1$、$\dot{I}_1$、

$\dot{U}_2$、$\dot{I}_2$,那么只需要获得二端口网络的某种参数,而不必

再涉及网络 N 的内部结构及内部各元件的参数就可以

对该电路进行所需要的分析。

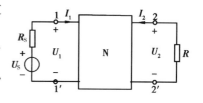

图 5-7-1 有端接的二端口网络

对于图 5-7-1 所示电路,设 $U_s = 300~\mu\text{V}$、$R_s = 500~\Omega$、负载 $R_L = 10~\text{k}\Omega$。如果已知二端口网络 N 的混合参数 $h_{11} = 1~000~\Omega$、$h_{12} = 0.001~5$、$h_{21} = 100$、$h_{22} = 100~\mu\text{S}$,则可用已知的混合参数计算端口变量 U_1、I_1、U_2、I_2,而无须再涉及 N 的内部电路。根据已知条件,输入端口和输出端口的电压、电流关系式分别为

$$U_1 + 500I_1 = 300 \times 10^{-6}$$

$$U_2 + 10 \times 10^3 I_2 = 0$$

二端口网络 N 的混合参数方程为

$$U_1 = 1~000I_1 + 0.001~5U_2$$

$$I_2 = 100I_1 + 100 \times 10^{-6}U_2$$

由上述 4 个方程可解得 $U_1 = 0.1~\text{mV}$,$I_1 = 0.4~\mu\text{A}$,$U_2 = -0.2~\text{V}$,$I_2 = 20~\mu\text{A}$。

对于有端接的二端口网络,还可以用输入阻抗,输出阻抗、转移电压比、转移电流比来描述其特性。

5-7-1 输入阻抗

有端接的二端口网络,当输出端口接负载 Z_L 时(如图 5-7-2 所示),输入端口电压相量与电流相量之比称为输入阻抗,即

图 5-7-2 输入阻抗

$$Z_{in} = \frac{\dot{U}_1}{\dot{I}_1}$$

用传输参数表示二端口网络方程时,有

$$Z_{in} = \frac{\dot{U}_1}{\dot{I}_1} = \frac{A\dot{U}_2 + B(-\dot{I}_2)}{C\dot{U}_2 + D(-\dot{I}_2)}$$

将输出端口方程 $\dot{U}_2 = -Z_L\dot{I}_2$ 代入上式即得用传输参数表示的输入阻抗的计算式

$$Z_{in} = \frac{AZ_L + B}{CZ_L + D} \tag{5-7-1}$$

输入阻抗也可以用其他参数来表示,如果已有用混合参数表示的参数方程

$$\dot{U}_1 = h_{11}\dot{I}_1 + h_{12}\dot{U}_2 \tag{5-7-2}$$

$$\dot{I}_2 = h_{21}\dot{I}_1 + h_{22}\dot{U}_2 \tag{5-7-3}$$

将输出端口方程 $\dot{U}_2 = -Z_L\dot{I}_2$ 代入式(5-7-2)和式(5-7-3)得

$$\dot{U}_1 = h_{11}\dot{I}_1 - h_{12}Z_L\dot{I}_2$$

$$\dot{I}_2 = h_{21}\dot{I}_1 - h_{22}Z_L\dot{I}_2$$

从上两式中消去 $\dot{I}_2$ 可得

$$\dot{U}_1 = \dot{I}_1\left(h_{11} - \frac{h_{12}h_{21}Z_L}{1 + h_{22}Z_L}\right)$$

故有

$$Z_{in} = \frac{\dot{U}_1}{\dot{I}_1} = h_{11} - \frac{h_{12}h_{21}Z_L}{1 + h_{22}Z_L} \tag{5-7-4}$$

式(5-7-1)和式(5-7-4)表明:输入阻抗由二端口网络及所接入的负载共同决定。同一个负载,连接不同的二端口网络后,在二端口网络的输入端口有不同的输入阻抗,也就是说,二端口网络有阻抗变换的作用。

在第4-3节中已经论及过理想变压器的阻抗变换作用。理想变压器也是一个二端口网络,其特性方程

$$\dot{U}_1 = n\dot{U}_2, \quad \dot{I}_1 = -\frac{1}{n}\dot{I}_2$$

即是传输参数方程,其中 $A = n$、$B = 0$、$C = 0$、$D = \dfrac{1}{n}$。按式(5-7-1),当输出端口接入负载 Z_L 时,输入阻抗为

$$Z_{in} = \frac{AZ_L + B}{CZ_L + D} = \frac{nZ_L}{\frac{1}{n}Z_L} = n^2 Z_L$$

如果将理想变压器的特性方程写为形如

$$\dot{U}_1 = n\dot{U}_2, \quad \dot{I}_2 = -n\dot{I}_1$$

的混合参数方程,其中 $h_{11}=0$、$h_{12}=n$、$h_{21}=-n$、$h_{22}=0$。当输出端口接入负载 Z_{L} 时,按式(5-7-4),输入阻抗为

$$Z_{\mathrm{in}} = h_{11} - \frac{h_{12}h_{21}Z_{\mathrm{L}}}{1+h_{22}Z_{\mathrm{L}}} = -n(-n)Z_{\mathrm{L}} = n^2 Z_{\mathrm{L}}$$

与前述的结果是相同的。

5-7-2 输出阻抗

如果二端口网络的输入端口接信号源(见图5-7-1),令信号源的电压 $\dot{U}_{\mathrm{S}}=0$,而保留信号源内阻抗 Z_{S},从输出端口视入的阻抗(如图5-7-3所示)即图5-7-1所示电路中2—2′端口左侧电路的输出阻抗为

$$Z_{\mathrm{th}} = \frac{\dot{U}_2}{\dot{I}_2} \tag{5-7-5}$$

如果已有用混合参数表示的二端口网络方程

$$\dot{U}_1 = h_{11}\dot{I}_1 + h_{12}\dot{U}_2$$

$$\dot{I}_2 = h_{21}\dot{I}_1 + h_{22}\dot{U}_2$$

而 1—1′端口有

$$\dot{U}_1 = -Z_{\mathrm{S}}\dot{I}_1$$

由上述三式可得

$$Z_{\mathrm{th}} = \frac{\dot{U}_2}{\dot{I}_2} = \frac{h_{11}+Z_{\mathrm{S}}}{h_{11}h_{22}-h_{12}h_{21}+h_{22}Z_{\mathrm{S}}} \tag{5-7-6}$$

图 5-7-3 输出阻抗

显然,Z_{th} 即是图5-7-1所示的有端接的二端口网络2—2′端口左侧的二端网络的戴维宁等效电路中的等效阻抗。

5-7-3 转移电压比、转移电流比

在图5-7-2所示电路中,应用式(5-7-2)和式(5-7-4)消去 $\dot{I}_1$ 得

$$[(h_{11}h_{22}-h_{12}h_{21})Z_{\mathrm{L}}+h_{11}]\dot{U}_2 = -h_{21}Z_{\mathrm{L}}\dot{U}_1$$

由此得转移电压比(又称电压增益)

$$\frac{\dot{U}_2}{\dot{U}_1} = \frac{-h_{21}Z_L}{(h_{11}h_{22} - h_{12}h_{21})Z_L + h_{11}} \tag{5-7-7}$$

根据式(5-7-4)输入阻抗的定义有 $\dot{U}_1 = Z_{in}\dot{I}_1$，而 $\dot{U}_2 = -Z_L\dot{I}_2$，将 $\dot{U}_1$、$\dot{U}_2$ 代入式 (5-7-2)中得

$$Z_{in}\dot{I}_1 = h_{11}\dot{I}_1 + h_{12}(-Z_L\dot{I}_2)$$

故有

$$\frac{\dot{I}_2}{\dot{I}_1} = \frac{h_{11} - Z_{in}}{h_{12}Z_L}$$

再将式(5-7-4)表示的 Z_{in} 代入上式得转移电流比(又称电流增益)

$$\frac{\dot{I}_2}{\dot{I}_1} = \frac{h_{21}}{1 + h_{22}Z_L} \tag{5-7-8}$$

式(5-7-7)和式(5-7-8)所示的用混合参数表示的转移函数表明:它们与二端口网络和负载有关。

图5-7-4(a)表示一个晶体管放大电路。如果已知晶体管的 H 参数为 $h_{11} = 1$ kΩ、 $h_{12} = 2.5 \times 10^{-4}$ S、$h_{21} = 50$ Ω、$h_{22} = 20$ μS，负载 $R_L = 1.2$ kΩ。根据图5-3-2所示的晶体管的 H 参数电路模型可画出图5-7-4(b)所示的电路。方框内的二端口网络的方程为

$$\dot{U}_1 = h_{11}\dot{I}_1 + h_{12}\dot{U}_2 \qquad \dot{I}_2 = h_{21}\dot{I}_1 + h_{22}\dot{U}_2$$

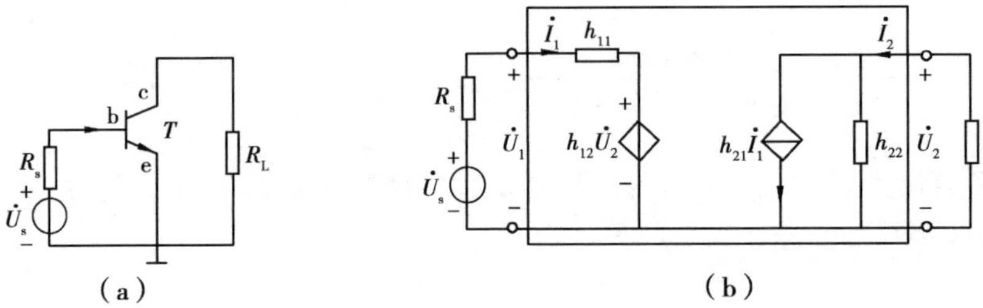

图5-7-4　一种晶体管放大电路

应用式(5-7-7)的结果得电路的电压增益为

$$\frac{\dot{U}_2}{\dot{U}_1} = \frac{-h_{21}R_L}{(h_{11}h_{22} - h_{12}h_{21})R_L + h_{11}}$$

$$= \frac{-50 \times 1\,200}{(1\,000 \times 20 \times 10^{-6} - 2.5 \times 10^{-4} \times 50) \times 1\,200 + 1\,000} = 59.64$$

应用式(5-7-8)的结果得电路的电流增益为

$$\frac{\dot{I}_2}{\dot{I}_1} = \frac{h_{21}}{1 + h_{22}R_{\mathrm{L}}} = \frac{50}{1 + 20 \times 10^{-6} \times 1\,200} = 48.84$$

5-8　回转器和负阻抗变换器

5-8-1　回转器

在电路设计中有时需要用到电感元件。带有铁芯或者磁芯的电感器体积大,难以实现集成化。实际的回转器是能实现电感器集成化的电子装置。作为电路元件的回转器的符号如图 5-8-1 所示,它是一类二端口元件,其端口电压、电流关系为

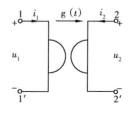

图 5-8-1　回转器

$$u_1 = -\frac{1}{g}i_2$$

$$i_1 = g u_2 \tag{5-8-1}$$

或

$$u_1 = -r i_2$$

$$i_1 = \frac{1}{r}u_2 \tag{5-8-2}$$

g 称为回转电导,具有电导的量纲;r 称为回转电阻,具有电阻的量纲。对同一个回转器,g 和 r 互为倒数。箭头表示回转方向。

式(5-8-1)、式(5-8-2)是回转器的传输参数方程。回转器端口电压、电流关系也可以表示为

$$u_1 = -r i_2, u_2 = r i_1$$

或

$$i_1 = g u_2, i_2 = -g u_1$$

所示的 Z 参数方程或 Y 参数方程。

如果在回转器的 2—2′ 端口接入电容元件如图5-8-2所示,对电容元件有 $i_2 = -C\dfrac{\mathrm{d}u_2}{\mathrm{d}t}$,将其代入式(5-8-2)得

$$u_1 = -r i_2 = -r\left(-C\frac{\mathrm{d}u_2}{\mathrm{d}t}\right) = rC\frac{\mathrm{d}u_2}{\mathrm{d}t}$$

再将 $u_2 = r i_1$ 代入上式中即得

$$u_1 = rC\frac{\mathrm{d}(r i_1)}{\mathrm{d}t} = r^2 C\frac{\mathrm{d}i_1}{\mathrm{d}t}$$

上式相当于一个电感 $L=r^2C$ 的电感元件的电压、电流关系,这表明:应用回转电阻等于 r 的回转器可以将电容为 C 的电容元件"回转"成为电感为 $L=r^2C$ 的电感元件。如果 $C=1\ \mu\text{F},r=1\ \text{k}\Omega$,则 $L=1\ \text{H}$,也就是说,该回转器可将 1 μF 的电容元件"回转"为 1 H 的电感元件。

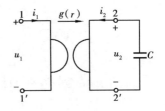

图 5-8-2　带电容负载的回转器

回转器吸收的功率应为

$$p = u_1 i_1 + u_2 i_2$$

将式(5-8-1)代入上式得

$$p = u_1 i_1 + u_2 i_2 = \left(-\frac{1}{g}i_2\right)gu_2 + u_2 i_2 = 0 \tag{5-8-3}$$

上式表明:回转器是一种既不消耗能量又不储存能量的二端口元件。

实际的回转器可以用运算放大器(一类电子器件)来实现。

5-8-2　负阻抗变换器

负阻抗变换器(简称 NIC)是一类能将阻抗变换为负值的二端口元件,其符号如图 5-8-3 所示。图 5-8-3(a)表示电压反向型负阻抗变换器(VNIC),图 5-8-3(b)表示电流反向型负阻抗变换器(INIC)。

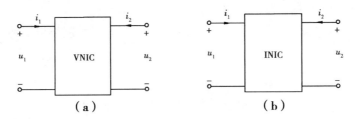

图 5-8-3　负阻抗变换器

图 5-8-3(a)所示电压反向型负阻抗变换器的电压、电流关系为

$$u_1 = -ku_2, i_1 = -i_2 \tag{5-8-4}$$

式(5-8-4)表明:其输入电压通过 VNIC 后要反向输出,而输入电流通过 VNIC 后方向不变地成为输出。

图 5-8-3(b)所示电流反向型负阻抗变换器的电压、电流关系为

$$u_1 = u_2, i_1 = ki_2 \tag{5-8-5}$$

式(5-8-5)表明:其输入电流通过 INIC 后反向输出,而输入电压通过 INIC 后方向不变地成为输出。式(5-8-4)和式(5-8-5)均为传输参数方程。

如果在负阻抗变换器的2—2′端口接入负载Z_L(如图5-8-4所示),计算在1—1′端口的输入阻抗。

对 VNIC 则有

$$Z_{in} = \frac{\dot{U}_1}{\dot{I}_1} = \frac{-k\dot{U}_2}{-\dot{I}_2} = \frac{-k(-Z_L\dot{I}_2)}{-\dot{I}_2} = -kZ_L$$

对 INIC 则有

$$Z_{in} = \frac{\dot{U}_1}{\dot{I}_1} = \frac{\dot{U}_2}{k\dot{I}_2} = \frac{-Z_L\dot{I}_2}{k\dot{I}_2} = -\frac{1}{k}Z_L$$

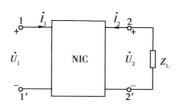

图 5-8-4 接负载的负阻抗变换器

上述结果表明:当输出端口接负载时,输入阻抗不仅改变了大小,还将正阻抗改变为负阻抗。当 $k = 1$ 时,有

$$Z_{in} = -Z_L$$

此时,如果输出端口接电阻 R_L,则输入电阻为 $-R_L$,是一个负电阻元件。同理还可以获得负电容元件、负电感元件。

习 题

5-1 试求题5-1图所示二端口网络的 Y 参数。

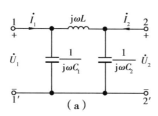 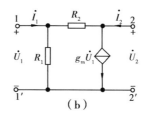

题 5-1 图

5-2 试求题5-2图所示二端口网络的 Z 参数矩阵。

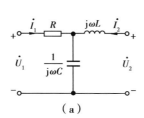 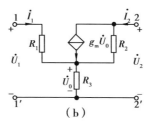

题 5-2 图

5-3 试求题5-3图所示二端口网络的 Y 参数和 Z 参数。

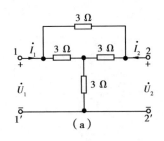 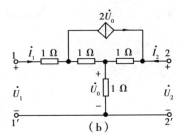

题 5-3 图

5-4 试求题 5-4 图所示二端口网络的 Y 参数矩阵和 Z 参数矩阵。

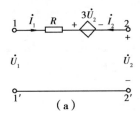 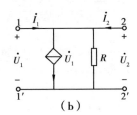

题 5-4 图

5-5 试求题 5-5 图所示二端口网络的 H 参数矩阵和 T 参数矩阵。

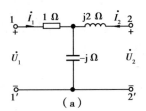 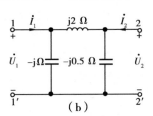

题 5-5 图

5-6 试求题 5-6 图所示二端口网络的 H 参数矩阵。

5-7 试求题 5-7 图所示二端口网络的 H 参数矩阵和 T 参数矩阵。

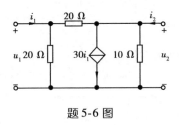 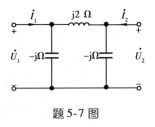

题 5-6 图   题 5-7 图

5-8 已知题 5-8 图所示的晶体管在低频小信号条件的两种电压、电流关系式(1)和(2),试分别画出其用 Y 参数和 H 参数表示的电路模型。

(1) $\dot{I}_{\mathrm{b}} = g_{\mathrm{be}} \dot{U}_{\mathrm{be}}$ (2) $\dot{U}_{\mathrm{be}} = h_{11} \dot{I}_{\mathrm{b}} + h_{12} \dot{U}_{\mathrm{ce}}$

$\dot{I}_{\mathrm{c}} = g_{\mathrm{m}} \dot{U}_{\mathrm{be}} + g_{\mathrm{ce}} \dot{U}_{\mathrm{ce}}$ $\dot{I}_{\mathrm{c}} = h_{21} \dot{I}_{\mathrm{b}} + h_{22} \dot{U}_{\mathrm{ce}}$

5-9 试写出题 5-9 图所示的耦合电感元件和理想变压器的传输参数方程。

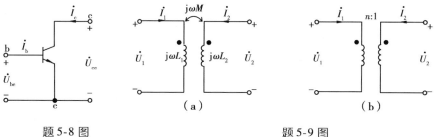

题 5-8 图   题 5-9 图

5-10 已知某二端口网络的 Z 参数为 $Z_{11} = 5\ \Omega$、$Z_{12} = 4\ \Omega$、$Z_{21} = 4\ \Omega$、$Z_{22} = 5\ \Omega$,试画出该二端口网络的 T 形等效电路和 Ⅱ 形等效电路。

5-11 试求题 5-11 图所示二端口网络的传输参数。

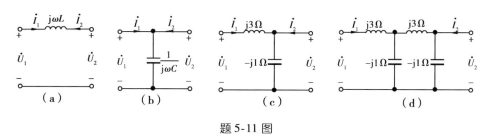

题 5-11 图

5-12 试求题 5-12 图所示二端口网络的传输参数。

5-13 试求题 5-13 图所示二端口网络的 Y 参数。

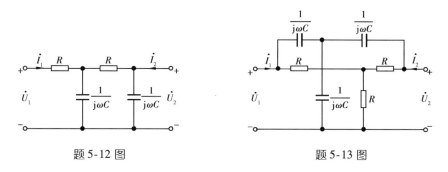

题 5-12 图   题 5-13 图

5-14 在题 5-14 图所示电路中,已知由晶体管等效电路所构成的虚线框内的二端口网络的 H 参数为 $h_{11} = 300\ \Omega$、$h_{12} = 0.2 \times 10^{-3}\ S$、$h_{21} = 100\ \Omega$、$h_{22} = 0.1 \times 10^{-3}\ S$。如果输入端口信号源支路中 $\dot{U}_s = 14.1\ mV$,$Z_s = 1\ k\Omega$,输出端口负载 $Z_L = 1\ k\Omega$。试求:(1)负载端电压 $\dot{U}_2$;(2)输入阻抗;(3)输出阻抗;(4)转移电压比 $\dot{U}_2/\dot{U}_1$;(5)转移电流比 $\dot{I}_2/\dot{I}_1$。

5-15 已知题 5-15 图所示电路中的二端口网络 N 的 Y 参数为 $Y_{11} = 0.025\ S$、$Y_{12} = -0.01\ S$、$Y_{21} = 0.25\ S$、$Y_{22} = 0$,试求 $\dot{I}_1$、$\dot{I}_2$ 和转移电压比 $\dot{U}_2/\dot{U}_1$。

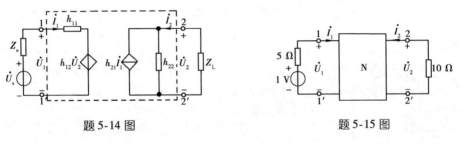

题 5-14 图   题 5-15 图

5-16 题 5-16(a)表示两个回转器的级联,试证明该复合二端口网络等效为一个理想变压器(如图 5-16(b)所示),并说明理想变压器的变比 n 为何值。

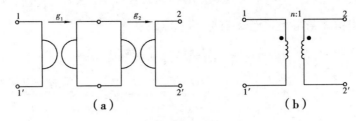

（a）   （b）

题 5-16 图

5-17 题 5-17 所示电路,试求:(1)由理想变压器和回转器级联而成的二端口网络的传输参数;(2)2—2′端口右侧电路的输入阻抗;(3)1—1′端口右侧电路的输入阻抗。

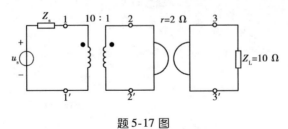

题 5-17 图

第六章 电路的频率特性

本章研究正弦电流电路在不同频率的正弦激励下,电路的性质及电路中的响应随频率变化的规律,即电路的频率特性;介绍应用傅里叶级数和叠加定理分析线性电路在非正弦周期性激励下的稳态响应的方法。

6-1 网络函数

正弦电流电路中的电容元件和电感元件,在频率不同的情况下,它们所呈现的阻抗和导纳是不同的。以图 6-1-1 所示的 RLC 电路为例,a、b 端口的等效阻抗为

$$Z(j\omega) = R + j\left(\omega L - \frac{1}{\omega C}\right)$$

当电路中的正弦电流和正弦电压的角频率为 $\omega_0 = \dfrac{1}{\sqrt{LC}}$ 时,

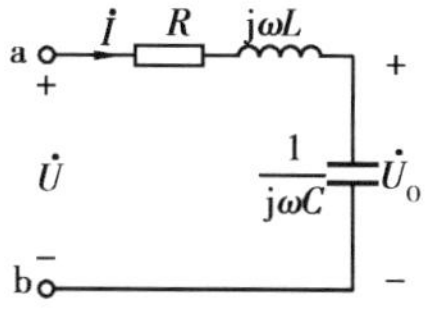

$Z(j\omega_0) = R$ 为纯电阻,电路呈电阻性,$\dot{U}$ 与 $\dot{I}$ 同相;

如果 $\omega > \omega_0$,则 $\omega L > \dfrac{1}{\omega C}$,电路呈感性,$\dot{U}$ 超前 $\dot{I}$;

如果 $\omega < \omega_0$,则 $\omega L < \dfrac{1}{\omega C}$,电路呈容性,$\dot{U}$ 滞后 $\dot{I}$。

图 6-1-1 RLC 电路

上述分析表明:在正弦电流电路中,同一个电路在不同的频率时表现出的性质是不同的。

如果图 6-1-1 所示电路的左端接激励源,激励电压为 $\dot{U}$,以 $\dot{U}_0$ 为输出响应,则

$$\dot{U}_0 = \frac{-j\dfrac{1}{\omega C}}{R + j\left(\omega L - \dfrac{1}{\omega C}\right)}\dot{U} \tag{6-1-1}$$

显然,$\dot{U}_0$ 是随 ω 的改变而变化的。

图 6-1-2　网络函数

为了更清晰地描述正弦电流电路的响应与激励频率之间的关系,对于在单一正弦激励下的正弦电流电路(如图 6-1-2 所示),可将响应相量与激励相量之比定义为正弦稳态情况的网络函数。令 $R(j\omega)$ 为响应相量、$E(j\omega)$ 为激励相量、$H(j\omega)$ 为网络函数,则有

$$H(j\omega) = \frac{R(j\omega)}{E(j\omega)} \qquad (6\text{-}1\text{-}2)$$

按上述定义式,在第三章中定义的阻抗、导纳应为网络函数中的一类。

对于式(6-1-1),$\dot{U}$ 为激励相量,$\dot{U}_0$ 为响应相量,$\dot{U}_0$ 与 $\dot{U}$ 之比 $\dfrac{\dot{U}_0}{\dot{U}}$ 即为另一类网络函数——转移电压比。

$$H(j\omega) = \frac{\dot{U}_0}{\dot{U}} = \frac{-j\dfrac{1}{\omega C}}{R + j\left(\omega L - \dfrac{1}{\omega C}\right)} = \frac{1}{(1 - \omega^2 LC) + jR\omega C} \qquad (6\text{-}1\text{-}3)$$

式(6-1-3)所示的网络函数表明:

当 $\omega = 0$ 时,$\dfrac{U_0}{U} = 1$,即 $U_0 = U$;

当 $\omega = \sqrt{\dfrac{1}{LC}}$ 时,$\dfrac{U_0}{U} = \dfrac{1}{R\sqrt{\dfrac{C}{L}}}$;

当 $\omega \to \infty$ 时,U_0 趋于零。

对于在单一正弦激励下的正弦电流电路,根据激励和响应所在的位置,可将网络函数分为如下两类:

1. 策动点函数

激励所连接的端口可称为策动点。如果激励和响应在同一端口,则这类网络函数称为策动点函数,图 6-1-3(a)(b)分别表示策动点阻抗和策动点导纳。

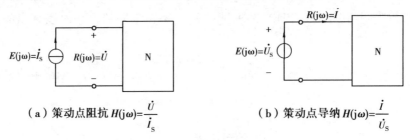

(a)策动点阻抗 $H(j\omega) = \dfrac{\dot{U}}{\dot{I}_s}$　　　　(b)策动点导纳 $H(j\omega) = \dfrac{\dot{I}}{\dot{U}_s}$

图 6-1-3　策动点函数的定义

2. 转移函数

如果激励和响应在不同的端口,则这类网络函数称为转移函数。图 6-1-4(a)、(b)、(c)、(d)分别表示转移阻抗、转移导纳、转移电压比、转移电流比。

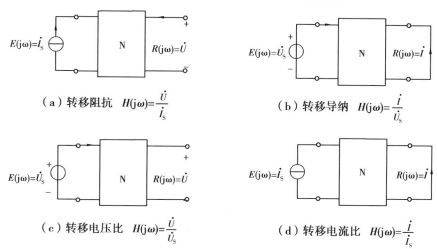

（a）转移阻抗　$H(\mathrm{j}\omega)=\dfrac{\dot{U}}{\dot{I}_{\mathrm{s}}}$　　　　（b）转移导纳　$H(\mathrm{j}\omega)=\dfrac{\dot{I}}{\dot{U}_{\mathrm{s}}}$

（c）转移电压比　$H(\mathrm{j}\omega)=\dfrac{\dot{U}}{\dot{U}_{\mathrm{s}}}$　　　　（d）转移电流比　$H(\mathrm{j}\omega)=\dfrac{\dot{I}}{\dot{I}_{\mathrm{s}}}$

图 6-1-4　转移函数的定义

由网络函数的定义可知,网络函数是 $\mathrm{j}\omega$ 的函数,故可表示为

$$H(\mathrm{j}\omega) = \left|H(\mathrm{j}\omega)\right| \angle \theta(\omega) \tag{6-1-4}$$

式中 $\left|H(\mathrm{j}\omega)\right|$ 为网络函数的模,是响应与激励的幅值之比,网络函数的模与角频率 ω 的函数关系称为网络函数的幅频特性;$\theta(\omega)$ 为网络函数的辐角,是响应与激励之间的相角差,网络函数的辐角与角频率 ω 的函数关系称为网络函数的相频特性。

6-2　电路的选频性质

工作在正弦稳态情况下的二端口网络,在不同的工作频率时,电路的性质是不同的。正确地设计电路的结构并合适地选择元件的参数,可以使得处于某一段频率范围的输入信号得以输出,而在该频率范围之外的输入信号将被"滤掉"。

6-2-1　一阶 RC 低通电路

设图 6-2-1 所示的 RC 电路是接入正弦电压源 $\dot{U}_{\mathrm{s}}$ 的正弦稳态电路,输出电压为 $\dot{U}_{\mathrm{o}}$。应用网络函数

$$H(\mathrm{j}\omega) = \frac{\dot{U}_{\mathrm{o}}}{\dot{U}_{\mathrm{s}}} = \frac{\dfrac{1}{\mathrm{j}\omega C}}{R + \dfrac{1}{\mathrm{j}\omega C}} = \frac{1}{1 + \mathrm{j}\omega RC} \tag{6-2-1}$$

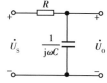

图 6-2-1　RC 低通电路

可找到输出电压 $\dot{U}_{\mathrm{o}}$ 随电源电压 $\dot{U}_{\mathrm{s}}$ 的角频率 ω 变化而变化的规律。$H(\mathrm{j}\omega)$ 的模和辐角分别为

$$|H(\mathrm{j}\omega)| = \frac{1}{\sqrt{1 + \omega^2 R^2 C^2}} \qquad (6\text{-}2\text{-}2)$$

$$\theta(\omega) = -\arctan(\omega RC) \qquad (6\text{-}2\text{-}3)$$

式(6-2-2)、式(6-2-3)都是角频率 ω 的函数。令 ω 从 0 变化到 ∞,网络函数 $H(\mathrm{j}\omega)$ 的幅频特性曲线和相频特性曲线如图 6-2-2(a)、图 6-2-2(b)所示。

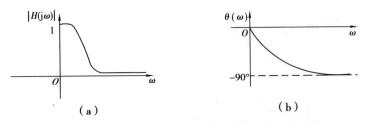

图 6-2-2 一阶低通电路的幅频特性和相频特性

图 6-2-2(a)的曲线表明:当输入的正弦信号的角频率为 0 时,式(6-2-2)所示的网络函数的模为 1,输出电压的幅值等于输入信号的幅值;当 ω 增大时,网络函数的模下降,输出电压的幅值下降;当 $\omega \to \infty$ 时,网络函数的模趋于 0,即输出电压的幅值趋于 0。这表明:在输入的正弦电压的幅值一定的情况下,频率越高,输出电压的幅值就越小,也就是说低频的正弦信号比高频的正弦信号更容易通过该电路从输入端传送到输出端。具有这种特性的电路称为低通电路,具有这种特性的网络函数称为低通函数。

6-2-2 一阶 RC 高通电路

设图 6-2-3 所示电路是接入正弦电压源 $\dot{U}_\mathrm{S}$ 的正弦稳态电路,输出电压为 $\dot{U}_\mathrm{0}$。网络函数为

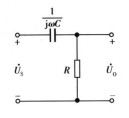

图 6-2-3 RC 高通电路

$$H(\mathrm{j}\omega) = \frac{R}{R + \frac{1}{\mathrm{j}\omega C}} = \frac{\mathrm{j}\omega}{\mathrm{j}\omega + \frac{1}{RC}} \qquad (6\text{-}2\text{-}4)$$

其模和辐角分别为

$$|H(\mathrm{j}\omega)| = \frac{\omega}{\sqrt{\omega^2 + \left(\frac{1}{RC}\right)^2}} \qquad (6\text{-}2\text{-}5)$$

$$\theta(\omega) = 90° - \arctan(\omega RC) \qquad (6\text{-}2\text{-}6)$$

式(6-2-4)所示的网络函数的幅频特性曲线和相频特性曲线分别如图 6-2-4(a)、(b)所示。显然,式(6-2-4)所示的网络函数为高通函数,高频的正弦信号比低频的正弦信号更容易通过该电路从输入端传输到输出端。图 6-2-3 所示电路为高通电路。

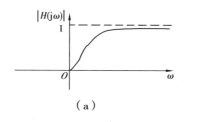 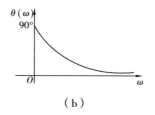

（a）　　　　　　　　　　　　　（b）

图 6-2-4　一阶高通电路的幅频特性和相频特性

6-2-3　截止频率与通频带

理想的低通、高通的幅频特性曲线分别如图 6-2-5（a）、（b）所示。图中的角频率 ω_c 称为截止频率。图 6-2-5（a）所示的特性曲线表示低于截止角频率 ω_c 的正弦信号能通过该电路从输入端传输到输出端，即频率为 0 到 ω_c 的正弦信号能通过该电路，频率高于 ω_c 的正弦信号被阻止。界定信号能否通过的频率即截止频率。能从电路的输入端传送到输出端的信号的频率区间的宽度称为电路的通频带，简称通带。不属于通频带的频率范围称为阻带。

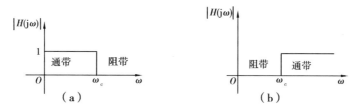

图 6-2-5　理想的幅频特性曲线

实际上无法构造出具有图 6-2-5 所示的理想幅频特性曲线的电路，在任何一个电路的幅频特性曲线上都无法找到这样一个能将通带和阻带截然分开的频率。以图 6-2-1、图 6-2-3 所示电路为例，在它们的幅频特性曲线中就找不到能够截然区分通带和阻带的频率，因此需要定义它们的截止频率。在电子工程中，截止频率定义为转移函数的幅值由最大值降低至 $1/\sqrt{2}$ 最大值时的频率。根据上述的定义，则有

$$\left| H(\mathrm{j}\omega_c) \right| = \frac{1}{\sqrt{2}} H_{\max} \approx 0.707\, H_{\max} \tag{6-2-7}$$

上式中，$H_{\max}$ 为转移函数的模 $\left| H(\mathrm{j}\omega) \right|$ 的最大值。

将图 6-2-2（a）所示的幅频特性曲线重画如图 6-2-6 所示。根据式（6-2-2），当 $\omega = 0$ 时，$\left| H(\mathrm{j}0) \right|$ 最大且 $\left| H(\mathrm{j}0) \right| = H_{\max} = 1$。按截止频率 ω_c 的定义有

$$\left| H(\mathrm{j}\omega_c) \right| = \frac{1}{\sqrt{2}} = \frac{1}{\sqrt{1 + \omega_c^2 R^2 C^2}}$$

求解上式可得

$$\omega_c = \frac{1}{RC} \qquad (6\text{-}2\text{-}8)$$

因此,图 6-2-1 所示的 RC 低通电路的通频带如图 6-2-6 所示为 $0 \sim \omega_c$。

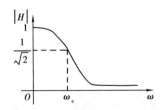

图 6-2-6　RC 低通电路的通频带

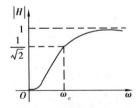

图 6-2-7　RC 高通电路的通频带

将图 6-2-4(a)所示的幅频特性曲线重画如图 6-2-7。根据式 6-2-5,当 $\omega \to \infty$ 时,$|H(j\omega)|$ 最大且 $|H(j\infty)| = H_{max} = 1$。按截止频率 ω_c 的定义有

$$|H(j\omega_c)| = \frac{1}{\sqrt{2}} = \frac{\omega_c}{\sqrt{\omega_c^2 + \left(\frac{1}{RC}\right)^2}} \qquad (6\text{-}2\text{-}9)$$

求解上式可得

$$\omega_c = \frac{1}{RC}$$

因此,图 6-2-3 所示的 RC 高通电路的通频带如图 6-2-7 所示为 $\omega > \omega_c$。

6-2-4　RLC 带通电路

图 6-2-8 (a)为 RLC 串联电路。以电阻元件电压 $\dot{U}_O$ 为输出,转移电压比为

$$H(j\omega) = \frac{\dot{U}_O}{\dot{U}_S} = \frac{R}{R + j\left(\omega L - \frac{1}{\omega C}\right)} = \frac{j\omega RC}{j\omega RC + (1 - \omega^2 LC)} \qquad (6\text{-}2\text{-}10)$$

其模和辐角分别为

$$|H(j\omega)| = \frac{\omega RC}{\sqrt{\omega^2 R^2 C^2 + (1 - \omega^2 LC)^2}} \qquad (6\text{-}2\text{-}11)$$

$$\theta(\omega) = 90° - \arctan\left(\frac{\omega RC}{1 - \omega^2 LC}\right) \qquad (6\text{-}2\text{-}12)$$

当 $1 - \omega^2 LC = 0$ 即 $\omega = \omega_0 = 1/\sqrt{LC}$ 时,$|H(j\omega_0)| = H_{max} = 1$;

当 $\omega < \omega_0$ 时,$|H(j\omega)| < 1$,且 $\omega = 0$ 时,$|H(j0)| = 0$;

当 $\omega > \omega_0$ 时,$|H(j\omega)| < 1$,且 $\omega \to \infty$ 时,$|H(j\infty)| \to 0$。

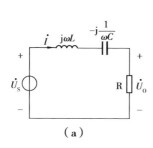
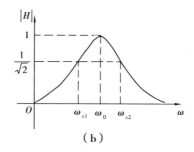

图 6-2-8　RLC 串联电路

按截止频率 ω_c 的定义有

$$\left| H(j\omega_c) \right| = \frac{\omega_c RC}{\sqrt{\omega_c^2 R^2 C^2 + (1 - \omega_c^2 LC)^2}} = \frac{1}{\sqrt{2}}$$

由上式可知,当 R、L、C、ω_c 之间满足 $1 - \omega_c^2 LC = \pm \omega_c RC$ 的条件,即 $LC\omega_c^2 \pm RC\omega_c - 1 = 0$ 时,可解得

$$\omega_c = \pm \frac{R}{2L} \pm \sqrt{\left(\frac{R}{2L}\right)^2 + \frac{1}{LC}}$$

因为角频率 ω_c 必须为正值,故有

$$\omega_{c1} = -\frac{R}{2L} + \sqrt{\left(\frac{R}{2L}\right)^2 + \frac{1}{LC}} \tag{6-2-13}$$

$$\omega_{c2} = \frac{R}{2L} + \sqrt{\left(\frac{R}{2L}\right)^2 + \frac{1}{LC}} \tag{6-2-14}$$

显然应有 $\omega_{c1} < \omega_0 < \omega_{c2}$。这表明:转移函数 $H(j\omega)$ 有两个截止频率 ω_{c1} 和 ω_{c2},这两个频率确定了转移函数 $H(j\omega)$ 的通频带为 $\omega_{c1} \sim \omega_{c2}$ 的频率范围。该电路是带通电路,通频带记为

$$BW = \omega_{c2} - \omega_{c1} = \frac{R}{L} \tag{6-3-15}$$

其幅频特性曲线及通频带如图 6-2-8(b)所示。

6-3　电路中的谐振现象

对于一个由电阻、电容和电感元件组成的工作在正弦稳态情况下的二端网络,设等效阻抗为

$$Z(j\omega) = R(\omega) + jX(\omega) = \left| Z(j\omega) \right| e^{j\varphi(\omega)}$$

等效导纳为

$$Y(j\omega) = G(\omega) + jB(\omega) = \left| Y(j\omega) \right| e^{j\varphi_Y(\omega)}$$

如果在某一个角频率 ω_0 的正弦激励作用下,其阻抗角 $\varphi(\omega_0) = 0$ [$\varphi_Y(\omega_0)$ 亦为零],则有

$X(\omega_0)=0$、$B(\omega_0)=0$，即电路呈电阻性，此时称电路处于谐振。ω_0 称为谐振角频率。研究谐振现象在电子工程及电工技术领域中有重要的意义。

6-3-1　串联谐振

图 6-3-1 表示一个正弦电流电路中的 RLC 串联电路，设正弦激励电压的角频率为 ω，则该串联电路的等效阻抗为

$$Z(\mathrm{j}\omega)=R+\mathrm{j}\omega L+\frac{1}{\mathrm{j}\omega C}=R+\mathrm{j}\left(\omega L-\frac{1}{\omega C}\right) \tag{6-3-1}$$

等效电抗 $X(\omega)=\omega L-\dfrac{1}{\omega C}$ 的频率特性曲线如图 6-3-2 所示。由

$$X(\omega_0)=\omega_0 L-\frac{1}{\omega_0 C}=0$$

可知
$$\omega_0=\frac{1}{\sqrt{LC}} \tag{6-3-2}$$

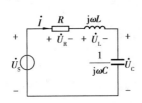

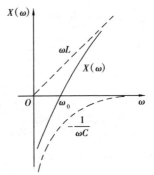

图 6-3-1　RLC 串联电路　　　　图 6-3-2　$X(\omega)$ 的频率特性曲线

ω_0 为串联谐振角频率。

当 $\omega<\omega_0$ 时，$X(\omega)<0$，电路呈容性；

当 $\omega>\omega_0$ 时，$X(\omega)>0$，电路呈感性；

当 $\omega=\omega_0$ 时，$X(\omega_0)=0$，电路呈电阻性，电路处于串联谐振状态。串联谐振时的阻抗 $Z(\mathrm{j}\omega_0)=R$，模为最小。谐振时的电流记为 $\dot{I}_0$，有

$$\dot{I}_0=\frac{\dot{U}_{\mathrm{S}}}{Z(\mathrm{j}\omega_0)}=\frac{\dot{U}_{\mathrm{S}}}{R} \tag{6-3-3}$$

$\dot{I}_0$ 与电压 $\dot{U}_{\mathrm{S}}$ 同相位，电流 I_0 为最大值。谐振时，电容元件电压 $\dot{U}_{\mathrm{C0}}$ 与电感元件电压 $\dot{U}_{\mathrm{L0}}$ 大小相等，相位相反，有

$$\dot{U}_{L0} + \dot{U}_{C0} = \mathrm{j}\omega_0 L \dot{I}_0 + \frac{1}{\mathrm{j}\omega_0 C}\dot{I}_0 = 0 \tag{6-3-4}$$

故有

$$\dot{U}_{S} = \dot{U}_{R0} = R\dot{I}_0 \tag{6-3-5}$$

RLC 串联电路谐振时,各元件电压 $\dot{U}_{R0}$、$\dot{U}_{L0}$、$\dot{U}_{C0}$ 及电流 $\dot{I}_0$ 的相量图如图 6-3-3 所示。此时电路吸收的无功功率为零,电容元件和电感元件吸收的无功功率是等值异号的。这表明:尽管电容元件储存的电场能量和电感元件储存的磁场能量都是在不断变化的,由于彼此补偿而能量总和保持不变,从而使得激励源只需供给电路中电阻元件所消耗的能量,即能维持电路的谐振状态。

对于图 6-3-1 所示的电路,在 $\omega_0 L$ 远大于 R 的条件下,在谐振时,电感(电容)元件电压会远远大于激励电压,即 U_{L0}(U_{C0})远大于 U_S。在电子工程中,利用串联谐振现象,由一个微小的激压励电可以获得远大于激励的响应电压。在电力系统中往往应尽力避免串联谐振现象的出现,否则可能出现因电压过高而导致电气设备的损坏。

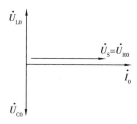

图 6-3-3 串联谐振时的相量图

将谐振时的电抗元件的容抗和感抗

$$\rho = \omega_0 L = \frac{1}{\omega_0 C} = \frac{1}{\sqrt{LC}} L = \sqrt{\frac{L}{C}} \tag{6-3-6}$$

定义为串联谐振电路的特性阻抗。将 ρ 与电阻 R 的比值

$$Q = \frac{\rho}{R} = \frac{\omega_0 L}{R} = \frac{1}{\omega_0 RC} = \frac{1}{R}\sqrt{\frac{L}{C}} \tag{6-3-7}$$

定义为串联谐振电路的品质因数。由

$$Q = \frac{\rho}{R} = \frac{\omega_0 L\, I_0}{R\, I_0} = \frac{U_{L0}}{U_S} = \frac{U_{C0}}{U_S} \tag{6-3-8}$$

可知,Q 反映了谐振时电抗元件电压与激励电压之比。对于一定幅值的激励电压,Q 值越高,电抗元件的电压越高。

当激励电压 U_S 一定时,电路中的响应电流的幅频特性为

$$I(\omega) = \frac{U_S}{|Z(\mathrm{j}\omega)|} = \frac{U_S}{\sqrt{R^2 + \left(\omega L - \dfrac{1}{\omega C}\right)^2}} \tag{6-3-9}$$

由前面的分析已经得知,谐振时的电流 $I(\omega_0) = U_S/R = I_0$ 为最大值。为了更清楚地反映响应电流随频率 ω 变化而变化的情况以及电路的品质因数对响应电流频率特性的影

响,将幅频特性曲线的横坐标用 ω/ω_0 表示,将纵坐标用 $I(\omega)/I_0$ 表示。为此将式(6-3-9)改写为

$$I(\omega) = \frac{U_S}{\sqrt{R^2 + \left(\omega L - \dfrac{1}{\omega C}\right)^2}} = \frac{U_S}{R\sqrt{1 + \left(\dfrac{\omega}{\omega_0} \cdot \dfrac{\omega_0 L}{R} - \dfrac{\omega_0}{\omega} \cdot \dfrac{1}{\omega_0 RC}\right)^2}}$$

$$= \frac{U_S}{R\sqrt{1 + Q^2\left(\dfrac{\omega}{\omega_0} - \dfrac{\omega_0}{\omega}\right)^2}} = \frac{I_0}{\sqrt{1 + Q^2\left(\dfrac{\omega}{\omega_0} - \dfrac{\omega_0}{\omega}\right)^2}}$$

即得

$$\frac{I(\omega)}{I_0} = \frac{1}{\sqrt{1 + Q^2\left(\dfrac{\omega}{\omega_0} - \dfrac{\omega_0}{\omega}\right)^2}} \qquad (6\text{-}3\text{-}10)$$

图 6-3-4 中绘出了具有不同 $Q(Q_3 > Q_2 > Q_1)$ 值的 $I(\omega)/I_0 \sim \omega/\omega_0$ 曲线。图 6-3-4 表现了带通的特性,电路的 Q 值愈高,通频带愈窄,对非谐振频率的电流的抑制作用愈强,称之为电路的选择性愈好。

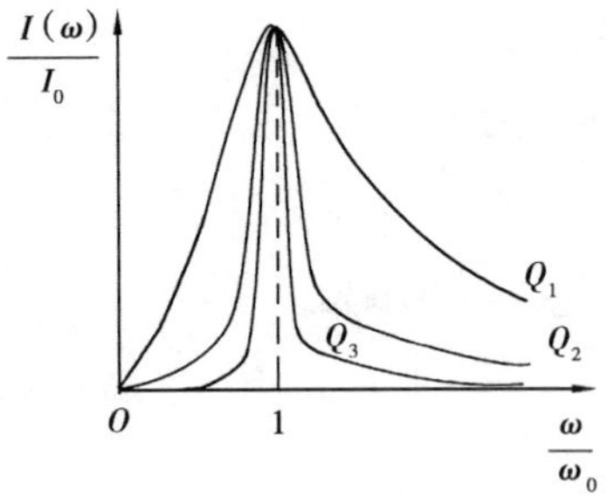

图 6-3-4　电路的选择性

　　根据通频带的定义,当式(6-3-10)的值下降至 $1/\sqrt{2}$ 时,应有

$$Q^2\left(\frac{\omega}{\omega_0} - \frac{\omega_0}{\omega}\right)^2 = 1, \text{即}\left(\frac{\omega}{\omega_0} - \frac{\omega_0}{\omega}\right) = \pm\frac{1}{Q}$$

满足上式的 ω 有两个值。令 $\left(\dfrac{\omega_{c2}}{\omega_0} - \dfrac{\omega_0}{\omega_{c2}}\right) = \dfrac{1}{Q}$

可解得

$$\omega_{c2} = \frac{\omega_0}{2Q}\left(1 \pm \sqrt{1 + 4Q^2}\right) \qquad (6\text{-}3\text{-}11)$$

ω_{c2} 只能为正值,故式(6-3-11)中有 $\pm$ 号之处只选"$+$"号。令 $\left(\dfrac{\omega_{c1}}{\omega_0} - \dfrac{\omega_0}{\omega_{c1}}\right) = -\dfrac{1}{Q}$

可解得

$$\omega_{c1} = \frac{\omega_0}{2Q}\left(-1 \pm \sqrt{1 + 4Q^2}\right) \qquad (6\text{-}3\text{-}12)$$

ω_{c1} 只能为正值,故式(6-3-12)中有 $\pm$ 号之处只选"$+$"号。显然,$\omega_{c2} > \omega_{c1}$,因而有

$$BW = \omega_{c2} - \omega_{c1} = \frac{\omega_0}{Q} \qquad (6\text{-}3\text{-}13)$$

式(6-3-13)表明了带宽 BW 与品质因数 Q 之间的关系。

将式(6-3-11)和式(6-3-12)改写为

$$\omega_{c2} = \omega_0 \left(\frac{1}{2Q} + \sqrt{1 + \left(\frac{1}{2Q}\right)^2} \right) \qquad (6\text{-}3\text{-}14)$$

$$\omega_{c1} = \omega_0 \left(-\frac{1}{2Q} + \sqrt{1 + \left(\frac{1}{2Q}\right)^2} \right) \qquad (6\text{-}3\text{-}15)$$

如果 Q 值很高,在上两式中 $\left(\frac{1}{2Q}\right)^2$ 与 1 相比较可以忽略不计,则有

$$\omega_{c2} = \omega_0 + \frac{\omega_0}{2Q} = \omega_0 + \frac{BW}{2}$$

$$\omega_{c1} = \omega_0 - \frac{\omega_0}{2Q} = \omega_0 - \frac{BW}{2}$$

6-3-2 并联谐振

图 6-3-5 表示一个正弦电流电路中 RLC 并联电路,设正弦激励电流的角频率为 ω,则该并联电路的等效导纳为

$$Y(j\omega) = G + j\omega C + \frac{1}{j\omega L} = G + j\left(\omega C - \frac{1}{\omega L} \right) \qquad (6\text{-}3\text{-}16)$$

等效电纳 $B(\omega) = \omega C - \dfrac{1}{\omega L}$ 的频率特性曲线如图 6-3-6 所示。由 $B(\omega_0) = \omega_0 C - \dfrac{1}{\omega_0 L} = 0$ 可知

$$\omega_0 = \frac{1}{\sqrt{LC}} \qquad (6\text{-}3\text{-}17)$$

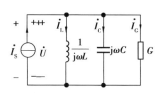

图 6-3-5 RLC 并联电路

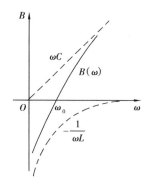

图 6-3-6 $B(\omega)$ 的频率特性曲线

ω_0 称为并联谐振角频率。

当 $\omega < \omega_0$ 时,$B(\omega) < 0$,电路呈感性;

当 $\omega > \omega_0$ 时,$B(\omega) > 0$,电路呈容性;

当 $\omega = \omega_0$ 时,$X(\omega_0) = 0$,电路呈电阻性,电路处于并联谐振状态。并联谐振时的导纳

$$Y(j\omega_0) = G \qquad (6\text{-}3\text{-}18)$$

模为最小。将并联谐振时的电压记为 $\dot{U}_0$，有

$$\dot{U}_0 = \frac{\dot{I}_S}{Y(\mathrm{j}\omega_0)} = \frac{\dot{I}_S}{G} \qquad (6\text{-}3\text{-}19)$$

电压 $\dot{U}_0$ 与电流 $\dot{I}_S$ 同相位，$\dot{U}_0$ 的模为最大。并联谐振时电感元件中的电流与电容元件中的电流大小相等，相位相反，有

$$\dot{I}_{L0} + \dot{I}_{C0} = \frac{1}{\mathrm{j}\omega_0 L}\dot{U}_0 + \mathrm{j}\omega_0 C \dot{U}_0 = 0$$

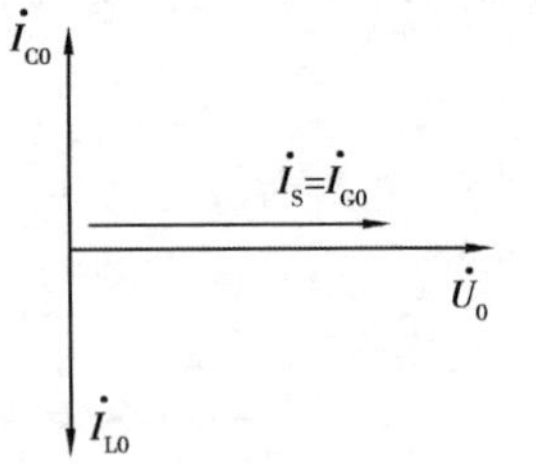

图 6-3-7　并联谐振时的相量图

故有
$$\dot{I}_S = \dot{I}_{G0} = G\dot{U}_0 \qquad (6\text{-}3\text{-}20)$$

RLC 并联电路谐振时，各元件电流 $\dot{I}_{G0}$、$\dot{I}_{L0}$、$\dot{I}_{C0}$ 及电压 $\dot{U}_0$ 的相量图如图 6-3-7 所示。对于图 6-3-5 所示的电路，在 $\omega_0 C$ 远大于 G 的条件下，在谐振时电容元件和电感元件中的电流会远远大于激励电流，即 $I_{C0}(I_{L0})$ 远大于 I_S。

并联谐振电路的品质因数

$$Q = \frac{I_{C0}}{I_S} = \frac{I_{L0}}{I_S} = \frac{\omega_0 C}{G} = \frac{1}{\omega_0 GL} = \frac{1}{G}\sqrt{\frac{C}{L}} \qquad (6\text{-}3\text{-}21)$$

电子工程中常采用由线圈和电容器并联构成谐振电路，其电路模型如图 6-3-8 所示，该并联电路的等效导纳为

$$Y(\mathrm{j}\omega) = \frac{1}{R + \mathrm{j}\omega L} + \mathrm{j}\omega C = \frac{R}{R^2 + (\omega L)^2} + \mathrm{j}\left(\omega C - \frac{\omega L}{R^2 + (\omega L)^2}\right) \qquad (6\text{-}3\text{-}22)$$

根据谐振的条件应有

$$B(\omega_0) = \omega_0 C - \frac{\omega_0 L}{R^2 + (\omega_0 L)^2} = 0$$

由上式可解得电路的谐振角频率为

$$\omega_0 = \frac{1}{\sqrt{LC}}\sqrt{1 - R^2\frac{C}{L}} \qquad (6\text{-}3\text{-}23)$$

因为谐振角频率 ω_0 只能是实数，由上式应有 $1 - R^2\dfrac{C}{L} > 0$，即 $R < \sqrt{\dfrac{L}{C}}$。也就是说如果 $R > \sqrt{\dfrac{L}{C}}$，则电路不会发生谐振。图 6-3-8 所示电路发生谐振时，由式 (6-3-22) 和式 (6-3-23) 可得

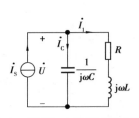

图 6-3-8　线圈与电容并联的电路模型

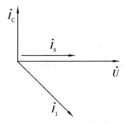

图 6-3-9　相量图

$$Y(j\omega_0) = \frac{R}{R^2 + (\omega_0 L)^2} = \frac{RC}{L} \tag{6-3-24}$$

谐振时, $\dot{U}$ 与 $\dot{I}_s$ 同相位, $\dot{I}_s$、$\dot{I}_C$、$\dot{I}_1$ 及 $\dot{U}$ 的相量图如图 6-3-9 所示。

6-4　非正弦周期电压、非正弦周期电流

在电子工程、通信工程以及电气工程中所遇到的电压、电流大多数是非正弦周期函数。严格地说,在实际的电力系统中,由交流发电机发出的电压也不是正弦电压,而是相当接近于正弦函数的周期函数。另一方面,如果电路是非线性的,即使在正弦激励的作用下,电路中也将产生非正弦的周期电压、非正弦的周期电流。因而,非正弦周期电流电路的分析是有意义的。

设周期函数 $f(t)$ 的周期为 T, 即

$$f(t) = f(t + kT) \qquad (k = 1, 2, 3 \cdots)$$

如果 $f(t)$ 满足狄里赫利条件:

(1) $f(t)$ 在一个周期内只有有限个不连续点;

(2) $f(t)$ 在一个周期内只有有限个极大值和极小值;

(3) 对于任意时刻 $\int_{t_0}^{t_0+T} |f(t)| \, dt$ 存在。

则 $f(t)$ 可以展开为收敛的傅立叶级数, 即

$$f(t) = a_0 + \sum_{k=1}^{\infty} [a_k \cos(k\omega_1 t) + b_k \sin(k\omega_1 t)] \tag{6-4-1}$$

式(6-4-1)中的 a_0、a_k、b_k 称为傅立叶系数,其计算公式如下:

$$a_0 = \frac{1}{T}\int_0^T f(t)\,dt = \frac{1}{T}\int_{-\frac{T}{2}}^{\frac{T}{2}} f(t)\,dt$$

$$a_k = \frac{2}{T}\int_0^T f(t)\cos(k\omega_1 t)\,dt = \frac{2}{T}\int_{-\frac{T}{2}}^{\frac{T}{2}} f(t)\cos(k\omega_1 t)\,dt$$

$$b_k = \frac{2}{T}\int_0^T f(t)\sin(k\omega_1 t)\,dt = \frac{2}{T}\int_{-\frac{T}{2}}^{\frac{T}{2}} f(t)\sin(k\omega_1 t)\,dt$$

将式(6-4-1)中同频率的正弦函数项和余弦函数项合并为一个正弦函数项,可以将 $f(t)$ 的傅立叶级数写为如下形式

$$f(t) = a_0 + \sum_{k=1}^{\infty} A_k \sin(k\omega_1 t + \theta_k) \tag{6-4-2}$$

上式中

$$A_k = \sqrt{a_k^2 + b_k^2}, \theta_k = \arctan\frac{a_k}{b_k}$$

式(6-4-2)表明:满足狄里赫利条件的周期函数可以表示为常数项 a_0 和一系列不同频率的

正弦函数项 $A_k\sin(k\omega_1 t + \theta_k)$ 之和,这一系列的正弦函数项的频率是按整数倍出现的。在电路分析中,常数项称为 $f(t)$ 的直流分量(或恒定分量);角频率为 ω_1 的正弦函数项称为 $f(t)$ 的基波或一次谐波,它的频率与 $f(t)$ 的频率相同;角频率为 $k\omega_1$ 的正弦函数项称为 $f(t)$ 的 k 次谐波,A_k 为 k 次谐波的幅值,θ_k 为 k 次谐波的初相角。二次及其以上的谐波统称高次谐波。

周期函数的傅立叶级数是一个收敛的无穷级数,其谐波的幅值随着谐波次数的增高而减小。在工程上,一般只需取若干个谐波之和近似地表示原来的周期函数。在电子工程、通信工程以及电气工程等领域中常见的周期函数一般都能满足狄里赫利条件,都能展开为傅立叶级数。如果周期函数 $f(t)$ 有某种对称性,其傅立叶级的展开式得以简化。

图 6-4-1 所示的非正弦周期函数 $f(t)$ 的波形对称于坐标原点,称为奇函数,其傅立叶级数中的系数 $a_0 = 0$、$a_k = 0$,因而有

$$f(t) = \sum_{k=1}^{\infty} b_k\sin(k\omega_1 t)$$

图 6-4-2 所示的非正弦周期函数 $f(t)$ 的波形对称于坐标系的纵轴,称为偶函数,其傅立叶级数中的系数 $b_k = 0$,因而有

$$f(t) = a_0 + \sum_{k=1}^{\infty} a_k\cos(k\omega_1 t)$$

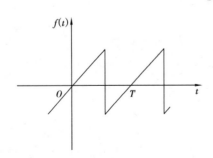

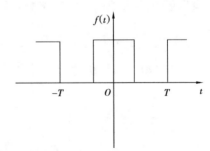

图 6-4-1　奇函数的波形举例　　　　　　图 6-4-2　偶函数的波形举例

6-5　线性电路在周期性激励下的稳态响应

如果线性电路中的激励是非正弦周期函数,为了获得电路在非正弦周期性激励下的稳态响应,可首先将周期(激励)函数分解为傅立叶级数,然后应用叠加定理,分别计算电路在激励的各个分量作用下的稳态响应分量,再将各个稳态响应分量叠加即得在非正弦周期性激励下的稳态响应。

　　例 6-5-1　图 6-5-1(a)所示电路,已知电路中的非正弦周期电压 u_S 的波形如图 6-5-1(b)所示,电路元件的参数分别为 $R = 50\ \Omega$,$L = 25\ \text{mH}$。试求在 u_S 作用下

的稳态响应电流 i。

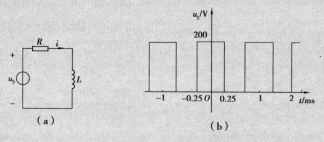

图 6-5-1　例 6-5-1 图

解　需先获得 u_S 的傅立叶级数。由图 6-5-1(b)所示的 u_S 的波形可知，u_S 的

周期 $T = 1$ ms，$\omega_1 = \dfrac{2\pi}{T} = \dfrac{2\pi}{1 \times 10^{-3}}$ rad/s $= 2\,000\pi$ rad/s。u_S 为偶函数，其傅立叶级

数展开式中的系数 $b_k = 0$，只需计算 a_0、a_k。

$$a_0 = \frac{1}{T} \int_{-\frac{T}{2}}^{\frac{T}{2}} f(t)\mathrm{d}t = \frac{1}{1 \times 10^{-3}} \int_{-0.5 \times 10^{-3}}^{0.5 \times 10^{-3}} 200\mathrm{d}t = 10^3 \int_{-0.25 \times 10^{-3}}^{0.25 \times 10^{-3}} 200\mathrm{d}t$$

$$= 10^3 \times 200t \,\Big|_{-0.25 \times 10^{-3}}^{0.25 \times 10^{-3}} = 100$$

$$a_k = \frac{2}{T} \int_{-\frac{T}{2}}^{\frac{T}{2}} f(t)\cos(k\omega_1 t)\mathrm{d}t = \frac{2}{1 \times 10^{-3}} \int_{-0.5 \times 10^{-3}}^{0.5 \times 10^{-3}} 200\cos(k \times 2\,000\pi t)\mathrm{d}t$$

$$= 2 \times 10^3 \int_{-0.25 \times 10^{-3}}^{0.25 \times 10^{-3}} 200\cos(2\,000\,k\pi t)\mathrm{d}t$$

$$= 2 \times 10^3 \times 200 \times \frac{1}{2\,000k\pi}\sin(2\,000k\pi t)\,\Bigg|_{-0.25 \times 10^{-3}}^{0.25 \times 10^{-3}}$$

$$= \frac{400}{k\pi}\sin(0.5k\pi)$$

故有 $a_1 = \dfrac{400}{\pi}, a_2 = 0, a_3 = -\dfrac{400}{3\pi}, a_4 = 0, a_5 = \dfrac{400}{5\pi}, a_6 = 0\cdots$

略去 5 次及其以上谐波的 u_S 的傅立叶级数展开式为

$$u_S = \left(100 + \frac{400}{\pi}\cos(\omega_1 t) - \frac{400}{3\pi}\cos(3\omega_1 t)\right)\text{V}$$

令　　　　　　$u_{S0} = 100$ V，$u_{S1} = \dfrac{400}{\pi}\cos(\omega_1 t)$ V，$u_{S3} = -\dfrac{400}{3\pi}\cos(\omega_1 t)$ V

则有　　　　　　$u_S = u_{S0} + u_{S1} + u_{S3}$

图 6-5-1(a)所示电路可改画如图 6-5-2(a)所示。对于该线性电路可应用叠加定
理求稳态响应 i。

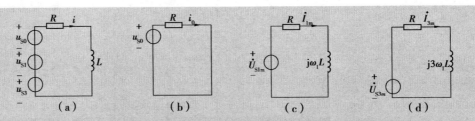

图6-5-2 应用叠加定理分析非正弦周期电流电路

令 $u_{S1}=0$、$u_{S3}=0$，u_{S0} 单独作用的电路如图 6-5-2(b)所示（电感元件代之以短路），解得响应电流的恒定分量

$$i_0 = \frac{u_{S0}}{R} = \frac{100}{50}\,\text{A} = 2\,\text{A}$$

令 $u_{S0}=0$、$u_{S3}=0$，u_{S1} 单独作用的正弦稳态电路的相量模型如图 6-5-2(c)所示，解得

$$\dot{I}_{1m} = \frac{\dot{U}_{S1m}}{R+j\omega_1 L} = \frac{\dfrac{400}{\pi}}{50+j2\,000\pi \times 25 \times 10^{-3}}\,\text{A} = 0.77\angle -72.3°\,\text{A}$$

响应电流的基波分量 $i_1 = 0.77\cos(\omega_1 t - 72.3°)\,\text{A}$

令 $u_{S0}=0$、$u_{S1}=0$，u_{S3} 单独作用的正弦稳态电路的相量模型如图 6-5-2(d)所示，解得

$$\dot{I}_{3m} = \frac{\dot{U}_{S3m}}{R+j3\omega_1 L} = \frac{\dfrac{400}{3\pi}\angle 180°}{50+j3 \times 2\,000\pi \times 25 \times 10^{-3}}\,\text{A} = 0.09\angle 96.1°\,\text{A}$$

响应电流的三次谐波分量 $i_3 = 0.09\cos(3\omega_1 t + 96.1°)\,\text{A}$

根据叠加定理可得

$$i = i_0 + i_1 + i_3 = \left[2 + 0.77\cos(\omega_1 t - 72.3°) + 0.09\cos(3\omega_1 t + 96.1°)\right]\,\text{A}$$

由上述的求解过程可以看出，计算线性电路对非正弦周期性激励的稳态响应可按下述步骤进行：

1. 将给定的非正弦周期性激励分解为傅立叶级数，高次谐波项的选取根据所需要的准确程度而定。

2. 根据叠加定理分别计算激励中恒定分量和各次谐波单独作用时电路中的响应分量。激励中的恒定分量单独作用时，电感元件相当于短路，电容元件相当于开路。激励中的各次谐波单独作用时，用相量法求解其正弦稳态响应，电路中的电抗元件对各次谐波呈现出不同的阻抗。

3. 应用叠加定理，将上一步求得的响应中的恒定分量和各次谐波分量的时域函数式进行叠加得到非正弦周期激励的稳态响应。需要注意的是,不可以将不同角频率的各次谐波的相量直接相加,这样做是没有意义的。

线性电路在非正弦周期性激励下的稳态响应电压、响应电流一般也是非正弦周期函数,这类电路常被称为非正弦周期电流电路。将周期函数分解为傅立叶级数,再应用叠加定理分析非正弦周期电流电路的方法称为频域分析法或谐波分析法。

6-6 非正弦周期电流(电压)的有效值、非正弦周期电流电路的平均功率

6-6-1 周期电流(电压)的有效值

在第 3-1 节中已经定义了周期电流 i 的有效值为

$$I = \sqrt{\frac{1}{T}\int_0^T i^2 \mathrm{d}t} \tag{6-6-1}$$

设非正弦周期电流 i 已分解为傅立叶级数

$$i = I_0 + \sum_{k=1}^{\infty} I_{km}\sin(k\omega_1 t + \theta_k)$$

将上式代入式(6-6-1)得

$$I = \sqrt{\frac{1}{T}\int_0^T \left[I_0 + \sum_{k=1}^{\infty} I_{km}\sin(k\omega_1 t + \theta_k) \right]^2 \mathrm{d}t}$$

上式积分号内的被积函数有 4 种类型,其积分的结果如下:

$$\frac{1}{T}\int_0^T I_0^2 \mathrm{d}t = I_0^2$$

$$\frac{1}{T}\int_0^T I_{km}^2\sin^2(k\omega_1 t + \theta_k)\mathrm{d}t = \frac{I_{km}^2}{2}$$

$$\frac{1}{T}\int_0^T 2I_0 I_{km}\sin(k\omega_1 t + \theta_k)\mathrm{d}t = 0$$

$$\frac{1}{T}\int_0^T 2I_{pm}I_{qm}\sin(p\omega_1 t + \theta_p)\sin(q\omega_1 t + \theta_q)\mathrm{d}t = 0 \quad (p \neq q)$$

设 $I_k = \dfrac{I_{km}}{\sqrt{2}}$ 为第 k 次谐波电流的有效值,则周期电流 i 的有效值为

$$I = \sqrt{I_0^2 + I_1^2 + I_2^2 + I_3^2 + \cdots} = \sqrt{I_0^2 + \sum_{k=1}^{\infty} I_k^2} \tag{6-6-2}$$

设非正弦周期电压 u 已分解为傅立叶级数

$$u = U_0 + \sum_{k=1}^{\infty} U_{km}\sin(k\omega_1 t + \theta_k)$$

令 $U_k = \dfrac{U_{km}}{\sqrt{2}}$ 为第 k 次谐波电压的有效值,同理可得周期电压 u 的有效值为

$$U = \sqrt{U_0^2 + \sum_{k=1}^{\infty} U_k^2} \qquad (6\text{-}6\text{-}3)$$

6-6-2　非正弦周期电流电路的平均功率

设图 6-6-1 所示线性二端网络 N 是非正弦周期电流电路,其端电压 u 与电流 i 为关联参考方向。设 u、i 分别为

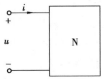

$$u = U_0 + \sum_{k=1}^{\infty} U_{km} \sin(k\omega_1 t + \theta_{ku})$$

$$i = I_0 + \sum_{k=1}^{\infty} I_{km} \sin(k\omega_1 t + \theta_{ki})$$

图 6-6-1　非正弦周期电流电路中的二端网络

二端网络 N 吸收的平均功率为

$$P = \frac{1}{T} \int_0^T ui\,\mathrm{d}t$$

$$= \frac{1}{T} \int_0^T \left[U_0 + \sum_{k=1}^{\infty} U_{km} \sin(k\omega_1 t + \theta_{ku}) \right] \times \left[I_0 + \sum_{k=1}^{\infty} I_{km} \sin(k\omega_1 t + \theta_{ki}) \right] \mathrm{d}t$$

上式中,积分号内电压与电流的乘积展开后,几种被积函数有 4 种类型,其积分的结果如下:

$$\frac{1}{T} \int_0^T U_0 I_0\,\mathrm{d}t = U_0 I_0$$

$$\frac{1}{T} \int_0^T \left[U_{km} I_{km} \sin(k\omega_1 t + \theta_{ku}) \sin(k\omega_1 t + \theta_{ki}) \right] \mathrm{d}t = \frac{1}{2} U_{km} I_{km} \cos(\theta_{ku} - \theta_{ki}) = U_k I_k \cos\varphi_k$$

上式中,U_k 为第 k 次谐波电压的有效值,I_k 为第 k 次谐波电流的有效值,$\varphi_k = \theta_{ku} - \theta_{ki}$ 为第 k 次谐波电压超前第 k 次谐波电流的相角。

$$\frac{1}{T} \int_0^T I_0 U_{km} \sin(k\omega_1 t + \theta_{ku})\,\mathrm{d}t = 0$$

$$\frac{1}{T} \int_0^T U_0 I_{km} \sin(k\omega_1 t + \theta_{ki})\,\mathrm{d}t = 0$$

$$\frac{1}{T} \int_0^T U_{pm} I_{qm} \sin(p\omega_1 t + \theta_{pu}) \sin(q\omega_1 t + \theta_{qi})\,\mathrm{d}t = 0 \quad (p \neq q)$$

二端网络 N 吸收的平均功率为

$$P = U_0 I_0 + \sum_{k=1}^{\infty} U_k I_k \cos\varphi_k$$

上式表明:在非正弦周期电流电路中,平均功率等于恒定分量构成的功率和各次谐波构成的平均功率之和。只有同频率的电压、电流才能构成平均功率。

例6-6-1 在图6-6-2(a)所示电路中,$R = 10\ \Omega, \omega_1 L_1 = 30\ \Omega, \omega_1 L_2 = 10\ \Omega,$ $\dfrac{1}{\omega_1 C} = 90\ \Omega, u_S = [10 + 50\sqrt{2}\sin(\omega_1 t) + 30\sqrt{2}\sin(3\omega_1 t)]$ V,试求 i_1、i_2、u_2 和电压源 u_S 输出的平均功率。

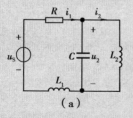 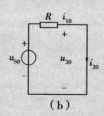 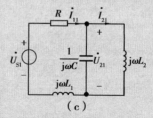

图6-2-2 例6-6-1图

解 本例中待求的响应 i_1、i_2、u_2 为非正弦周期电压 u_S 激励下的稳态响应。图6-6-2(a)为线性电路,可应用叠加定理求解。

1. u_S 中的直流分量 $u_{S0} = 10$ V 单独作用时,电容元件相当于开路,两电感元件相当于短路,得图6-6-2(b)所示电路。

$$i_{10} = i_{20} = \frac{u_{S0}}{R} = \frac{10}{10}\text{A} = 1\ \text{A}$$

$$u_{20} = 0$$

2. u_S 中的基波分量 $u_{S1} = 50\sqrt{2}\sin(\omega_1 t)$ V 单独作用时的正弦电流电路的相量模型如图6-6-2(c)所示。L_2、C 并联支路的等效阻抗为

$$Z_{21} = \frac{\mathrm{j}\omega_1 L_2 \times \dfrac{1}{\mathrm{j}\omega_1 C}}{\mathrm{j}\omega_1 L_2 + \dfrac{1}{\mathrm{j}\omega_1 C}} = \frac{\mathrm{j}10 \times (-\mathrm{j}90)}{\mathrm{j}10 - \mathrm{j}90}\ \Omega = \mathrm{j}11.25\ \Omega$$

$\dot{U}_{S1}$ 右侧电路的等效阻抗为

$$Z_{11} = R + Z_{21} + \mathrm{j}\omega_1 L_1 = (10 + \mathrm{j}11.25 + \mathrm{j}30)\ \Omega = (10 + \mathrm{j}41.25)\ \Omega$$
$$= 42.44\angle 76.37°\ \Omega$$

可解得

$$\dot{I}_{11} = \frac{\dot{U}_{S1}}{Z_{11}} = \frac{50}{42.44\angle -76.37°}\ \text{A} = 1.178\angle -76.37°\ \text{A}$$

$$\dot{U}_{21} = Z_{21}\dot{I}_{11} = (\mathrm{j}11.25 \times 1.178\angle -76.37°)\ \text{V} = 13.25\angle 13.63°\ \text{V}$$

$$\dot{I}_{21} = \frac{\dot{U}_{21}}{\mathrm{j}\omega_1 L_2} = \frac{13.25\angle 13.63°}{\mathrm{j}10}\ \text{A} = 1.325\angle -76.37°\ \text{A}$$

故有

$$i_{11} = 1.178\sqrt{2}\,\sin(\omega_1 t - 76.37°)\,\mathrm{A}$$

$$i_{21} = 1.325\sqrt{2}\,\sin(\omega_1 t - 76.37°)\,\mathrm{A}$$

$$u_{21} = 13.25\sqrt{2}\,\sin(\omega_1 t + 13.63°)\,\mathrm{V}$$

3. u_S 中的三次谐波 $u_{S3} = 30\sqrt{2}\,\sin(3\omega_1 t)\,\mathrm{V}$ 单独作用时, L_2、C 并联支路的等效导纳为

$$Y_{23} = \mathrm{j}3\omega_1 C + \frac{1}{\mathrm{j}3\omega_1 L} = \left(\mathrm{j}\frac{1}{30} - \mathrm{j}\frac{1}{30}\right)\mathrm{S} = 0$$

这表明 L_2、C 发生并联谐振 $(Y_{23} = 0)$,对其左侧电路而言相当于开路,故有

$$\dot{I}_{13} = 0, \dot{U}_{23} = \dot{U}_{S3} = 30\angle 0°\,\mathrm{V}$$

因为 L_2 和 C 上的电压为 $\dot{U}_{23} = \dot{U}_{S3} = 30\angle 0°\,\mathrm{V}$,所以

$$\dot{I}_{23} = \frac{\dot{U}_{23}}{\mathrm{j}3\omega_1 L_2} = \frac{30\angle 0°}{\mathrm{j}30}\,\mathrm{A} = 1\angle -90°\,\mathrm{A}$$

故有

$$i_{13} = 0$$

$$u_{23} = 30\sqrt{2}\,\sin(3\omega_1 t)\,\mathrm{V}$$

$$i_{23} = \sqrt{2}\,\sin(3\omega_1 t - 90°)\,\mathrm{A}$$

待求响应

$$i_1 = i_{10} + i_{11} + i_{13} = \left[1 + 1.178\sqrt{2}\,\sin(\omega_1 t - 76.37°)\right]\,\mathrm{A}$$

$$i_2 = i_{20} + i_{21} + i_{23} = \left[1 + 1.325\sqrt{2}\,\sin(\omega_1 t - 76.37°) + \sqrt{2}\,\sin(3\omega_1 t - 90°)\right]\,\mathrm{A}$$

$$u_2 = u_{20} + u_{21} + u_{23} = \left[13.25\sqrt{2}\,\sin(\omega_1 t + 13.63°) + 30\sqrt{2}\,\sin(3\omega_1 t)\right]\,\mathrm{V}$$

电压源输出的平均功率为

$$P = u_{S0}i_{10} + U_{S1}I_{11}\cos\varphi_1 = \left[10 \times 1 + 50 \times 1.178\cos 76.37°\right]\,\mathrm{W} = 23.88\,\mathrm{W}$$

电压源输出的平均功率亦为电阻元件吸收的功率。由 i_1 可得

$$I_1 = \sqrt{1^2 + 1.178^2}\,\mathrm{A}$$

故电阻元件吸收的平均功率为

$$P = RI_1^2 = 10 \times \left[1^2 + 1.178^2\right]\,\mathrm{W} = 23.88\,\mathrm{W}$$

与前面的计算结果一致。

习 题

6-1 在题 6-1 图所示电路中,$\dot{U}_S$ 为激励,$\dot{U}_0$ 为输出。试求:(1)转移电压比 $H(j\omega) = \dot{U}_0/\dot{U}_S$;(2)$H(j\omega)$ 的截止频率 ω_c;(3)$\omega = 0.1\omega_c$ 和 $\omega = 10\omega_c$ 时 $|H(j\omega)|$ 的值。

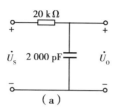 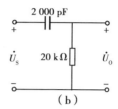

题 6-1 图

6-2 题 6-2 图所示电路为带负载 R_L 的滤波电路,试求转移电压比 $H(j\omega) = \dfrac{\dot{U}_0}{\dot{U}_S}$。

6-3 在题 6-3 图所示的高通滤波电路中,$\dot{U}_0$ 为输出。试求:(1)网络函数 $H(j\omega) = \dfrac{\dot{U}_0}{\dot{U}_S}$;(2)选 $L = 100$ mH,欲使(1)的网络函数 $H(j\omega)$ 的截止频率为 10 Hz,则电阻 R 应为何值?

6-4 题 6-4 图所示电路,试求(1)网络函数 $H(j\omega) = \dfrac{\dot{U}_0}{\dot{U}_S}$,说明该网络函数具有低通特性还是高通特性?(2)证明若 A 为无限大,那么 $H(j\omega)$ 的表达式为 $H(j\omega) = -\dfrac{R_2}{R_1}\dfrac{1}{1 + j\omega R_2 C}$。

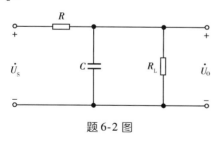 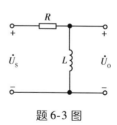

题 6-2 图   题 6-3 图

6-5 在题 6-5 图所示电路中,$\dot{U}_S = 0.5$ V。试求:(1)电路的谐振角频率;(2)谐振时电路中的电流 I 及元件电压 U_R、U_L、U_C;(3)电路的特性阻抗和品质因素;(4)如果以 $\dot{U}_R$ 为输出,网络函数 $H(j\omega) = \dfrac{\dot{U}_R}{\dot{U}_S}$ 的截止频率和通频带为多少?

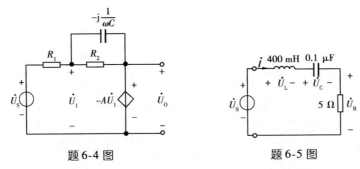

题 6-4 图 　　　　　　　　　　 题 6-5 图

6-6　题 6-6 所示电路,试求:(1)在何频率时,电路相当于短路;(2)在何频率时,电路相当于开路。

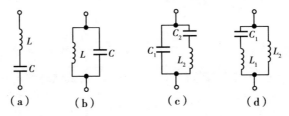

（a）　　　（b）　　　（c）　　　（d）

题 6-6 图

6-7　在题 6-7 图所示电路中,已知 $u = (12 + 12 \sin 10^6 t)$ V,$R = 5$ Ω、$L = 200$ μH、$C = 5\,560$ pF,试求 i 和 u_C。

6-8　在题 6-8 图所示电路中,已知 $u = [2 + 200 \sin \omega t + 68.5 \sin(2\omega t + 30°)]$ V、$R = 100$ Ω、$\omega L = \dfrac{1}{\omega C} = 200$ Ω,试求 u_R 和 u_L。

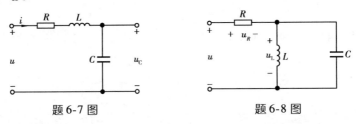

题 6-7 图 　　　　　　　　　　 题 6-8 图

6-9　在题 6-9 图所示电路中,已知 $u = [10 + 220\sqrt{2} \sin 314t + 20\sqrt{2} \sin(2 \times 314t) + 5\sqrt{2} \sin(3 \times 314t)]$ V,试求电流 i、i 的有效值以及电路所消耗的平均功率。

6-10　题 6-10 图所示电路,已知 $u = [220\sqrt{2} \sin 314t + 10\sqrt{2} \sin(3 \times 314t)]$ V,试求电流 i、i 的有效值以及电路吸收的平均功率。

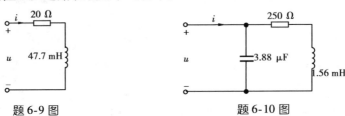

题 6-9 图 　　　　　　　　　　 题 6-10 图

第七章 线性动态电路的时域分析

本章介绍线性动态电路的时域分析方法,介绍电路方程的建立,电路方程初始条件的确定,讨论一阶电路的零输入响应、零状态响应和全响应,二阶电路的零输入响应、零状态响应和全响应。本章所应用的数学工具是常系数线性微分方程的相关知识。

7-1 动态电路的过渡过程

如果将电路中的电压源的电压或电流源的电流称为输入,将待求的响应电压或响应电流称为输出,可以建立一种描述电路的输出变量与输入变量之间的关系的电路方程,称为输入—输出方程。含有动态元件的电路的方程是以电压或电流为变量的微分方程,用微分方程描述的电路称为动态电路。当电路中的电阻元件、电容元件、电感元件都是线性非时变元件时,输入—输出方程将是常系数线性微分方程。

以图 7-1-1(a)和(c)两个电路为例,图 7-1-1(a)是电阻电路,$t=0$ 时,开关 S 闭合接通电路;$t \geq 0$ 以后,以电压 u 为输出变量的电路方程为

$$10 \times \frac{u}{50} + u = 6$$

解得 $u=5$ V。$t \geq 0$ 时,u 随时间变化的曲线如图 7-1-1(b)所示。

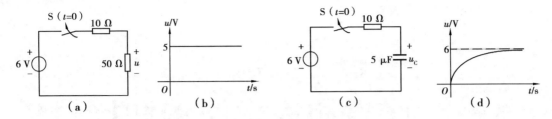

图7-1-1　电阻电路与动态电路

图7-1-1(c)是含有动态元件的电路,$t=0$时开关S闭合接通电路,电压源的电压为输入。设开关闭合前电容未充电即$u_C(0)=0,t\geq0$时,以电容电压u_C为输出变量的输入—输出方程为

$$10\times5\times10^{-6}\frac{du_C}{dt}+u_C=6 \qquad (7\text{-}1\text{-}1)$$

方程的初始条件为$u_C(0)=0$。根据微分方程的知识可知,求解该方程需先求得令方程右端为零所得到的齐次方程

$$10\times5\times10^{-6}\frac{du_C}{dt}+u_C=0 \qquad (7\text{-}1\text{-}2)$$

的通解。式(7-1-2)的特征方程为

$$50\times10^{-6}p+1=0$$

特征根为

$$p=-20\,000\ \text{s}^{-1}$$

式(7-1-2)所示的齐次方程的通解u_C'为

$$u_C'=Ae^{-20\,000t}$$

A为待定的积分常数。

根据式(7-1-1)所示的方程右端项的函数形式,设式(7-1-1)所示的原方程的任一特解u_C''为常数B,将$u_C''=B$代入方程式(7-1-1),解得任一特解

$$u_C''=6\ \text{V}$$

方程式(7-1-1)的解u_C为

$$u_C=u_C'+u_C''=Ae^{-20\,000t}+6$$

根据初始条件$u_C(0)=0$可确定积分常数A。由$0=A+6$得

$$A=-6$$

式(7-1-1)所示的电路方程的解为

$$u_C=(-6e^{-20\,000t}+6)\text{V}\quad(t\geq0)$$

u_C随时间变化的曲线如图7-1-1(d)所示。

图 7-1-1(b)所示的电阻电路的响应曲线表明:开关闭合前的响应电压 u 为零,开关闭合后,电压 u 立即跳变为 5 V,并达到新的稳定状态 $u=5$ V。图 7-1-1(d)所示的动态电路的响应曲线表明:在开关闭合前响应电压 u_C 为零,开关闭合后 u_C 的值逐渐上升,要经过一个逐渐变化的过程(过渡过程或称暂态过程)才能达到新的稳定状态(6 V)。

电源的接入或断开,电路结构或元件参数的突然改变等引起电路的变化在电路理论中统称为"换路"。分析动态电路在换路以后电路中出现的过渡过程在工程实际中有重要的意义。对动态电路的分析往往以换路为计时起点,即令 $t=0$ 时发生换路。换路前的一瞬时记为 $t=0_-$,换路后的一瞬时记为 $t=0_+$,并认为换路在 0_- 至 0_+ 瞬间完成。在时间的计量上,0_- 和 0_+ 的值均为 0,使用 0_-、0_+ 的记号是为了数学上的描述。

本章所采用的数学工具是常系数线性微分方程的相关知识,分析的电路是换路以后即 $t\geq 0_+$ 时的电路,电路方程亦是 $t\geq 0_+$ 时电路的输入—输出方程。根据微分方程的知识可知,如果方程是 n 阶微分方程,那么电路方程的初始条件应当是所求解的输出变量及其 $(n-1)$ 阶导数在 $t=0_+$ 时的值。

7-2　单位阶跃函数和单位冲激函数

在动态电路的分析中,对某些电路的分析需要引入单位阶跃函数和单位冲激函数来描述电路中的激励和响应。

7-2-1　单位阶跃函数

单位阶跃函数定义为

$$\varepsilon(t)=\begin{cases}0 & (t\leq 0_-)\\ 1 & (t\geq 0_+)\end{cases} \tag{7-2-1}$$

函数的图形如图 7-2-1 所示。上式中,$t=0_-$、$t=0_+$ 分别是 t 由负值、正值趋于零的极限。按定义有 $\varepsilon(0_-)=0$,$\varepsilon(0_+)=1$,在 $t=0$ 处函数值未定义,函数在 $t=0$ 处是不连续的。

移位的单位阶跃函数定义为

$$\varepsilon(t-t_0)=\begin{cases}0 & (t\leq t_{0_-})\\ 1 & (t\geq t_{0_+})\end{cases} \tag{7-2-2}$$

函数的图形如图 7-2-2 所示。按上式的定义有 $\varepsilon(t_{0_-})=0$,$\varepsilon(t_{0_+})=1$,即在 $t=t_0$ 时函数值由 0 跃变为 1,函数在 $t=t_0$ 处是不连续的。

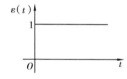

图 7-2-1　单位阶跃函数

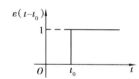

图 7-2-2　移位的单位阶跃函数

常数 A 乘以单位阶跃函数可构成幅值为 A 的阶跃函数,其函数图形如图 7-2-3 所示。

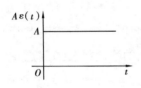

应用单位阶跃函数可以描述电路中因开关动作导致的某些电压、电流发生的跃变。以图 7-2-4(a)所示电路为例。开关 S_1 在 $t=0$ 时闭合,开关 S_2 在 $t=1$ s 时断开,电阻元件的电压 u 的图形如图 7-2-4(b)所示。应用单位阶跃函数表示电压 u 得

图 7-2-3 强度为 A 的阶跃函数

$$u = [6\varepsilon(t) - 6\varepsilon(t-1)] \text{V} \qquad (7-2-3)$$

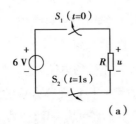 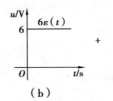

（a）　　　　　　　　　　（b）

图 7-2-4 矩形脉冲函数的表示

单位阶跃函数还可以用来"起始"任意一个函数 $f(t)$。设 $f(t)$ 的图形如图 7-2-5(a)所示,则

$$f(t)\varepsilon(t-t_0) = \begin{cases} f(t) & (t>t_0) \\ 0 & (t<t_0) \end{cases} \qquad (7-2-4)$$

只存在于 $t>t_0$ 的区间,图形如图 7-2-5(b)所示。

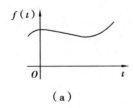 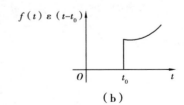

（a）　　　　　　　　　　（b）

图 7-2-5 单位阶跃函数的应用

7-2-2　单位冲激函数

单位冲激函数定义为

$$\delta(t) = 0 \qquad (t \neq 0)$$

$$\int_{-\infty}^{\infty} \delta(t)\,\mathrm{d}t = 1 \qquad (7-2-5)$$

函数的图形如图 7-2-6 所示。定义表明:单位冲激函数只存在于 $t=0$ 瞬时,在 $t \neq 0$ 处均为零。图形旁标明的

图 7-2-6 单位冲激函数的图形

数值 1 表示图形与 t 轴所限定的面积等于 1。该图形可设想为在 $t=0$ 处宽度趋于零而幅度趋于无限大的具有单位面积的脉冲。

单位冲激函数可以描述作用时间极短,数值极大的一类函数。例如力学中的瞬间作用的冲击,冲击力极大,作用时间极短,而冲量等于冲击力在作用时间内的积分。再如电磁学中的瞬时放电,放电电流极大,放电时间极短,其电荷量等放电电流在放电时间内的积分。

　　式(7-2-5)中的积分式可表示为

$$\int_{-\infty}^{\infty} \delta(t)\,dt = \int_{0_-}^{0_+} \delta(t)\,dt = 1 \tag{7-2-6}$$

移位的单位冲激函数定义为

$$\delta(t - t_0) = 0 \qquad (t \neq t_0) \tag{7-2-7}$$

$$\int_{-\infty}^{\infty} \delta(t - t_0)\,dt = 1$$

函数的图形如图 7-2-7 所示。式(7-2-7)中的积分式可表示为

$$\int_{-\infty}^{\infty} \delta(t - t_0)\,dt = \int_{t_0-}^{0_+} \delta(t - t_0)\,dt = 1 \tag{7-2-8}$$

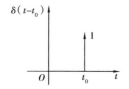

图 7-2-7　移位的单位冲激函数

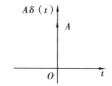

图 7-2-8　强度为 A 的冲激函数

　　常数 A 乘以单位冲激函数即构成面积为 A 的冲激函数 $A\delta(t)$,A 称为冲激函数的强度。冲激函数 $A\delta(t)$ 用图 7-2-8 表示。

7-2-3　单位阶跃函数与单位冲激函数

单位阶跃函数与单位冲激函数之间有如下的关系

$$\delta(t) = \frac{d\varepsilon(t)}{dt} \tag{7-2-9}$$

$$\varepsilon(t) = \int_{-\infty}^{t} \delta(\xi)\,d\xi \tag{7-2-10}$$

根据单位冲激函数的定义式(7-2-5)应有

$$\int_{-\infty}^{t} \delta(\xi)\,d\xi = \begin{cases} 0 & (t < 0) \\ 1 & (t > 0) \end{cases}$$

上式右端与单位阶跃函数的定义一致,因此有 $\int_{-\infty}^{t} \delta(\xi)\,d\xi = \varepsilon(t)$,将式(7-2-10)对 t 求导即有

$$\frac{\mathrm{d}\varepsilon(t)}{\mathrm{d}t} = \delta(t)$$

例7-2-1 图7-2-9(a)所示电路表示一个未充电的电容元件在 $t=0$ 时通过开关 S 接入一个 5 V 的电压源，求电容电压 u_C 和电容电流 i_C。

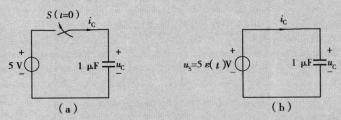

图 7-2-9 例 7-2-1 图

解 图7-2-9(a)所示电路可表示如图7-2-9(b)所示电路。$u_S = 5\varepsilon(t)$ V 表示开关闭合瞬时电压源 5 V 的电压作用于电路。根据 KVL 得

$$u_C = 5\varepsilon(t)$$

电容电压是一个阶跃函数，也就是说，在换路瞬间电容电压从 0 跃变为 5 V，是不连续的。根据电容元件的电压、电流关系有

$$i_C = C\frac{\mathrm{d}u_C}{\mathrm{d}t} = 1 \times 10^{-6}\frac{\mathrm{d}}{\mathrm{d}t}[5\varepsilon(t)]\text{ A} = 5 \times 10^{-6}\delta(t)\text{ A}$$

即电容电流是仅在开关闭合瞬间存在 $[i_C(0)]$ 的强度为 5×10^{-6} C 的冲激电流。该冲激电流的强度正是在冲激电流作用下由电压源转移到电容上的电荷量 q。

$$q = \int_{0_-}^{0_+} i_C\mathrm{d}t = \int_{0_-}^{0_+} 5 \times 10^{-6}\delta(t)\mathrm{d}t = 5 \times 10^{-6}\text{C}$$

开关 S 闭合前后电容元件储存的电荷的跃变量也可计算如下：开关 S 闭合前电容元件未充电，即 $u_C(0_-) = 0$；在冲激电流作用下，电容电压跃变，$u_C(0_+) = 5$ V。故电荷的跃变量为

$$q = C[u_C(0_+) - u_C(0_-)] = 1 \times 10^{-6} \times [5 - 0]\text{C} = 5 \times 10^{-6}\text{C}$$

例7-2-2 图7-2-10(a)表示一个已充电且电压为 5 V 的电容元件在 $t=0$ 时通过开关 S 闭合使电容元件两极板被短接放电的电路，求电容的放电电流 i_C。

解 $t>0$ 时电容元件的两极板已被短接，其电路如图7-2-10(b)所示，根据 KVL，电容电压在 $t=0_+$ 瞬时等于零，应有 $u_C(0_+) = 0$。电容电压 u_C 是如图7-2-10(c)所示的阶跃函数 $u_C = [5 - 5\varepsilon(t)]$ V。在换路瞬间电容电压是不连续的。

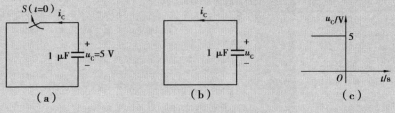

图 7-2-10 例 7-2-2 图

根据电容元件的电压、电流关系有

$$i_C = -C\frac{du_C}{dt} = -1 \times 10^{-6}\frac{d}{dt}[5 - 5\varepsilon(t)]A = 5 \times 10^{-6}\delta(t)A$$

电容电流是仅在开关闭合瞬间存在[$i_C(0)$]的强度为 5×10^{-6} C 的冲激电流。

在上述两个例题中,电容元件的充、放电过程都是在瞬间(0_- 到 0_+)完成的,充电、放电的电流都是冲激电流。该冲激电流在 0_- 到 0_+ 瞬间存在的,幅度为无限大,强度是有限值,其冲激强度等于在 0_- 到 0_+ 瞬间电容电荷的跃变量。应用单位阶跃函数与单位冲激函数之间的关系和电容元件的 u—i 特性可以计算这种冲激电流。

例 7-2-3 图 7-2-11(a)所示电路,开关 S 在 $t = 0$ 时断开,求电感电流 i_L 和电感电压 u_L。

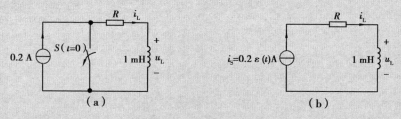

图 7-2-11 例 7-2-3 图

解 在开关 S 断开前,电流源的电流流过开关 S,电感电流 $i_L(0_-) = 0$。开关 S 断开以后,电流源接入电路,对 $t > 0$ 时的电路而言,电路中的电流源是一个幅值为 0.2 A 的阶跃电流源,即 $i_S = 0.2\varepsilon(t)A$(如图 7-2-11(b)所示)。根据 KCL 得

$$i_L = 0.2\varepsilon(t)\ A$$

电感电流是一个阶跃函数,也就是说,在换路瞬间电感电流是不连续的。根据电感元件的电压、电流关系有

$$u_L = L\frac{di_L}{dt} = 1 \times 10^{-3}\frac{d}{dt}[0.2\varepsilon(t)]V = 0.2 \times 10^{-3}\delta(t)V$$

电感电压 u_L 是强度为 0.2×10^{-3} Wb 的冲激函数。该冲激电压的强度等于 0_- 到 0_+ 瞬间电感元件磁通链 ψ 的跃变量,即

$$\psi = \int_{0_-}^{0_+} u_L dt = \int_{0_-}^{0_+} 0.2 \times 10^{-3}\delta(t)dt = 0.2 \times 10^{-3}\ Wb$$

因为 $i_L(0_-) = 0, i_L(0_+) = 0.2$ A,所以磁通链的跃变量也可计算如下

$$\psi = L[i_L(0_+) - i_L(0_-)] = 1 \times 10^{-3}[0.2 - 0]Wb = 0.2 \times 10^{-3}Wb$$

7-3 输入—输出方程的建立和方程初始条件的确定

7-3-1 电路输入—输出方程的建立

在分析动态电路时,首先要选定输出变量并建立输入—输出方程。在本章第一节已经说明,应用常系数线性微分方程的知识求解的电路方程是 $t \geq 0_+$ 时的电路的方程。为了便于阐述,以例7-3-1来说明建立电路的输入—输出方程的过程和确定方程初始条件的方法及步骤。

例7-3-1 图7-3-1所示电路,$t=0$ 时开关 S 闭合。已知 S 闭合前的电路已经处于稳定状态,电容元件是未充电的,试以电感电流 i_L 为输出变量建立 $t \geq 0_+$ 时的电路方程。

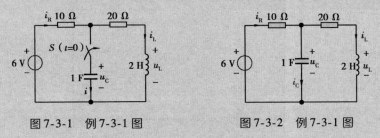

图7-3-1 例7-3-1图   图7-3-2 例7-3-1图

解 $t>0$ 时的电路如图7-3-2所示。根据 KCL 有

$$i_R = i_C + i_L = C\frac{\mathrm{d}u_C}{\mathrm{d}t} + i_L \tag{7-3-1}$$

根据 KVL,两个网孔的方程为

$$10i_R + u_C = 6 \tag{7-3-2}$$

$$20i_L + 2\frac{\mathrm{d}i_L}{\mathrm{d}t} - u_C = 0 \tag{7-3-3}$$

由式(7-3-3)可得

$$u_C = 2\frac{\mathrm{d}i_L}{\mathrm{d}t} + 20i_L \tag{7-3-4}$$

故有

$$\frac{\mathrm{d}u_C}{\mathrm{d}t} = 2\frac{\mathrm{d}^2 i_L}{\mathrm{d}t^2} + 20\frac{\mathrm{d}i_L}{\mathrm{d}t} \tag{7-3-5}$$

将式(7-3-5)代入式(7-3-1)以后,再将式(7-3-1)和式(7-3-4)代入式(7-3-2),经整理后可得以电感电流 i_L 为输出变量的输入—输出方程。

$$\frac{\mathrm{d}^2 i_L}{\mathrm{d}t^2} + 10.1\frac{\mathrm{d}i_L}{\mathrm{d}t} + 1.5i_L = 0.3$$

7-3-2 电路方程初始条件的确定

求解电路方程所需的初始条件是所求解的输出变量及其$(n-1)$阶导数在$t=0_+$时的值,即输出变量及其$(n-1)$阶导数的初始值。因为所求解的输出变量的初始值及其$(n-1)$阶导数的初始值与电容电压的初始值$u_C(0_+)$、电感电流的初始值$i_L(0_+)$以及$t=0_+$的激励有关,所以只有正确地确定换路后一瞬时的电容电压$u_C(0_+)$和电感电流$i_L(0_+)$才能正确地确定电路方程的初始条件,从而正确地分析换路后的电路。

在前一节中介绍了阶跃函数和冲激函数,还求解了在冲激电流作用下电容电压发生跃变和在冲激电压作用下电感电流发生跃变的例题。由此可见,在确定方程的初始条件时,必须根据电路换路的具体情况和换路发生以后的激励的类型分析换路瞬间电容电压、电感电流的变化规律,研究这两种变量在换路瞬间是否连续。

第一章中给出了电容元件和电感元件积分形式的u—i关系

$$u_C(t) = u_C(0) + \frac{1}{C}\int_0^t i_C(\xi)\,d\xi$$

$$i_L(t) = i_L(0) + \frac{1}{L}\int_0^t u_L(\xi)\,d\xi$$

在换路的瞬间(0_-到0_+),上式分别为

$$u_C(0_+) = u_C(0_-) + \frac{1}{C}\int_{0_-}^{0_+} i_C(\xi)\,d\xi \tag{7-3-6}$$

$$i_L(0_+) = i_L(0_-) + \frac{1}{L}\int_{0_-}^{0_+} u_L(\xi)\,d\xi \tag{7-3-7}$$

上两式中,$u_C(0_-)$、$i_L(0_-)$为换路前一瞬时的电容电压,电感电流;$u_C(0_+)$、$i_L(0_+)$为换路后一瞬时的电容电压、电感电流。

由式(7-3-6)可知,如果换路瞬间的电容电流$i_C(0)$为有限值[即$i_C(0)$不是冲激电流],则$\int_{0_-}^{0_+} i_C(\xi)\,d\xi = 0$,即有

$$u_C(0_+) = u_C(0_-) \tag{7-3-8}$$

也就是说,如果换路瞬间的电容电流$i_C(0)$为有限值[不是冲激电流],则换路前、后电容电压是连续的;如果换路瞬间的电容电流$i_C(0)$是冲激电流,则换路前、后电容电压是不连续的, $u_C(0_+) \neq u_C(0_-)$,$u_C(0_+)$需由式(7-3-6)计算而得。

由式(7-3-7)可知,如果换路瞬间的电感电压$u_L(0)$为有限值[即$u_L(0)$不是冲激电压],则$\int_{0_-}^{0_+} u_L(\xi)\,d\xi = 0$,即有

$$i_L(0_+) = i_L(0_-) \tag{7-3-9}$$

也就是说,如果换路瞬间的电感电压 $u_L(0)$ 为有限值[不是冲激电压],则换路前、后电感电流是连续的;如果换路瞬间的电感电压 $u_L(0)$ 是冲激电压,则换路前、后电感电流是不连续的,$i_L(0_+) \neq i_L(0_-)$,$i_L(0_+)$ 需由式(7-3-7)计算而得。

根据式(7-3-6)、式(7-3-7)可得电容电荷量、电感磁通链的计算式

$$q(0_+) = q(0_-) + \int_{0_-}^{0_+} i_C(\xi)\,\mathrm{d}\xi \qquad (7\text{-}3\text{-}10)$$

$$\psi(0_+) = \psi(0_-) + \int_{0_-}^{0_+} u_L(\xi)\,\mathrm{d}\xi \qquad (7\text{-}3\text{-}11)$$

如果换路瞬间的电容电流 $i_C(0)$ 为有限值、电感电压 $u_L(0)$ 为有限值,则有

$$q(0_+) = q(0_-) \qquad (7\text{-}3\text{-}12)$$

$$\psi(0_+) = \psi(0_-) \qquad (7\text{-}3\text{-}13)$$

也就是说,如果换路瞬间的电容电流 $i_C(0)$ 为有限值,则换路前、后电容电荷量是连续的;如果换路瞬间的电感电压 $u_L(0)$ 为有限值,则换路前、后电感磁通链是连续的。

根据各种元件的电压、电流在换路瞬间的不同的变化规律,可以将电路中的所有元件的电压和电流分为两类。

电容电压和电感电流为一类:换路后一瞬时的电容电压初始值 $u_C(0_+)$ 须根据式(7-3-6)由 $u_C(0_-)$ 和 $i_C(0)$ 来确定;换路后一瞬时的电感电流初始值 $i_L(0_+)$ 须根据式(7-3-7)由 $i_L(0_-)$ 和 $u_L(0)$ 来确定。

除去电容电压和电感电流以外的其他的电压和电流(包括电容电流、电感电压、电阻电压、电阻电流等)为另一类:这些电压和电流在换路后的初始值仅由换路后一瞬时($t = 0_+$)的电路决定。

在确定动态电路输入—输出方程的初始条件时,上述结论是非常有用的。

例 7-3-2　确定图 7-3-1 所示电路的方程的初始条件,并求电容电流的初始值 $i_C(0_+)$ 和电阻电流的初始值 $i_R(0_+)$。

解　1. 列出图 7-3-1 所示电路的方程为

$$\frac{\mathrm{d}^2 i_L}{\mathrm{d}t^2} + 10.1 \frac{\mathrm{d}i_L}{\mathrm{d}t} + 1.5 i_L = 0.3$$

方程的初始条件 $i_L(0_+)$ 和 $i_L'(0_+)$ 可按下述步骤计算:

(1) 确定 $u_C(0_-)$,$i_L(0_-)$。

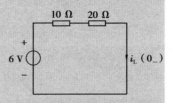

图 7-3-3 　$t = 0_-$ 等效电路

已知 S 闭合前电容元件未充电,故 $u_C(0_-) = 0$,电路已经处于稳定状态,电感元件相当于短路,作 $t = 0_-$ 时的等效电路如图 7-3-3 所示,解得

$$i_L(0_-) = \left(\frac{6}{10 + 20}\right)\mathrm{A} = 0.2\ \mathrm{A}$$

(2)由 $u_C(0_-)$、$i_L(0_-)$ 确定 $u_C(0_+)$、$i_L(0_+)$。

分析图 7-3-1 所示电路可知,在换路瞬间,不存在如图 7-2-9 所示的电容元件被直接接到电压源的两个端子而强迫电容电压跃变的情况,也不存在如图 7-2-11 所示的电感元件被直接接入电流源而强迫电感电流跃变的情况。因此,电容电压和电感电流在换路前、后均不会发生跃变,故有

$$u_C(0_+) = u_C(0_-) = 0$$

$$i_L(0_+) = i_L(0_-) = 0.2 \text{ A}$$

(3)确定 $i_L'(0_+)$。

由式(7-3-3)有

$$\frac{\mathrm{d}i_L}{\mathrm{d}t} = \frac{1}{2} u_C - 10 i_L$$

即得 $\qquad i_L'(0_+) = \frac{1}{2} u_C(0_+) - 10 i_L(0_+) = 0 - 10 \times 0.2 \text{ A/s} = -2 \text{ A/s}$

2.根据 $u_C(0_+)$、$i_L(0_+)$ 确定 $i_R(0_+)$ 和 $i_C(0_+)$。

在 $t = 0_+$ 瞬时, $u_C(0_+) = 0$、$i_L(0_+) = 0.2$ A。应用替代定理,将电容元件用电压为零的电压源替代(相当于短接线),将电感元件用电流为 0.2 A 的电流源替代,作 $t = 0_+$ 瞬时的等效电路如图 7-3-4 所示。解该电路可得

$$i_R(0_+) = \frac{6}{10} \text{ A} = 0.6 \text{ A}$$

$$i_C(0_+) = i_R(0_+) - 0.2 = (0.6 - 0.2) \text{ A} = 0.4 \text{ A}$$

还可解得 $\qquad u_L(0_+) = -20 \times 0.2 \text{ V} = -4 \text{ V}$

故也可根据 $\qquad u_L = L\dfrac{\mathrm{d}i_L}{\mathrm{d}t}, i_L' = \dfrac{u_L}{L}$ 来确定 $i_L'(0_+)$

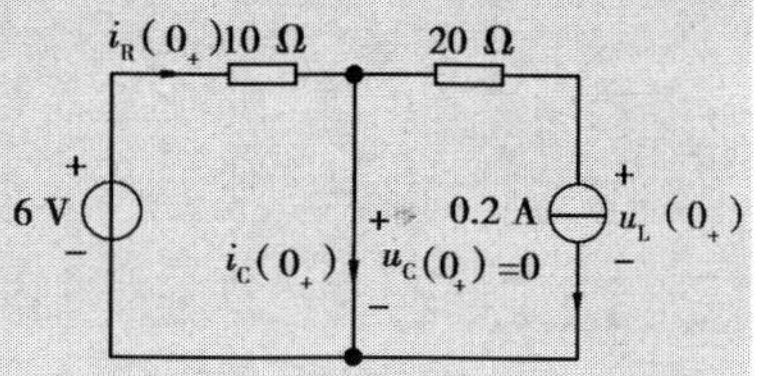

图 7-3-4　$t = 0_+$ 等效电路

$$i_L'(0_+) = \frac{1}{L} u_L(0_+) = \frac{1}{2} \times (-4) \text{ A/s} = -2 \text{ A/s}$$

通过上例可以将确定电路方程初始条件的步骤归纳如下:

1.确定换路前一瞬时的电容电压 $u_C(0_-)$ 和电感电流 $i_L(0_-)$。

对于换路前一瞬时($t = 0_-$)已经处于稳定状态的电路,电容电压和电感电流已为常量,电容电流和电感电压均为零。此时,电容元件可代之开路,电感元件可代之以短路,从而得到只含电阻元件、独立源及受控源的 $t = 0_-$ 时的等效电路。根据该等效电路可计算 $u_C(0_-)$ 和 $i_L(0_-)$。

2. 由 $u_C(0_-)$ 确定 $u_C(0_+)$，由 $i_L(0_-)$ 确定 $i_L(0_+)$。

由式(7-3-6)可知，欲确定 $u_C(0_+)$，尚须知道 $u_C(0_-)$ 和 $i_C(0)$，如果在换路瞬间电容电流 $i_C(0)$ 为有限值，则有 $u_C(0_+) = u_C(0_-)$。

由式(7-3-7)可知，欲确定 $i_L(0_+)$，尚须知道 $i_L(0_-)$ 和 $u_L(0)$，如果在换路瞬间电感电压 $u_L(0)$ 为有限值，则有 $i_L(0_+) = i_L(0_-)$。

也就是说，欲确定 $u_C(0_+)$、$i_L(0_+)$，应当根据电路换路的具体情况，分析换路瞬间电容电流、电感电压是否是有限值，确定换路瞬间电容电压、电感电流是否连续。如果电容电压、电感电流是连续的，则可应用式(7-3-8)、式(7-3-9)；如果电容电压、电感电流不连续，则需应用式(7-3-6)、式(7-3-7)计算而得。

3. 如果还需要计算除 $u_C(0_+)$ 和 $i_L(0_+)$ 之外的其他电路变量的初始值，可在 $t = 0_+$ 时刻应用替代定理，用电压等于 $u_C(0_+)$ 的电压源替代电容元件，用电流等于 $i_L(0_+)$ 的电流源替代电感元件，从而得到只含电阻元件、独立源及受控源的 $t = 0_+$ 时刻的等效电路。根据该等效电路计算所要求的变量的初始值。

4. 根据 $t \geq 0$ 时的电路方程求出输出变量的 $(n-1)$ 阶导数的初始值。

7-4 动态电路的响应的分类

在本章第一节中曾描述过电路的换路，并指出换路是在 0_- 至 0_+ 瞬间完成的，因此，在换路以后的电路中的响应将由换路开始以后($t > 0_-$)的激励和换路前一瞬时($t = 0_-$)电路已储存的能量共同产生。电容元件和电感元件是储能元件，$u_C(0_-)$ 和 $i_L(0_-)$ 分别决定了电容元件和电感元件在换路前一瞬时储存的能量，因此，动态电路换路以后的响应电压和响应电流与换路前一瞬时($t = 0_-$)的电容电压 $u_C(0_-)$ 和电感电流 $i_L(0_-)$ 有关。

为了便于准确地描述，将动态电路中的电容电压和电感电流在换路前一瞬时的值 $u_C(0_-)$、$i_L(0_-)$ 称为原始值。初始对应于 $t = 0_+$ 瞬时，"原始"对应于 $t = 0_-$ 瞬时。如果 $t = 0_-$ 时，电路中的电容电压 $u_C(0_-)$ 和电感电流 $i_L(0_-)$ 均为零，则称电路处于零状态。

根据激励与响应之间的因果关系，动态电路在换路以后的响应可以分为零输入响应、零状态响应和全响应。

电路在没有输入激励的情况下，仅由非零原始储能［即由 $u_C(0_-)$ 和 $i_L(0_-)$ 决定的电路中的储能］所引起的响应称为零输入响应。

电路在零状态下［即 $u_C(0_-) = 0$、$i_L(0_-) = 0$］，仅由输入激励引起的响应称为零状态响应。

一个非零状态的电路，在换路以后，由输入激励和非零原始储能共同产生的响应称为全响应。显然，对于线性动态电路而言，全响应等于零输入响应与零状态响应的叠加。

以图7-4-1（a）所示的动态电路为例，已知开关S闭合前电路已处于稳态，求 $t \geq 0_+$ 时的响应电压 u_C。对于由一个动态元件和若干个电阻元件（也可以含受控源）及独立源构成的一阶电路，一个可行的方法是选择电容电压或电感电流作为输出变量，将除去动态元件以外的电阻电路用戴维宁等效电路或诺顿等效电路替代以后，得到一个比原电路结构简单的电路再建立电路方程。将图7-4-1（a）所示电路中电容元件左侧的电路用戴维宁等效电路替代以后得图7-4-1（b）所示电路。以 u_C 为输出的输入—输出方程为

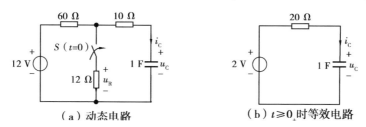

（a）动态电路　　　　　　（b）$t \geq 0_+$ 时等效电路

图7-4-1　动态电路的响应

$$20 \frac{\mathrm{d}u_C}{\mathrm{d}t} + u_C = 2 \tag{7-4-1}$$

换路前一瞬时的电容电压 $u_C(0_-) = 12$ V，显然，上述方程的初始条件为

$$u_C(0_+) = u_C(0_-) = 12 \text{ V} \tag{7-4-2}$$

式（7-4-1）所示的线性非齐次微分方程的解由两部分组成，即

$$u_C = u_{Ct} + u_{Cf} \tag{7-4-3}$$

其中 u_{Ct} 为令式（7-4-1）右端为零所得到的齐次方程

$$20 \frac{\mathrm{d}u_C}{\mathrm{d}t} + u_C = 0 \tag{7-4-4}$$

的通解。其形式应为

$$u_{Ct} = A\mathrm{e}^{pt} \tag{7-4-5}$$

式（7-4-5）中的 p 为由式（7-4-4）所示方程的特征方程

$$20p + 1 = 0 \tag{7-4-6}$$

的特征根

$$p = -\frac{1}{20} \tag{7-4-7}$$

式（7-4-5）中的待定常数 A 由方程的初始条件确定。

式（7-4-3）中的 u_{Cf} 为式（7-4-1）的一个特解。因为式（7-4-1）的右端为常数项，所以特解 u_{Cf} 亦应为常量。设 $u_{Cf} = B$（B 为常数）并将其代入式（7-4-1），得

$$u_{Cf} = B = 2 \tag{7-4-8}$$

按（7-4-3）得方程的解为

$$u_C = u_{Ct} + u_{Cf} = Ae^{-\frac{1}{20}t} + 2 \qquad (7\text{-}4\text{-}9)$$

应用式(7-4-2)的初始条件,由式(7-4-9)令 $t = 0_+$ 可得

$$A = u_C(0_+) - 2 = (12 - 2) \text{ V} = 10 \text{ V} \qquad (7\text{-}4\text{-}10)$$

故响应电压 u_C 为

$$u_C = (10e^{-\frac{1}{20}t} + 2) \text{ V} \quad (t \geq 0_+) \qquad (7\text{-}4\text{-}11)$$

此电路在换路以后的响应是由换路前电路的原始储能 $[u_C(0_-) = 12 \text{ V}]$ 和换路后的输入激励共同产生的,是全响应。

如果将式(7-4-11)所示的解重写为如下形式

$$\begin{aligned}
u_C &= u_{Ct} + u_{Cf} = Ae^{-\frac{1}{20}t} + 2 = (12 - 2)e^{-\frac{1}{20}t} + 2 \\
&= [12e^{-\frac{1}{20}t} + (2 - 2e^{-\frac{1}{20}t} +)] \text{V} \quad (t \geq 0_+) \\
&= u_{Czi} + u_{Czs} \qquad (7\text{-}4\text{-}12)
\end{aligned}$$

上式中

$$u_{Czi} = 12e^{-\frac{1}{20}t} \text{V} \qquad (7\text{-}4\text{-}13)$$

$$u_{Czs} = (2 - 2e^{-\frac{1}{20}t}) \text{V} \qquad (7\text{-}4\text{-}14)$$

对于图 7-4-1 所示电路,在 $t \geq 0_+$ 时,令电压源电压为零即得如图 7-4-2 所示的零输入的电路。其电路方程为

$$20\frac{du_{C1}}{dt} + u_{C1} = 0$$

初始条件为 $u_{C1}(0_-) = u_{C1}(0_+) = 12 \text{ V}$。可解得零输入响应电压 u_{C1}

$$u_{C1} = 12e^{-\frac{1}{20}t} \text{V} \quad (t \geq 0_+)$$

u_{C1} 即式(7-4-13)的 u_{Czi}。

令图 7-4-1 电路中电容电压 $u_C(0_-) = 0$ 即得如图 7-4-3 所示的零状态的电路,其电路方程为

$$20\frac{du_{C2}}{dt} + u_{C2} = 2$$

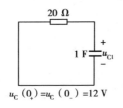

$$u_C(0_+) = u_C(0_-) = 12 \text{ V}$$

图 7-4-2 零输入响应

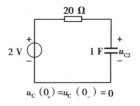

$$u_C(0_+) = u_C(0_-) = 0$$

图 7-4-3 零状态响应

根据初始条件 $u_{C2}(0_+) = u_{C2}(0_-) = 0$,可解得零状态响应电压 u_{C2}。

$$u_{C2} = (2 - 2e^{-\frac{1}{20}t})V \quad (t \geqslant 0_+)$$

u_{C2} 即式(7-4-14)的 u_{Czs}。

u_{Czi} 称为 u_C 的零输入响应分量,u_{Czs} 称为 u_C 的零状态响应分量。因为该电路是线性动态电路,全响应 u_C 等于零输入响应 u_{Czi} 与零状态响应 u_{Czs} 的叠加,即

$$u_C = u_{Czi} + u_{Czs}$$

7-5 一阶电路的零输入响应

只含有一个电容元件或一个电感元件,其余元件均为电阻元件、受控源的电路是没有输入(即零输入)的一阶电路。RC 电路、RL 电路是最简单的零输入的一阶电路。

7-5-1 RC 电路的零输入响应

在图 7-5-1 所示电路中,S 在 $t=0$ 时闭合,设开关 S 闭合前电容元件已被充电,S 闭合前一瞬时的电容电压 $u_C(0_-) = U_0$。S 闭合后电路中的响应是零输入响应。图 7-5-1 所示电路中的电容元件和电阻元件的电压、电流关系分别为

$$i = -C\frac{du_C}{dt}, \quad u_R = Ri$$

根据 KVL,$t \geqslant 0_+$ 时电路的方程为

$$RC\frac{du_C}{dt} + u_C = 0 \tag{7-5-1}$$

换路瞬间的电容电流为有限值 U_0/R,故初始条件为

$$u_C(0_+) = u_C(0_-) = U_0$$

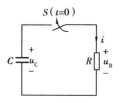

图 7-5-1 RC 电路的零输入响应

式(7-5-1)的特征方程为

$$RCp + 1 = 0$$

特征根为

$$p = -\frac{1}{RC}$$

方程的通解为

$$u_C = Ae^{pt} = Ae^{-\frac{t}{RC}}$$

由初始条件 $u_C(0_+) = U_0$ 可确定积分常数 $A = U_0$,故满足初始条件的零输入响应电容电压

$$u_C = U_0 e^{-\frac{t}{RC}} \quad (t \geqslant 0_+) \tag{7-5-2}$$

零输入响应电流

$$i = -C\frac{\mathrm{d}u_C}{\mathrm{d}t} = \frac{U_0}{R}\mathrm{e}^{-\frac{t}{RC}} \quad (t \geqslant 0_+) \tag{7-5-3}$$

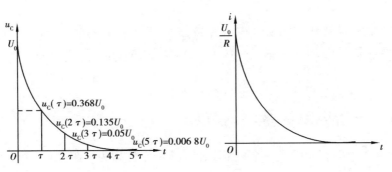

图 7-5-2　u_C 和 i 随时间衰减的曲线

u_C 和 i 随时间 t 变化的曲线如图 7-5-2 所示。u_C 和 i 的函数式及随时间 t 变化的曲线均表明，它们都是从各自的初始值（U_0 和 $\frac{U_0}{R}$）随时间按相同的指数规律衰减，$\mathrm{e}^{-\frac{t}{RC}}$ 是一个衰减因子，衰减的快慢取决于指数函数中 $\frac{1}{RC}$ 的大小，RC 具有时间的量纲。对于给定的 RC 电路，R 和 C 的乘积是一个常量，称为 RC 电路的时间常数并用 τ 表示，即

$$\tau = RC \tag{7-5-4}$$

当电容的单位为 F、电阻的单位为 Ω 时，时间常数的单位是 s。用时间常数 τ 表示的式（7-5-2）和式（7-5-3）所示的零输入响应为

$$u_C(t) = U_0\mathrm{e}^{-\frac{t}{\tau}} \quad (t \geqslant 0_+)$$

$$i_C(t) = \frac{U_0}{R}\mathrm{e}^{-\frac{t}{\tau}} \quad (t \geqslant 0_+)$$

一阶电路的时间常数是反映一阶电路过渡过程进展快慢的重要物理量。表 7-5-1 给出了初始电压为 U_0 的电容元件经过 $1\tau \sim 5\tau$ 时间后电容电压的值。从表中所示的结果可以看出，经过 $4\tau \sim 5\tau$ 时，电容电压已衰减至初值的 0.018 4 ~ 0.006 8，一般认为已可以忽略不计，视为过渡过程已告结束。

表 7-5-1　电容电压

t	0	τ	2τ	3τ	4τ	5τ
u_C	U_0	$0.368U_0$	$0.135\ U_0$	$0.05\ U_0$	$0.018\ 4\ U_0$	$0.006\ 8\ U_0$

假设某一阶电路的时间常数 $\tau = 0.1$ s，则零输入响应的过渡过程在 0.4 ~ 0.5 s 内结束。如果时间常数 $\tau = 1$ s，则过渡过程要经历 4 ~ 5 s 时间。由此可见，电路的时间常数决定了过渡过程持续的时间。图 7-5-3 的 u_1 与 u_2 两条曲线有不同的时间常数 τ_1 和 τ_2，

且 $\tau_1 > \tau_2$，这表明它们同样衰减至 $0.368U_0$，u_1 需要的时间(τ_1)比 u_2 需要的时间(τ_2)长。

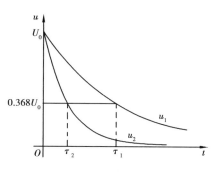

图 7-5-3　不同的时间常数

RC 电路的零输入响应是已充电的电容放电的过程。在电容电压初始值 U_0 一定的情况下，电容 C 和电阻 R 越大，即时间常数 τ 越大，过渡过程的时间也越长。从物理概念上可作如下解释：如果电阻一定，放电电流的初始值即为 U_0/R，电容 C 越大，电容中储存的电荷量越大，放电时间就越长；如果电容 C 一定，电容元件储存的电荷量为 CU_0，电阻 R 越大，放电电流的初始值 U_0/R 就越小，放电时间也就越长。

RC 电路的零输入响应是由换路前电容元件储存的电场能量来维持的。电容放电释放的电场能量被电阻吸收，在放电过程中电阻所吸收的能量为

$$
\begin{aligned}
W_\mathrm{R} &= \int_0^\infty Ri^2 \mathrm{d}t = \int_0^\infty R\left(\frac{U_0}{R}\mathrm{e}^{-\frac{t}{RC}}\right)^2 \mathrm{d}t \\
&= \frac{U_0^2}{R}\int_0^\infty \mathrm{e}^{-\frac{2t}{RC}}\mathrm{d}t = -\frac{1}{2}CU_0^2\left(\mathrm{e}^{-\frac{2t}{RC}}\right)\Big|_0^\infty \\
&= \frac{1}{2}CU_0^2
\end{aligned}
$$

等于电容元件在放电前储存的电场能量。

对于含有一个电容元件和若干个电阻元件以及受控源的一阶电路，可先求出除去电容元件以后的二端电阻网络的等效电阻，将原电路转换为含一个电阻(其值为上述等效电阻)和一个电容元件的电路，然后用前述方法求解零输入响应。

例 7-5-1　图 7-5-4(a)所示电路，$t=0$ 时开关 S 断开，已知开关断开前电路已工作了很长时间，求换路后的响应 u_C、i_C、i_R。

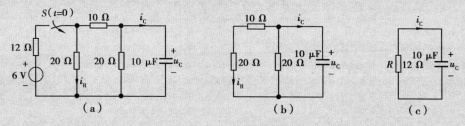

（a）　　　　　　　　　（b）　　　　　　　　　（c）

图 7-5-4　例 7-5-1 图

解　已知换路前电路已工作了很长时间，电路中的电压、电流已稳定不变，故电容元件相当于开路，可解得换路前一瞬时的电容电压。

$$u_C(0_-) = 6 \times \frac{\dfrac{20 \times (10+20)}{20+(10+20)}}{12 + \dfrac{20 \times (10+20)}{20+(10+20)}} \times \frac{20}{20+10} V = 2 \text{ V}$$

换路瞬间电容电流为有限值,故有

$$u_C(0_+) = u_C(0_-) = 2 \text{ V}$$

对于换路后的图7-5-4(b)所示的电路而言,电容元件左侧二端电阻电路的等效电阻

$$R = \frac{(10+20) \times 20}{(10+20)+20} \Omega = 12 \ \Omega$$

换路后对电容元件等效的电路如图7-5-4(c)所示。以电容电压 u_C 为求解量的电路方程为

$$12 \times 10 \times 10^{-6} \frac{du_C}{dt} + u_C = 0$$

即

$$12 \times 10^{-5} \frac{du_C}{dt} + u_C = 0$$

方程的解为

$$u_C = A e^{-\frac{1}{12} \times 10^5 t} = A e^{-\frac{25}{3} \times 10^3 t}$$

由初始条件为 $u_C(0_+) = 2$ V 解得

$$u_C = 2 e^{-\frac{25}{3} \times 10^3 t} V \quad (t \geq 0_+)$$

电容电流

$$i_C = C \frac{du_C}{dt} = 10 \times 10^{-6} \frac{d}{dt}(2 e^{-\frac{25}{3} \times 10^3 t})$$

$$= -\frac{1}{6} e^{-\frac{25}{3} \times 10^3 t} A \quad (t \geq 0_+)$$

求解电流 i_R 须回到图7-5-4(b)所示电路。根据KCL有

$$i_R + i_C + \frac{u_C}{20} = 0$$

解得

$$i_R = -i_C - \frac{u_C}{20} = \left[-\left(-\frac{1}{6} e^{-\frac{25}{3} \times 10^3 t} \right) - \frac{2 e^{-\frac{25}{3} \times 10^3 t}}{20} \right] A$$

$$= \frac{1}{15} e^{-\frac{25}{3} \times 10^3 t} A \quad (t \geq 0_+)$$

7-5-2 RL 电路的零输入响应

在图7-5-5所示电路中,开关 S 断开前电路中的电流和电压已稳定不变,S 断开前一

瞬时的电感电流 $i_L(0_-) = \dfrac{u_s}{R_s} = I_0$，$S$ 断开后其右侧的电路中的响应是零输入响应。根据

KVL，$t \geqslant 0_+$ 时的电路方程为

$$Ri_L + u_L = 0$$

由电感元件的电压、电流关系 $u_L = L\dfrac{di_L}{dt}$ 可得以电感

电流 i_L 为求解量的电路方程

$$L\frac{di_L}{dt} + Ri_L = 0 \qquad (7\text{-}5\text{-}5)$$

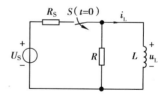

图 7-5-5　RL 电路的零输入响应

换路瞬间电感电压为有限值，故有 $i_L(0_+) = i_L(0_-) = I_0$。式(7-5-5)所示的方程的特征

方程为

$$Lp + R = 0$$

特征根为 $\qquad\qquad p = -\dfrac{R}{L}$

方程的通解为 $\qquad\qquad i_L = A\mathrm{e}^{-\frac{R}{L}t}$

由初始条件 $i_L(0_+) = I_0$ 可确定积分常数 $A = I_0$。故满足初始条件的零输入响应电感电流

$$i_L = I_0\mathrm{e}^{-\frac{R}{L}t} \qquad (t \geqslant 0_+)$$

零输入响应电感电压 $\qquad u_L = L\dfrac{di_L}{dt} = -RI_0\mathrm{e}^{-\frac{R}{L}t} \qquad (t \geqslant 0_+)$

令 $\qquad\qquad\qquad \tau = \dfrac{L}{R} \qquad\qquad\qquad\qquad\qquad (7\text{-}5\text{-}6)$

并称为 RL 电路的时间常数。上述两式可写为

$$i_L = I_0\mathrm{e}^{-\frac{t}{\tau}} \qquad (t \geqslant 0_+)$$

$$u_L = -RI_0\mathrm{e}^{-\frac{t}{\tau}} \qquad (t \geqslant 0_+)$$

i_L 和 u_L 随时间 t 变化的曲线如图 7-5-6 所示，它们是按相同的指数规律衰减的。

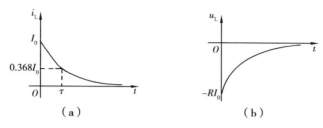

图 7-5-6　i_L、u_L 随时间变化的曲线

　　RL 电路的零输入响应是由换路前电感元件储存的磁场能量来维持的。电感元件释

放的磁场能量被电阻元件吸收，电阻元件消耗的能量为

$$W_R = \int_0^\infty Ri^2 \mathrm{d}t = \int_0^\infty R(I_0 \mathrm{e}^{-\frac{R}{L}t})^2 \mathrm{d}t = RI_0^2 \int_0^\infty \mathrm{e}^{-\frac{2R}{L}t} \mathrm{d}t$$

$$= -\frac{1}{2}LI_0^2 (\mathrm{e}^{-\frac{2R}{L}t}) \mid_0^\infty = \frac{1}{2}LI_0^2$$

等于电感元件的原始储能。

分析 RC 电路和 RL 电路的零输入响应的求解过程和响应的函数形式可以得出以下结论：

1. 求解 RC 电路和 RL 电路零输入响应的输入—输出方程是一阶齐次微分方程，方程的解为 $r(t) = r(0_+)\mathrm{e}^{pt}$。特征根 $p = -\dfrac{1}{\tau}$，τ 是电路的时间常数，RC 电路的时间常数 $\tau = RC$，RL 电路的时间常数 $\tau = \dfrac{L}{R}$。因此，零输入响应的函数形式亦为

$$r(t) = r(0_+)\mathrm{e}^{-\frac{t}{\tau}} \tag{7-5-7}$$

式中 $r(0_+)$ 为响应的初始值。

2. 同一个电路中的零输入响应电压和零输入响应电流都以相同的时间常数按指数规律变化。经过 $4\tau \sim 5\tau$ 以后，可认为响应已接近于零，过渡过程即告结束。

基于上述结论，在求解一阶电路的零输入响应时，可以不必建立和求解输入—输出方程，只需求得电路的时间常数 τ 和响应的初始值 $r(0_+)$，然后直接应用式(7-5-7)即可得到解答。

例 7-5-2 求图 7-5-7(a)所示电路换路后的响应 u_C、i_C、i_R。

解 图 7-5-7(a)即图 7-5-4(a)所示电路。根据例 7-5-1，已有 $u_C(0_+) = u_C(0_-) = 2\ \mathrm{V}$。

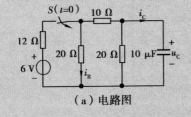 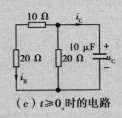

图 7-5-7 例 7-5-2 图

1. 求各响应的初始值 $u_C(0_+)$、$i_C(0_+)$、$i_R(0_+)$。

用电压等于 2 V 的电压源替代电容元件，作 $t = 0_+$ 的等效电路如图 7-5-7(b)所示，解得

$$i_R(0_+) = \frac{2}{10+20} A = \frac{1}{15} A$$

$$i_C(0_+) = -i_R(0_+) - \frac{2}{20} = -\frac{1}{6} A$$

2. 求电路的时间常数 τ

求图 7-5-7(c) 所示电路中电容元件左侧的二端网络的等效电阻。

$$R = \frac{(10+20) \times 20}{(10+20) + 20} \Omega = 12 \Omega$$

电路的时间常数为

$$\tau = RC = 12 \times 10 \times 10^{-6} s = 0.12 \times 10^{-3} s$$

3. 零输入响应 u_C、i_C、i_R 为

$$u_C = u_C(0_+)e^{-\frac{t}{\tau}} = 2e^{-\frac{25}{3} \times 10^3 t} V \quad (t \geqslant 0_+)$$

$$i_C = i_C(0_+)e^{-\frac{t}{\tau}} = -\frac{1}{6}e^{-\frac{25}{3} \times 10^3 t} A \quad (t \geqslant 0_+)$$

$$i_R = i_R(0_+)e^{-\frac{t}{\tau}} = \frac{1}{15}e^{-\frac{25}{3} \times 10^3 t} A \quad (t \geqslant 0_+)$$

7-6　一阶电路的零状态响应

在本章第 4 节中已经介绍了零状态和零状态响应的概念。电路在零状态下仅由输入激励产生的响应称为零状态响应。

图 7-6-1(a) 所示电路，已知 $i_L(0_-) = 0$，开关 S 闭合以后电路中的响应即为零状态响应。

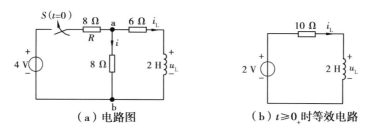

（a）电路图　　　　　　　（b）$t \geqslant 0_+$ 时等效电路

图 7-6-1　一阶电路的零状态响应

以电感电流 i_L 为输出变量建立电路的输入—输出方程。为了便于建立电路方程，将电感元件左侧的电路用戴维宁等效电路替代后即得图 7-6-1(b) 所示的电路。其电路方程为

$$2\frac{di_L}{dt} + 10i_L = 2 \tag{7-6-1}$$

根据电感电流的连续性条件可得方程的初始条件为 $i_L(0_+) = i_L(0_-) = 0$。式(7-6-1)的特征方程为

$$2p + 10 = 0$$

特征根 $\qquad p = -5$

令式(7-6-1)右端为零的齐次方程的通解为

$$i_{Lt} = Ae^{-5t}$$

式(7-6-1)所示方程的右端项为常数,故设方程的一个特解为常数 B,即

$$i_{Lf} = B$$

将 $i_{Lf} = B$ 代入式(7-6-1)可解得 $\qquad B = 0.2$

方程的全解为 $\qquad i_L = i_{Lt} + i_{Lf} = Ae^{-5t} + 0.2$

将初始条件 $i_L(0_+) = 0$ 代入上式确定积分常数 A,得

$$A = i_L(0_+) - i_{Lf}(0_+) = 0 - 0.2 = -0.2$$

电路的零状态响应

$$i_L = (0.2 - 0.2e^{-5t})\,\text{A} \quad (t \geq 0_+) \tag{7-6-2}$$

因为在 $t \leq 0_-$ 时 $i_L = 0$,所以上式可用单位阶跃函数表示为

$$i_L = (0.2 - 0.2e^{-5t})\varepsilon(t)\,\text{A}$$

上式使用了 $\varepsilon(t)$ 的符号,表明响应是从 $t = 0$ 起始的,存在于 $t \geq 0_+$ 区间。

电感电压 $\qquad u_L = L\dfrac{di_L}{dt} = 2\dfrac{d}{dt}(0.2 - 0.2e^{-5t})\,\text{V} = 2e^{-5t}\,\text{V} \quad (t \geq 0_+)$

或 $\qquad u_L = 2e^{-5t}\varepsilon(t)\,\text{V}$

如果还需求解响应电流 i,需回到图7-6-1(a)电路。由已解得的 i_L 和 u_L 可求得

$$u_{ab} = 6i_L + u_L = [6 \times (0.2 - 0.2e^{-5t}) + 2e^{-5t}]\,\text{V} = (1.2 + 0.8e^{-5t})\,\text{V}$$

因此

$$i = \frac{u_{ab}}{8} = \frac{1.2 + 0.8e^{-5t}}{8}\,\text{A} = (0.15 + 0.1e^{-5t})\,\text{A} \quad (t \geq 0_+)$$

或 $\qquad i = (0.15 + 0.1e^{-5t})\varepsilon(t)\,\text{A}$

i_L、i、u_L 随时间 t 变化的曲线如图7-6-2所示。

按上述步骤求解电路的响应是一种按部就班的方法。对于一阶电路而言,如果换路以后的激励是常量或正弦函数两种情况,则可以用较简捷的方法求得电路的响应。

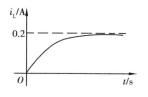
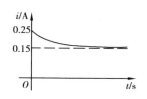
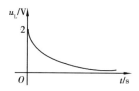

图 7-6-2　i_L、i、u_L 随时间变化的曲线

设一阶电路的方程为如下形式

$$a\frac{\mathrm{d}r}{\mathrm{d}t} + r = f(t) \tag{7-6-3}$$

式中 r 为待求响应，$f(t)$ 是由激励决定的右端项，$f(t)$ 的函数形式取决于激励的函数形式。按求解微分方程的步骤，需先求解令方程的右端项为零后所得到的齐次方程

$$a\frac{\mathrm{d}r}{\mathrm{d}t} + r = 0 \tag{7-6-4}$$

的通解

$$r_t = A\mathrm{e}^{-\frac{1}{a}t} \tag{7-6-5}$$

显然，式(7-6-4)是令电路中的激励为零后的零输入电路的方程，故通解 r_t 具有零输入响应的形式，式中的 a 应为一阶电路的时间常数 τ，当 $t \to \infty$ 时，r_t 衰减为零，r_t 是暂态分量。

式(7-6-3)所示的方程的特解的函数形式取决于激励的函数形式。设特解为 r_f，则方程(7-6-3)的全解为

$$r = r_f + r_t = r_f + A\mathrm{e}^{-\frac{1}{\tau}t}$$

由初始条件 $r(0_+)$ 解得 $A = r(0_+) - r_f(0_+)$，故方程的解为

$$r = r_f + r_t = r_f + \left[r(0_+) - r_f(0_+)\right]\mathrm{e}^{-\frac{t}{\tau}} \tag{7-6-6}$$

上式中：　r_f——特解，强迫响应；

　　　　　$r_f(0_+)$——强迫响应的初值；

　　　　　$r(0_+)$——响应初值；

　　　　　τ——电路的时间常数。

式(7-6-6)是一阶电路的解的一般形式，$r(0_+)$、r_f、τ 被称为一阶电路的解的三要素。响应初值 $r(0_+)$ 的计算方法在本章第 3 节确定电路方程的初始条件时已详细论述。时间常数 τ 的确定，在前一节中已经有了简捷的方法。在一般情况下，在激励函数作用下的强迫响应 r_f 仍需按前述方法去求解。然而，如果换路后的激励是常量或正弦函数，其强迫响应 r_f 的求解就可以变得容易一些。

在换路后的激励是常量的情况下,特解 r_f 为常量。对于式(7-6-6),当 $t \to \infty$ 时,暂态分量 r_t 衰减为零,即有 $r(\infty) = r_f$,电路已处于稳态,稳态响应即为强迫响应且为常量(直流)。$t \to \infty$ 时,电容元件相当于开路,电感元件相当于短路,故可以用 $t \to \infty$ 时的等效电路来求解稳态响应 r_f。鉴于 r_f 为常量,在得到 r_f 以后即有 $r_f(0_+) = r_f$。

以图 7-6-1(a)所示电路为例,可以用分别计算 $r(0_+)$、τ、r_f 和 $r_f(0_+)$ 的方法得到式 (7-6-2)的解。具体步骤如下:

1. 确定 $i_L(0_+)$。

根据电感电流连续性条件有 $i_L(0_+) = i_L(0_-) = 0$。

2. 求 i_{Lf} 和 $i_{Lf}(0_+)$。

将电感元件代之以短路后得图 7-6-3 所示的电阻电路,即为图 7-6-1(a)电路在 $t = \infty$ 时的等效电路,由电路方程

$$8i(\infty) - 6i_L(\infty) = 0$$
$$8[i(\infty) + i_L(\infty)] + 6i_L(\infty) = 4$$

解得 $i_L(\infty) = 0.2$ A,即 $i_{Lf} = i_L(\infty) = 0.2$ A,$i_{Lf}(0_+) = i_{Lf} = 0.2$ A。

3. 求 τ。

令图 7-6-1(a)电路中的电压源电压为零,得图 7-6-4 所示的零输入的电路。电感元件左侧的二端电阻网络的等效电阻为

$$R_{eq} = \left(\frac{8 \times 8}{8 + 8} + 6\right)\Omega = 10\ \Omega$$

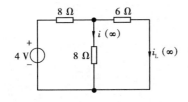

图 7-6-3 $t = \infty$ 等效电路

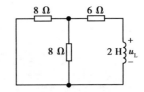

图 7-6-4   求时间常数 τ 用的电路

故电路的时间常数为

$$\tau = \frac{L}{R_{eq}} = \frac{2}{10}\ \text{s} = 0.2\ \text{s}$$

4. 按式(7-6-6)得电路的零状态响应电流

$$i_L = i_{Lf} + [i_L(0_+) - i_{Lf}(0_+)]\,e^{-\frac{t}{\tau}}$$
$$= [0.2 + (0 - 0.2)e^{-\frac{t}{0.2}}]\ \text{A}$$
$$= (0.2 - 0.2e^{-5t})\ \text{A}\quad (t \geq 0_+)$$

在换路后的激励为正弦函数的情况下,强迫响应 r_f 为同频率的正弦函数。对于式

（7-6-6），当 $t \to \infty$ 时，$r(\infty) = r_f$，此时电路已是正弦电流电路，可用相量法求得 r_f。也就是说可以利用原电路的相量模型求得 r_f 的相量后得到 r_f，进而得到 $r_f(0_+)$。

例7-6-1　在图7-6-5(a)所示电路中，$u_S = U_m \sin(\omega t + \psi)$，开关 S 在 $t = 0$ 时闭合，求闭合后电路中的电流 i。

解　由图7-6-5(a)所示电路可知 $i(0_-) =$ 0。$t > 0$ 后的电路中的响应是电压源激励电压 u_S 所产生的零状态响应。激励电压为正弦函数，当 $t \to \infty$ 时，电路的稳态响应是与 u_s 同频率的正弦函数。因此，本例宜用确定解的三要素的方法求解。

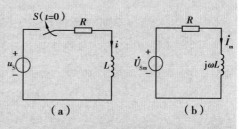

图7-6-5　例7-6-1图

1. 电路中的电感电流符合连续的条件，故有 $i(0_+) = i(0_-) = 0$。

2. 电路的时间常数 $\tau = \dfrac{L}{R}$。

3. 确定强迫响应 r_f。根据图7-6-5(a)作 $t > 0$ 时的电路的相量模型（如图7-6-5(b)所示）可解得

$$\dot{I}_m = \frac{\dot{U}_m}{R + j\omega L} = \frac{U_m \angle \psi}{R + j\omega L}$$

$$= \frac{U_m}{\sqrt{R^2 + (\omega L)^2}} \angle \psi - \arctan \frac{\omega L}{R}$$

强迫响应　$$i_f = \frac{U_m}{\sqrt{R^2 + (\omega L)^2}} \sin\left(\omega t + \psi - \arctan \frac{\omega L}{R}\right)$$

零状态响应电流

$$i = i_f + \left[i(0_+) - i_f(0_+)\right] e^{-\frac{t}{\tau}}$$

$$= \frac{U_m}{\sqrt{R^2 + (\omega L)^2}} \sin\left(\omega t + \psi - \arctan \frac{\omega L}{R}\right) -$$

$$\frac{U_m}{\sqrt{R^2 + (\omega L)^2}} e^{-\frac{R}{L}t} \sin\left(\psi - \arctan \frac{\omega L}{R}\right) \quad (t \geq 0_+)$$

例7-6-2　在图7-6-6(a)所示电路中，已知 $u_C(0_-) = 0$，i_S 的波形如图7-6-6(b)所示，求 u_C、i_C。

解　应用单位阶跃函数表示 i_S 有

$$i_S = i_{S1} + i_{S2} = \left[5\varepsilon(t) - 5\varepsilon(t-2)\right] A$$

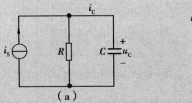
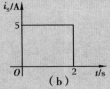

图 7-6-6　例 7-6-2 图

本例电路为线性电路,可应用叠加定理分别计算 $i_{S1} = 5\varepsilon(t)$ A 和 $i_{S2} = -5\varepsilon(t-2)$ A 单独作用时的响应后再叠加。

1. $i_{S1} = 5\varepsilon(t)$ A 单独作用时,$u_C(0_+) = u_C(0_-) = 0$,$\tau = RC$,令电容元件开路得 $u_C(\infty) = Ri_{S1} = 5R\varepsilon(t)$,故有

$$u_{C1} = u_C(\infty) + [u_C(0_+) - u_C(\infty)]e^{-\frac{t}{\tau}} = [5R - 5Re^{-\frac{t}{RC}}]\varepsilon(t)$$

$$i_{C1} = 5e^{-\frac{t}{RC}}\varepsilon(t)\ A$$

2. $i_{S2} = -5\varepsilon(t-2)$ A 单独作用时,应用线性电路的线性性质和非时变性质,根据 $i_{S1} = 5\varepsilon(t)$ A 的响应 $u_{C1} = (5R - 5Re^{-\frac{t}{RC}})\varepsilon(t)$,可得

$$u_{C2} = -(5R - 5Re^{-\frac{t-2}{RC}})\varepsilon(t-2)$$

$$i_{C2} = -5e^{-\frac{t-2}{RC}}\varepsilon(t-2)\ A$$

3. 当 i_{S1} 和 i_{S2} 共同作用时,应用叠加定理得

$$u_C = u_{C1} + u_{C2} = (5R - 5Re^{-\frac{t}{RC}})\varepsilon(t) - (5R - 5Re^{-\frac{t-2}{RC}})\varepsilon(t-2)$$

$$i_C = i_{C1} + i_{C2} = [5e^{-\frac{t}{RC}}\varepsilon(t) - 5e^{-\frac{t-2}{RC}}\varepsilon(t-2)]\ A$$

u_C 和 i_C 随时间变化的曲线如图 7-6-7 所示。

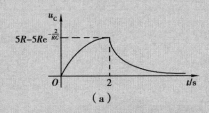
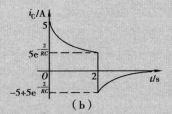

图 7-6-7　u_C、i_C 随时间变化的曲线

需要注意的是:在 $t = 2$ s 时,电容电压是连续的,电容电流是不连续的。在 $0 \leqslant t \leqslant 2_-$ s 范围内

$$u_C = (5R - 5Re^{-\frac{t}{RC}}),\ i_C = 5e^{-\frac{t}{RC}}\ A$$

$$u_C(2_-) = (5R - 5Re^{-\frac{2}{RC}}),\ i_C(2_-) = 5e^{-\frac{2}{RC}}\ A$$

在 $t \geqslant 2_+ \text{s}$ 时

$$u_C = (5R - 5Re^{-\frac{t}{RC}}) - (5R - 5Re^{-\frac{t-2}{RC}}) = (5R - 5Re^{-\frac{2}{RC}})e^{-\frac{t-2}{RC}}$$

$$u_C(2_+) = (5R - 5Re^{-\frac{2}{RC}})$$

$$i_C = (5e^{-\frac{t}{RC}} - 5e^{-\frac{t-2}{RC}}) \text{A}$$

$$i_C(2_+) = 5e^{-\frac{2}{RC}} - 5e^0 = (5e^{-\frac{2}{RC}} - 5) \text{A}$$

显然，$u_C(2_-) = u_C(2_+)$，而 $i_C(2_-) \neq i_C(2_+)$。

7-7　一阶电路的全响应

非零状态 $[u_C(0_-) \neq 0 \text{、} i_L(0_-) \neq 0]$ 的电路，在换路以后，由输入激励和非零原始储能共同产生的响应称为全响应。

以图 7-7-1(a)所示电路为例，开关 S 在 $t=0$ 时断开。S 断开前电路已处于稳态，换路前一瞬时的电感电流 $i_L(0_-) = \dfrac{4}{8} \text{A} = 0.5 \text{A}$，$S$ 断开以后，电路中的响应即是由电感元件的原始储能 $\dfrac{1}{2}Li_L^2(0_-)$ 和 4 V 电压源共同产生的，故换路以后的响应为全响应。

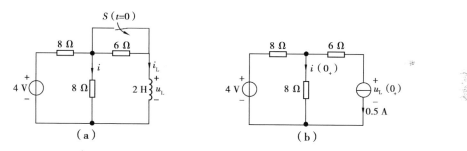

图 7-7-1　一阶电路的全响应

比较图 7-7-1(a)和 7-6-1(a)两个电路，在 $t>0$ 时，两个电路的结构和元件参数是完全相同的，其电路方程也是相同的，不同之处仅在于 $i_L(0_-)$ 分别等于 0.5 和 0 A。欲求解图7-7-1(a)的电路，既可以采用建立并求解电路的输入—输出方程的按部就班方法，也可以应用式(7-6-6)确定其中的 3 个要素以后直接写出解。对本电路而言，采用后者较为简捷。

1. 确定 i_L、u_L、i 的初值 $i_L(0_+)$、$u_L(0_+)$、$i(0_+)$。已知 $i_L(0_-) = 0.5 \text{A}$，根据电感电流的连续性条件有 $i_L(0_+) = i_L(0_-) = 0.5 \text{A}$。将电感元件用 0.5 A 的电流源替代后得到的 $t = 0_+$ 的等效电路如图 7-7-1(b)所示。其电路方程为

$$8i(0_+) - u_L(0_+) - 6 \times 0.5 = 0$$

$$8[i(0_+)+0.5]+6\times0.5+u_L(0_+)=4$$

解得 $\qquad i(0_+)=0$, $u_L(0_+)=-3$ V

2. 求 i_{Lf}、u_{Lf}、i_f。图 7-7-1(a)所示电路在 $t=\infty$ 时的等效电路与图 7-6-3 电路相同,故有 $i_L(\infty)=0.2$ A、$i(\infty)=0.15$ A、$u_L(\infty)=0$,即得 $i_{Lf}=i_{Lf}(0_+)=0.2$ A、$i_f=i_f(0_+)=0.15$ A、$u_{Lf}=u_{Lf}(0_+)=0$。

3. 确定 τ。应用图 7-6-4 可得电路的时间常数为 $\tau=0.2$ s,故图 7-7-1(a)所示电路的全响应

$$i_L=i_{Lf}+[i_L(0_+)-i_{Lf}(0_+)]e^{-\frac{t}{\tau}}=[0.2+(0.5-0.2)e^{-5t}]A$$
$$=(0.2+0.3e^{-5t})A \quad (t\geq0_+) \tag{7-7-1}$$

$$i=i_f+[i(0_+)-i_f(0_+)]e^{-\frac{t}{\tau}}=(0.15-0.15e^{-5t})A \quad (t\geq0_+)$$

$$u_L=u_{Lf}+[u_L(0_+)-u_{Lf}(0_+)]e^{-\frac{t}{\tau}}=-3e^{-5t}V \quad (t\geq0_+)$$

全响应是由电路中的储能元件在换路前一瞬时所储存的能量和换路后电路中的激励共同产生的,因此线性电路的全响应是由电路的非零原始储能所产生的零输入响应与由激励所产生的零状态响应的叠加而成。式(7-7-1)所示的全响应电感电流 i_L 也表明了上述事实。i_L 可表示为

$$i_L=[\underbrace{0.5e^{-5t}}_{\text{零输入响应}}+\underbrace{(0.2-0.2e^{-5t})}_{\text{零状态响应}}]A \quad (t\geq0_+)$$

$$=[\underbrace{0.2}_{\text{强迫响应分量}}+\underbrace{(0.5-0.2)e^{-5t}}_{\text{自然响应分量}}]A \quad (t\geq0_+)$$

全响应中的强迫响应分量即为零状态响应中的强迫响应,全响应中的自然响应分量为零输入响应与零状态响应中的自然响应之和。就本例而言,全响应中的强迫响应分量是稳态分量,自然响应分量是暂态分量。

零输入响应由电路的原始储能产生,因此零输入响应是电路原始状态[$u_C(0_-)$、$i_L(0_-)$]的线性函数。零状态响应由激励产生,因此零状态响应是激励的线性函数。全响应不是激励的线性函数,在电路的原始状态不变的情况下将激励改变为 k 倍,则全响应不一定会改变为 k 倍,因为此时零输入响应部分没有改变。

7-8 电容电压、电感电流不连续的一阶电路

在本章前面几节中所分析的电路都是在换路瞬间电容电压和电感电流连续的电路,应用电容电压和电感电流的连续性条件,根据换路前一瞬时的电容电压 $u_C(0_-)$ 和电感电流 $i_L(0_-)$ 可直接确定换路后一瞬时的电容电压 $u_C(0_+)$ 和电感电流 $i_L(0_+)$。对某些电路,换路前后的电容电压、电感电流可能是不连续的。

例7-8-1　在图7-8-1所示电路中，$C_1 = 2$ F，$C_2 = 1$ F，$R = 5$ Ω，开关 S 在 $t = 0$ 时闭合。

若 S 闭合前一瞬时 $u_{C1}(0_-) = 6$ V，$u_{C2}(0_-) = 0$，求 S 闭合后的电压 u_{C1}、i_1、i_2、i_R。

解　开关 S 闭合以后，根据KVL，两电容电压必然相等，在 $t = 0_+$ 瞬时有

$$u_{C1}(0_+) = u_{C2}(0_+) \tag{7-8-1}$$

在换路瞬间（$0_- \to 0_+$），连接于节点①的两容元件极板上的电荷总量（代数和）是不变的，即

$$C_1 u_{C1}(0_-) + C_2 u_{C2}(0_-) = C_1 u_{C1}(0_+) + C_2 u_{C2}(0_+) \tag{7-8-2}$$

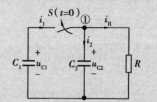

图7-8-1　电容电压不连续的电路

由式（7-8-1）和式（7-8-2）有

$$u_{C1}(0_+) = u_{C2}(0_+) = \frac{C_1 u_{C1}(0_-) + C_2 u_{C2}(0_-)}{C_1 + C_2} = \frac{2 \times 6 + 0}{2 + 1} \text{ V} = 4 \text{ V}$$

换路后，两电容元件并联，其等效电容为

$$C = C_1 + C_2 = (2 + 1) \text{F} = 3 \text{ F}$$

电路的时间常数

$$\tau = RC = 5 \times 3 \text{ s} = 15 \text{ s}$$

$t = \infty$ 时，电路达到稳态，故有

$$u_{C1}(\infty) = u_{C2}(\infty) = 0$$

换路后（$t \geq 0_+$），两电容电压为

$$u_{C1} = u_{C2} = 4\mathrm{e}^{-\frac{t}{15}} \text{ V} \quad (t \geq 0_+)$$

因为 $u_{C1}(0_-) = 6$ V，$u_{C2}(0_-) = 0$，所以两电容电压可表示为

$$u_{C1} = \left[6 - 6\varepsilon(t) + 4\mathrm{e}^{-\frac{t}{15}}\varepsilon(t) \right] \text{V}, \quad u_{C2} = 4\mathrm{e}^{-\frac{t}{15}}\varepsilon(t) \text{V}$$

在换路前后两个电容元件的电压都是不连续的，u_{C1} 从 $u_{C1}(0_-) = 6$ V 跳变为 $u_{C1}(0_+) = 4$ V，u_{C2} 从 $u_{C2}(0_-) = 0$ 跳变为 $u_{C2}(0_+) = 4$ V。电容电流分别为

$$i_1 = -C_1 \frac{\mathrm{d}u_{C1}}{\mathrm{d}t} = -2 \frac{\mathrm{d}}{\mathrm{d}t}\left[6 - 6\varepsilon(t) + 4\mathrm{e}^{-\frac{t}{15}}\varepsilon(t) \right]$$

$$= -2 \times \left[-6\delta(t) - \frac{4}{15}\mathrm{e}^{-\frac{t}{15}}\varepsilon(t) + 4\mathrm{e}^{-\frac{t}{15}}\delta(t) \right] \text{A}$$

因为 $\delta(t) = 0 (t \neq 0)$，所以 $4\mathrm{e}^{-\frac{t}{15}}\delta(t) = 4\mathrm{e}^{-\frac{0}{15}}\delta(t) = 4\delta(t)$，故

$$i_1 = \left[4\delta(t) + \frac{8}{15}\mathrm{e}^{-\frac{t}{15}}\varepsilon(t) \right] \text{A}$$

$$i_2 = C_2 \frac{\mathrm{d}u_{C2}}{\mathrm{d}t} = 1 \times \frac{\mathrm{d}}{\mathrm{d}t}\left[4\mathrm{e}^{-\frac{t}{15}}\varepsilon(t) \right] = \left[-\frac{4}{15}\mathrm{e}^{-\frac{t}{15}}\varepsilon(t) + 4\mathrm{e}^{-\frac{t}{15}}\delta(t) \right] \text{A}$$

$$= \left[4\delta(t) - \frac{4}{15} e^{-\frac{t}{15}} \varepsilon(t) \right] A$$

i_1、i_2 的表达式表明:在 $0_- \to 0_+$ 瞬间,有冲激电流 $4\delta(t)$ A 流过两电容元件,该冲激电流是由电容元件 C_1 的原始储能产生的对电容元件 C_2 的充电电流。充电过程在 $0_- \to 0_+$ 瞬间完成,使电容 C_1 的电压由 $u_{C1}(0_-) = 6$ V 下降为 $u_{C1}(0_+) = 4$ V,使电容 C_2 的电压由 $u_{C2}(0_-) = 0$ 上升为 $u_{C2}(0_+) = 4$ V。冲激电流的强度 4 等于换路瞬间的电容元件 C_1(或 C_2)电荷的跳变量

$$C_2 \left[u_{C2}(0_+) - u_{C2}(0_-) \right] = 1 \times (4 - 0) \ \text{C} = 4 \ \text{C}$$

u_{C1}、u_{C2} 和 i_1、i_2 的图形如图 7-8-2 所示,图中冲激电流的强度为 4。

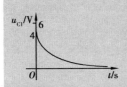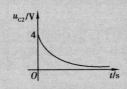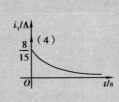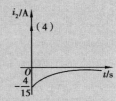

图 7-8-2　u_{C1}、u_{C2}、i_1、i_2 的图形

电阻元件中的电流为

$$i_R = i_1 - i_2 = \left[4\delta(t) + \frac{8}{15} e^{-\frac{t}{15}} \varepsilon(t) \right] - \left[4\delta(t) - \frac{4}{15} e^{-\frac{t}{15}} \varepsilon(t) \right] A$$

$$= \frac{4}{5} e^{-\frac{t}{15}} \varepsilon(t) A$$

或

$$i_R = \frac{u_{C2}}{R} = \frac{4}{5} e^{-\frac{t}{15}} \varepsilon(t) A$$

例 7-8-2　在图 7-8-3 所示电路中,$L_1 = 1$ H、$L_2 = 2$ H、$R_1 = R_2 = 3$ Ω,开关 S 在 $t = 0$ 时断开,若 S 断开前电路已处于稳定状态,求 S 断开后的电流 i_1 和电压 u_{L1}、u_{L2}。

解　开关 S 断开前一瞬时电路已处于稳定状态,电感元件 L_1 相当于短路,故有

$$i_1(0_-) = \frac{12}{R_1} = \frac{12}{3} A = 4 A$$

$$i_2(0_-) = 0$$

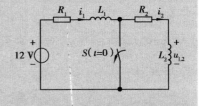

图 7-8-3　电感电流不连接的电路

开关 S 断开后,电路是单回路电路,两电感元件电流是相等的,在 $t = 0_+$ 瞬时亦有

$$i_1(0_+) = i_2(0_+) \tag{7-8-3}$$

在换路瞬间($0_- \to 0_+$),回路中两电感元件的电流的磁通链的总量(代数和)是不变的,即有

$$L_1 i_1(0_-) + L_2 i_2(0_-) = L_1 i_1(0_+) + L_2 i_2(0_+) \tag{7-8-4}$$

由式(7-8-3)和式(7-8-4)有

$$i_1(0_+) = i_2(0_+) = \frac{L_1 i_1(0_-) + L_2 i_2(0_-)}{L_1 + L_2} = \frac{1 \times 4 + 0}{1 + 2} \text{A} = \frac{4}{3} \text{A}$$

换路后,两电感元件串联,其等效电感

$$L = L_1 + L_2 = (1 + 2)\text{H} = 3 \text{ H}$$

电路的时间常数

$$\tau = \frac{L}{R} = \frac{L}{R_1 + R_2} = \frac{3}{3 + 3} \text{s} = 0.5 \text{ s}$$

$t = \infty$ 时,电路达到稳态,故有

$$i_1(\infty) = i_2(\infty) = \frac{12}{R_1 + R_2} = \frac{12}{3 + 3} \text{A} = 2 \text{ A}$$

换路后两个电感元件的电流为

$$i_1 = i_2 = \left[2 + \left(\frac{4}{3} - 2 \right) e^{-2t} \right] \text{A} = \left(2 - \frac{2}{3} e^{-2t} \right) \text{A} \quad (t \geq 0_+)$$

因为 $i_1(0_-) = 4$ A,$i_2(0_-) = 0$,所以 i_1、i_2 可分别表示为

$$i_1 = \left[4 - 4\varepsilon(t) + \left(2 - \frac{2}{3} e^{-2t} \right) \varepsilon(t) \right] \text{A} = \left[4 - \left(2 + \frac{2}{3} \right) e^{-2t} \varepsilon(t) \right] \text{A}$$

$$i_2 = \left(2 - \frac{2}{3} e^{-2t} \right) \varepsilon(t) \text{A}$$

上两式表明:换路前后两个电感元件的电流都是不连续的,i_1 从 $i_1(0_-) = 4$ A 跳变为 $i_1(0_+) = \frac{4}{3}$ A,i_2 从 $i_2(0_-) = 0$ 跳变为 $i_2(0_+) = \frac{4}{3}$A。两电感电压分别为

$$u_{L1} = L_1 \frac{\mathrm{d}i_1}{\mathrm{d}t} = 1 \times \frac{\mathrm{d}}{\mathrm{d}t} \left[4 - \left(2 + \frac{2}{3} e^{-2t} \right) \varepsilon(t) \right] = \left[\frac{4}{3} e^{-2t} \varepsilon(t) - \left(2 + \frac{2}{3} e^{-2t} \right) \delta(t) \right] \text{V}$$

因为 $\delta(t) = 0 (t \neq 0)$,所以 $\frac{2}{3} e^{-2t} \delta(t) = \frac{2}{3} e^{-2 \times 0} \delta(t) = \frac{2}{3} \delta(t)$,故

$$u_{L1} = \left[-\frac{8}{3} \delta(t) + \frac{4}{3} e^{-2t} \varepsilon(t) \right] \text{V}$$

$$u_{L2} = L_2 \frac{\mathrm{d}i_2}{\mathrm{d}t} = 2 \times \frac{\mathrm{d}}{\mathrm{d}t} \left[\left(2 - \frac{2}{3} e^{-2t} \right) \varepsilon(t) \right] \text{V}$$

$$= 2 \times \left[\frac{4}{3} e^{-2t} \varepsilon(t) + \left(2 - \frac{2}{3} e^{-2t} \right) \delta(t) \right] \text{V}$$

$$= \left[\frac{8}{3} \delta(t) + \frac{8}{3} e^{-2t} \varepsilon(t) \right] \text{V}$$

u_{L1} 和 u_{L2} 的结果表明:在 $0_- \to 0_+$ 瞬间,两个电感元件上都有冲激电压,当电感

电压为冲激函数时,电感电流是不连续的。冲激电压的强度$\dfrac{8}{3}$等于换路瞬间电感元件L_2(或L_1)中的磁通链的跳变量,即

$$L_2 i_2(0_+) - L_2 i_2(0_-) = \left(2 \times \frac{4}{3} - 0\right)\text{Wb} = \frac{8}{3}\,\text{Wb}$$

7-9　一阶电路的冲激响应

电路在单位冲激电压或单位冲激电流激励下的零状态响应称为单位冲激响应。单位冲激响应常用$h(t)$表示。单位冲激响应是一种零状态响应。单位冲激函数作用于电路的时间仅在$0_- \to 0_+$瞬间,$t \geqslant 0_+$时激励为零。

图 7-9-1 为单位冲激电流作用于零状态的 RC 电路,激励为单位冲激电流。

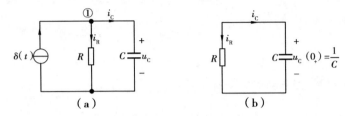

图 7-9-1　RC 电路的冲激响应

在$t < 0$时,$\delta(t) = 0$。在$0_- \to 0_+$瞬间,单位冲激电流只能流过电容元件而不会流过电阻元件,其理由如下:假设电阻元件电流i_R中有冲激电流,那么电阻元件电压$u_R = Ri_R$应为冲激电压,而电容元件与电阻元件是并联的,故应有$u_C = u_R$。也就是说电容元件电压也应为冲激电压,根据$i_C = C\dfrac{\mathrm{d}u_C}{\mathrm{d}t}$,则电容电流中将有冲激函数的一阶导数。按上述假设,连接于节点①的 3 个支路电流将不满足基尔霍夫电流定律。从上述分析可知,在$0_- \to 0_+$瞬间,单位冲激电流全部流过电容元件支路。由此可得

$$u_C(0_+) = u_C(0_-) + \frac{1}{C}\int_{0_-}^{0_+}\delta(t)\,\mathrm{d}t = 0 + \frac{1}{C}\int_{0_-}^{0_+}\delta(t)\,\mathrm{d}t = \frac{1}{C}$$

在单位冲激电流的作用下,电容电压从$u_C(0_-) = 0$跳变为$u_C(0_+) = \dfrac{1}{C}$。在$t \geqslant 0_+$时,$\delta(t) = 0$,单位冲激电流源相当于开路。$t \geqslant 0_+$时的电路如图 7-9-1(b)所示,电路中的响应是由$u_C(0_+)$所决定的储能所引起,响应的函数形式同零输入响应,即

$$u_C = u_C(0_+)\mathrm{e}^{-\frac{t}{RC}} = \frac{1}{C}\mathrm{e}^{-\frac{t}{RC}}$$

$$i_R = \frac{u_C}{R} = \frac{1}{RC}\mathrm{e}^{-\frac{t}{RC}}$$

因为$t \leqslant 0_-$时上述响应均为零,所以u_C和i_R都可以用单位阶跃函数$\varepsilon(t)$来表示,即

$$u_C = \frac{1}{C} e^{-\frac{t}{RC}} \varepsilon(t)$$

$$i_R = \frac{1}{RC} e^{-\frac{t}{RC}} \varepsilon(t)$$

考虑到 $t=0$ 时单位冲激电流通过电容元件,响应 i_C 可表示为

$$i_C = \delta(t) - \frac{1}{RC} e^{-\frac{t}{RC}} \varepsilon(t)$$

或

$$i_C = C \frac{\mathrm{d}u_C}{\mathrm{d}t} = C \frac{\mathrm{d}}{\mathrm{d}t} \Big[\frac{1}{C} e^{-\frac{t}{RC}} \varepsilon(t) \Big]$$

$$= -\frac{1}{RC} e^{-\frac{t}{RC}} \varepsilon(t) + e^{-\frac{t}{RC}} \delta(t) = -\frac{1}{RC} e^{-\frac{t}{RC}} \varepsilon(t) + \delta(t)$$

u_C、i_C 的随时间变化的曲线如图 7-9-2 所示。

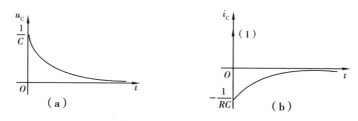

图 7-9-2 u_C、i_C 随时间变化的曲线

图 7-9-3 为单位冲激电压作用于零状态的 RL 电路,激励为单位冲激电压。

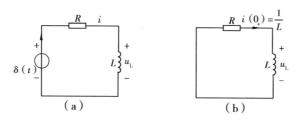

图 7-9-3 RL 电路的冲激响应

因为 $i(0_-)=0$,在 $0_- \to 0_+$ 瞬间电感元件相当于开路,单位冲激电压作用于电感元件两端,故有

$$i(0_+) = i(0_-) + \frac{1}{L} \int_{0_-}^{0_+} \delta(t) \,\mathrm{d}t = 0 + \frac{1}{L} \int_{0_-}^{0_+} \delta(t) \,\mathrm{d}t = \frac{1}{L}$$

在单位冲激电压的作用下,电感电流从 $i(0_-)=0$ 跳变为 $i(0_+)=\frac{1}{L}$。在 $t \geq 0_+$ 时,$\delta(t)=0$,单位冲激电压源相当于短路。$t \geq 0_+$ 时的电路如图 7-10-3(b)所示,电路中的响应是由 $i(0_+)$ 所决定的储能所引起,响应的函数形式同零输入响应,即

$$i = i(0_+)\mathrm{e}^{-\frac{R}{L}t} = \frac{1}{L}\mathrm{e}^{-\frac{R}{L}t}$$

$t \leqslant 0_-$ 时 i、u_L 均为零,而 $t=0$ 时电感元件电压存在单位冲激电压,故 i、u_L 可表示为

$$i = \frac{1}{L}\mathrm{e}^{-\frac{R}{L}t}\varepsilon(t)$$

$$u_L = \delta(t) - \frac{R}{L}\mathrm{e}^{-\frac{R}{L}t}\varepsilon(t)$$

或

$$u_L = L\frac{\mathrm{d}i}{\mathrm{d}t} = L\frac{\mathrm{d}i}{\mathrm{d}t}\left[\frac{1}{L}\mathrm{e}^{-\frac{R}{L}t}\varepsilon(t)\right] = -\frac{R}{L}\mathrm{e}^{-\frac{R}{L}t}\varepsilon(t) + \delta(t)$$

i、u_L 随时间变化的曲线如图 7-9-4 所示。

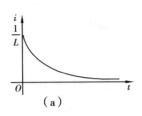 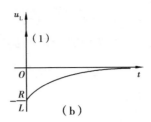

图 7-9-4 i、u_L 随时间变化的曲线

例 7-9-1 在图 7-9-5 所示电路中,已知 $i_L(0_-)=0$,求 i_L 和 u_L。

解 已知 $i_L(0_-)=0$,在 $0_- \to 0_+$ 瞬间,电感元件相当于开路,冲激电流 $5\delta(t)\mathrm{A}$ 流过电阻元件 R_1 和 R_2,$t=0$ 时,电阻元件 R_2 上的电压为

$$u_{R_2}(0) = 5R_2\delta(t)$$

电感元件与电阻元件 R_2 并联,故有

$$u_L(0) = u_{R_2}(0) = 5R_2\delta(t)$$

在 $t=0_+$ 时,电感电流为

$$i_L(0_+) = i_L(0_-) + \frac{1}{L}\int_{0_-}^{0_+} 5R_2\delta(t)\mathrm{d}t = \frac{5R_2}{L}$$

图 7-9-5 例 7-9-1 图

在冲激电压 $u_L(0) = 5R_2\delta(t)$ 的作用下,电感电流从 $i_L(0_-)=0$ 跳变为 $i_L(0_+) = \dfrac{5R_2}{L}$。

在 $t \geqslant 0_+$ 时,$\delta(t)=0$,$5\delta(t)\mathrm{A}$ 冲激电流源相当于开路,即冲激电流源和电阻元件 R_1 串联支路开路。在 $t \geqslant 0_+$ 时的电路为 R_2L 电路,电路的时间常数 $\tau = \dfrac{L}{R_2}$,故有

$$i_L = \frac{5R_2}{L} e^{-\frac{R_2}{L}t} \varepsilon(t)$$

$$u_L = L\frac{di}{dt} = L\frac{d}{dt}\left[\frac{5R_2}{L} e^{-\frac{R_2}{L}t} \varepsilon(t)\right]$$

$$= -\frac{5R_2^2}{L} e^{-\frac{R_2}{L}t} \varepsilon(t) + 5R_2 e^{-\frac{R_2}{L}t}\delta(t)$$

因为 $\delta(t) = 0 \ (t \neq 0)$，所以 $5R_2 e^{-\frac{R_2}{L}t}\delta(t) = 5R_2 e^{-\frac{R_2}{L}\times 0}\delta(t) = 5R_2\delta(t)$

故

$$u_L = -\frac{5R_2^2}{L} e^{-\frac{R_2}{L}t} \varepsilon(t) + 5R_2\delta(t)$$

例 7-9-2　在图 7-9-6 所示电路中,已知 $u_C(0_-) = 0$,求 u_C 和 i_C。

解　在 $t = 0$ 瞬时,电容元件相当于短路,电容电流

$$i_C(0) = \frac{8\delta(t)}{4} \text{A} = 2\delta(t)\text{A}$$

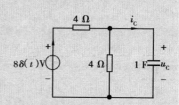

图 7-9-6　例 7-9-2 图

故 $t = 0_+$ 时的电容电压为

$$u_C(0_+) = u_C(0_-) + \frac{1}{C}\int_{0_-}^{0_+} i_C(0)\,dt$$

$$= 0 + \frac{1}{C}\int_{0_-}^{0_+} 2\delta(t)\,dt = 2 \text{ V}$$

在 $t \geq 0_+$ 时,冲激电压源相当于短路,电路的时间常数

$$\tau = RC = \frac{4 \times 4}{4 + 4} \times 1 \text{ s} = 2 \text{ s}$$

待求响应

$$u_C = 2e^{-0.5t}\varepsilon(t)\text{V}$$

$$i_C = C\frac{du_2}{dt} = 1 \times \frac{d}{dt}\left[2e^{-0.5t}\varepsilon(t)\right] = \left[-e^{-0.5t}\varepsilon(t) + 2\delta(t)\right]\text{A}$$

7-10　二阶电路的零输入响应

图 7-10-1 所示电路,开关 S 在 $t = 0$ 瞬时闭合,$t > 0$ 以后的电路是二阶电路。已知 $u_C(0_-) = U_0$,$i(0_-) = 0$,$t > 0$ 以后电路的响应是由换路前电容元件的储能引起的零输入响应。以电容电压 u_C 为输出变量的电路方程为

$$LC\frac{d^2 u_C}{dt^2} + RC\frac{du_C}{dt} + u_C = 0 \tag{7-10-1}$$

根据电容电压和电感电流的连续性条件,有 $u_C(0_+) = u_C(0_-)$ 和 $i_L(0_+) = i_L(0_-)$,故方

程的初始条件为

$$u_C(0_+) = U_0 \tag{7-10-2}$$

$$u_C'(0_+) = -\frac{i(0_+)}{C} = -\frac{i(0_-)}{C} = 0 \tag{7-10-3}$$

式(7-10-1)所示方程的特征方程为

$$LCp^2 + RCp + 1 = 0$$

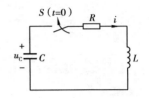

特征根

$$p_1 = -\frac{R}{2L} + \sqrt{\left(\frac{R}{2L}\right)^2 - \frac{1}{LC}}$$

$$p_2 = -\frac{R}{2L} - \sqrt{\left(\frac{R}{2L}\right)^2 - \frac{1}{LC}}$$

图 7-10-1　二阶电路

令

$$\alpha = \frac{R}{2L}, \quad \omega_0 = \frac{1}{\sqrt{LC}} \tag{7-10-4}$$

两个特征根 p_1 和 p_2 表示为

$$p_1 = -\alpha + \sqrt{\alpha^2 - \omega_0^2}$$

$$p_2 = -\alpha - \sqrt{\alpha^2 - \omega_0^2} \tag{7-10-5}$$

p_1 和 p_2 称为图 7-10-1 所示 RLC 串联电路的自然频率。由于 R、L、C 3 个元件参数的不同取值，p_1 和 p_2 可以是不相等的负实根、相等的负实根、共轭复根 3 种情况，在这 3 种情况下其响应的函数的形式是不相同的。

1. $R > 2\sqrt{\dfrac{L}{C}}$（即 $\alpha > \omega_0$）

特征根

$$p_1 = -\alpha + \sqrt{\alpha^2 - \omega_0^2} = -\alpha_1 \tag{7-10-6}$$

$$p_2 = -\alpha - \sqrt{\alpha^2 - \omega_0^2} = -\alpha_2 \tag{7-10-7}$$

为不相等的负实根，式(7-10-1)所示方程的解为

$$u_C = A_1 e^{-\alpha_1 t} + A_2 e^{-\alpha_2 t}$$

由式(7-10-2)和式(7-10-3)确定积分常数 A_1 和 A_2。

由 $u_C(0_+) = U_0$，有 $U_0 = A_1 + A_2$；由 $u_C'(0_+) = 0$，有 $0 = -\alpha_1 A_1 - \alpha_2 A_2$。可解得

$$A_1 = \frac{\alpha_2 U_0}{\alpha_2 - \alpha_1}, \quad A_2 = -\frac{\alpha_1 U_0}{\alpha_2 - \alpha_1}$$

零输入响应电容电压为

$$u_C = \frac{U_0}{\alpha_2 - \alpha_1}(\alpha_2 e^{-\alpha_1 t} - \alpha_1 e^{-\alpha_2 t}) \quad (t \geq 0_+) \tag{7-10-8}$$

由式(7-10-6)和式(7-10-7)可知,α_1 和 α_2 均为正值且 $\alpha_2 > \alpha_1$,$\mathrm{e}^{-\alpha_2 t}$ 比 $\mathrm{e}^{-\alpha_1 t}$ 衰减快。因此,式(7-10-8)所示的电容电压从 U_0 开始单调下降,当 $t \to \infty$ 时,u_C 趋于零。

根据式(7-10-8)得零输入响应电流

$$i = -C\frac{\mathrm{d}u_C}{\mathrm{d}t} = U_0\frac{C\alpha_1\alpha_2}{\alpha_2-\alpha_1}(\mathrm{e}^{-\alpha_1 t}-\mathrm{e}^{-\alpha_2 t})$$

由式(7-10-6)和式(7-10-7)可知,$p_1 p_2 = \alpha_1\alpha_2 = \omega_0^2 = \dfrac{1}{LC}$。上式可写为

$$i = \frac{U_0}{L(\alpha_2-\alpha_1)}(\mathrm{e}^{-\alpha_1 t}-\mathrm{e}^{-\alpha_2 t}) \quad (t \geq 0_+) \tag{7-10-9}$$

分析式(7-10-9)可知,放电电流在 $t > 0$ 时始终为正值。式(7-10-9)的一阶导数为

$$i' = \frac{U_0}{L(\alpha_2-\alpha_1)}(-\alpha_1\mathrm{e}^{-\alpha_1 t}+\alpha_2\mathrm{e}^{-\alpha_2 t})$$

令 $i'=0$,有 $(-\alpha_1\mathrm{e}^{-\alpha_1 t_{max}}+\alpha_2\mathrm{e}^{-\alpha_2 t_{max}})=0$,解得

$$t_{max} = \frac{\ln\dfrac{\alpha_2}{\alpha_1}}{\alpha_2-\alpha_1}$$

式(7-10-9)所示的电流在 $t = t_{max}$ 时的为最大值,$t \to \infty$ 时趋于零。

式(7-10-8)和式(7-10-9)表明:u_C,i 均为正值,该电路的过渡过程称为非振荡放电过程,也称为过阻尼情况。

2. $R = 2\sqrt{\dfrac{L}{C}}$(即 $\alpha = \omega_0$)

特征根 $p_1 = p_2 = -\dfrac{R}{2L} = -\alpha$,是相等的负实根。式(7-10-1)的解为

$$u_C = (A_1+A_2 t)\mathrm{e}^{-\alpha t}$$

由式(7-10-2)和式(7-10-3)确定积分常数 A_1 和 A_2。由 $u_C(0_+) = U_0$,有 $A_1 = U_0$;由 $u_C'(0_+)=0$,有 $0 = -\alpha A_1+A_2$。可解得 $A_2 = \alpha U_0$。

零输入响应电容电压为

$$u_C = U_0(1+\alpha t)\mathrm{e}^{-\alpha t} \quad (t \geq 0_+) \tag{7-10-10}$$

根据式(7-10-10)得零输入响应电流

$$i = -C\frac{\mathrm{d}u_C}{\mathrm{d}t} = U_0 C\alpha^2 t\mathrm{e}^{-\alpha t} \quad (t \geq 0_+)$$

因为 $\alpha = \omega_0$,$\alpha^2 = \omega_0^2 = \dfrac{1}{LC}$,上式可写为

$$i = \frac{U_0}{L} t e^{-\alpha t} \quad (t \geqslant 0_+) \tag{7-10-11}$$

令 $i' = 0$ 可解得在

$$t_{max} = \frac{1}{\alpha}$$

时,电流为最大值。

式(7-10-10)、式(7-10-11)所示的 u_C, i 均为正值,当 $t \to \infty$ 时,电容电压和电路中的电流都趋于零。

对于图 7-10-1 所示的 RLC 串联电路,称电阻

$$R_d = 2\sqrt{\frac{L}{C}}$$

为临界电阻,此时的过渡过程称为临界情况。

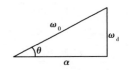

图 7-10-2

3. $R < 2\sqrt{\dfrac{L}{C}}$ (即 $\alpha < \omega_0$)

令 $\omega_d = \sqrt{\omega_0^2 - \alpha^2}$,特征根

$$p_1 = -\alpha + j\omega_d, \quad p_2 = -\alpha - j\omega_d$$

是一对共轭复数,式(7-10-1)的解为

$$u_C = e^{-\alpha t}(A_1 \cos \omega_d t + A_2 \sin \omega_d t)$$

应用两角和的三角函数公式,上式可写为

$$u_C = A e^{-\alpha t} \sin(\omega_d t + \theta) \tag{7-10-12}$$

的形式,上式中的 A 和 θ 可由式(7-10-2)和式(7-10-3)所示的初始条件确定。

根据式(7-10-3) $u_C'(0_+) = 0$,式(7-10-12)的一阶导数

$$0 = A(-\alpha \sin \theta + \omega_d \cos \theta)$$

即得

$$\tan \theta = \frac{\omega_d}{\alpha}, \quad \theta = \arctan \frac{\omega_d}{\alpha}$$

θ 与 α、ω_0、ω_d 之间存在如图 7-10-2 所示的直角三角形关系。

由式(7-10-2) $u_C(0_+) = U_0$ 和式(7-10-12),有 $U_0 = A \sin \theta$,即得

$$A = \frac{U_0}{\sin \theta} = U_0 \frac{\omega_0}{\omega_d}$$

零输入响应电容电压为

$$u_C = U_0 \frac{\omega_0}{\omega_d} e^{-\alpha t} \sin(\omega_d t + \theta) \quad (t \geqslant 0_+) \tag{7-10-13}$$

根据式(7-10-13)得零输入响应电流

$$i = -C\frac{\mathrm{d}u_\mathrm{C}}{\mathrm{d}t} = U_0\frac{C\omega_0^2}{\omega_\mathrm{d}}\mathrm{e}^{-\alpha t}\sin\omega_\mathrm{d}t = \frac{U_0}{L\omega_\mathrm{d}}\mathrm{e}^{-\alpha t}\sin\omega_\mathrm{d}t \quad (t\geqslant 0_+) \qquad (7\text{-}10\text{-}14)$$

式(7-10-13)和式(7-10-14)表明:电容电压 u_C 和电路中的电流 i 是减幅的正弦函数。u_C 和 i 的幅值随时间按指数规律衰减,衰减的快慢决定于 α,故称 α 为衰减系数,ω_d 为衰减振荡的角频率。此时电路中的现象是振荡放电,又称为欠阻尼情况。

在 RLC 串联电路中,由换路前电容元件的储能引起的零输入响应的函数形式由 R、L、C 三个元件的参数决定,当 R 大于、等于、小于临界电阻 R_d 时,电路中的零输入响应将分别呈现过阻尼(非振荡放电)、临界阻尼、欠阻尼情况(振荡放电)。

图 7-10-3(a)和(b)分别表示了 RLC 串联电路在过阻尼情况和欠阻尼情况时零输入响应电压 u_C 和响应电流 i 随时间变化的曲线。在图 7-10-3(b)中,$\pm U_0\dfrac{\omega_0}{\omega_\mathrm{d}}\mathrm{e}^{-\alpha t}$ 是 u_C 的包络线,u_C 的过零点为 $\omega_\mathrm{d}t = n\pi - \theta, n = 1,2,3\cdots$ $\pm\dfrac{U_0}{L\omega_\mathrm{d}}\mathrm{e}^{-\alpha t}$ 是 i 的包络线,i 的过零点为 $\omega_\mathrm{d}t = n\pi, n = 0,1,2\cdots$

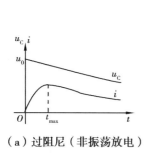

（a）过阻尼（非振荡放电）

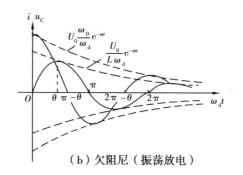

（b）欠阻尼（振荡放电）

图 7-10-3　二阶电路的零输入响应

过阻尼情况也称为非振荡放电。如图 7-10-3(a)中的曲线所示,电容电压 u_C 从初始值 U_0 开始单调下降,电容元件放电,所储存的电场能量逐渐释出来,放电电流始终为正值。在电流从零逐渐增大到最大值的时间区间内,电容元件释放的电场能量部分被转换为磁场能量储存于电感元件中,其余部分被电阻元件吸收。当放电电流到达最大值以后,电流逐渐减小,从电流达到最大值的时刻起至 $t\to\infty$ 时间内,电容元件继续放电、释放电场能,电感元件亦释放磁场能,均被电阻元件吸收。到 $t\to\infty$ 时,电流减小直至趋于零。

欠阻尼情况又称为振荡放电过程。在放电过程中,电容电压 u_C 和电流 i 都是幅值衰减的正弦函数,表明电容元件和电感元件既有释放能量的过程又有吸收储存能量的过程。在图 7-10-3(b)所示的曲线中,在 $0 < \omega_\mathrm{d}t < \theta$ 对应的时间区间内,电容电压 u_C 减小,

电流 i 增大,表明电容元件释放的电场能量一部分转换为磁场能量储存于电感元件中,其余部分被电阻元件吸收;在 $\theta < \omega_d t < (\pi - \theta)$ 对应的时间区间内,电容电压继续减小至 0,电流 i 减小,表明电容元件和电感元件均释放能量,被电阻元件吸收;在 $(\pi - \theta) < \omega_d t < \pi$ 对应的时间区间内,电流 i 继续减小,而电容电压由 0 变为负值,即电容被反方向充电,表明电感元件释放的磁场能量一部分转换为电场能量储存于电容元件中,另一部分被电阻元件吸收。$\omega_d t > \pi$ 以后的放电过程可以作类似的分析。由于电阻元件不断吸收能量,在振荡放电过程中,电容元件和电感元件所储存的能量逐渐减少直至被电阻元件消耗殆尽。

4. $R = 0$(即 $\alpha = 0$)

此时,$\omega_d = \omega_0 = \dfrac{1}{\sqrt{LC}}$,特征根为

$$p_1 = j\omega_d = j\omega_0, \quad p_2 = -j\omega_d = -j\omega_0$$

鉴于 $\alpha = 0$,放电过程成为等幅振荡或称为无阻尼振荡。

例 7-10-1 图 7-10-4 所示电路,已知 $u_C(0_-) = 2\,\text{V}$,$L = \dfrac{1}{2}\,\text{H}$,$C = \dfrac{1}{4}\,\text{F}$。试求 R 分别为 $3, 2\sqrt{2}, 2, 1, 0\ \Omega$ 5 种情况下换路后的响应 u_C 和 i。

解 $t > 0$ 时,以电容电压 u_C 为输出的电路方程

$$LC\dfrac{\mathrm{d}^2 u_C}{\mathrm{d}t^2} + RC\dfrac{\mathrm{d}u_C}{\mathrm{d}t} + u_C = 0$$

方程的初始条件为

$$u_C(0_+) = u_C(0_-) = 2\,\text{V},\ u_C'(0_+) = \dfrac{i(0_+)}{C} = 0$$

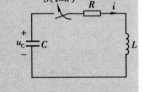

图 7-10-4

1. 当 $R = 3\ \Omega$ 时,特征方程为 $\dfrac{1}{8}p^2 + \dfrac{3}{4}p + 1 = 0$,特征根为

$$p_1 = -2\,\text{s}^{-1},\ p_2 = -4\,\text{s}^{-1}$$

是过阻尼情况。方程的解为 $u_C = A_1 e^{-2t} + A_2 e^{-4t}$。由初始条件可得

$$A_1 + A_2 = 2,\ -2A_1 - 4A_2 = 0$$

解得 $A_1 = 4$,$A_2 = -2$。故

$$u_C = (4e^{-2t} - 2e^{-4t})\,\text{V} \quad (t \geq 0_+)$$

$$i = -C\dfrac{\mathrm{d}u_C}{\mathrm{d}t} = 2(e^{-2t} - e^{-4t})\,\text{A} \quad (t \geq 0_+)$$

2. 当 $R = 2\sqrt{2}\ \Omega$ 时,特征方程 $\dfrac{1}{8}p^2 + \dfrac{2\sqrt{2}}{4}p + 1 = 0$,特征根为

$$p_1 = p_2 = -2\sqrt{2}\,\text{s}^{-1}$$

是临界情况。方程的解为 $u_C = (A_1 + A_2 t) \mathrm{e}^{-2\sqrt{2}\,t}$。由初始条件可得

$$A_1 = 2, A_2 = 4\sqrt{2}$$

故
$$u_C = (2 + 4\sqrt{2}t) \mathrm{e}^{-2\sqrt{2}\,t} \text{ V} \quad (t \geqslant 0_+)$$

$$i = -C \frac{\mathrm{d}u_C}{\mathrm{d}t} = 4t \mathrm{e}^{-2\sqrt{2}\,t} \text{ A} \quad (t \geqslant 0_+)$$

3. 当 $R = 2\ \Omega$ 时,特征方程为 $\frac{1}{8}p^2 + \frac{1}{2}p + 1 = 0$,特征根为

$$p_1 = (-2 + \mathrm{j}2)\,\mathrm{s}^{-1}, p_2 = (-2 - \mathrm{j}2)\,\mathrm{s}^{-1}$$

是欠阻尼情况。方程的解为 $u_C = A\mathrm{e}^{-\alpha t}\sin(\omega_d t + \theta)$,式中 $\alpha = 2\mathrm{s}^{-1}, \omega_d = 2\ \mathrm{rad/s}$。由初始条件可得

$$A\sin\theta = 2$$

$$-2\sin\theta + 2\cos\theta = 0$$

解得 $\theta = 45°, A = 2\sqrt{2}$。故

$$u_C = 2\sqrt{2}\mathrm{e}^{-2t}\sin(2t + 45°) \text{ V} \quad (t \geqslant 0_+)$$

$$i = -C \frac{\mathrm{d}u_C}{\mathrm{d}t} = 2\mathrm{e}^{-2t}\sin 2t \text{ A} \quad (t \geqslant 0_+)$$

也可应用式(7-10-13)和式(7-10-14),由 $\omega_0 = 2\sqrt{2}\ \mathrm{rad/s}, \theta = \arctan\dfrac{\omega_d}{\alpha} = 45°$,得

$$u_C = U_0 \frac{\omega_0}{\omega_d}\mathrm{e}^{-\alpha t}\sin(\omega_d t + \theta) = 2\sqrt{2}\mathrm{e}^{-2t}\sin(2t + 45°) \text{ V} \quad (t \geqslant 0_+)$$

$$i = \frac{U_0}{L\omega_d}\mathrm{e}^{-\alpha t}\sin\omega_d t = 2\mathrm{e}^{-2t}\sin 2t \text{ A} \quad (t \geqslant 0_+)$$

4. 当 $R = 1\ \Omega$ 时,特征方程为 $\frac{1}{8}p^2 + \frac{1}{4}p + 1 = 0$,特征根为

$$p_1 = (-1 + \mathrm{j}2.65)\,\mathrm{s}^{-1}, p_2 = (-1 - \mathrm{j}2.65)\,\mathrm{s}^{-1}$$

是欠阻尼情况。方程的解为 $u_C = A\mathrm{e}^{-\alpha t}\sin(\omega_d t + \theta)$,式中 $\alpha = 1\mathrm{s}^{-1}, \omega_d = 2.65\ \mathrm{rad/s}$。由初始条件可得

$$A\sin\theta = 2$$

$$-\sin\theta + 2.65\cos\theta = 0$$

解得 $\theta = \arctan 2.65 = 69.33°, A = 2.14$。故

$$u_C = 2.14\mathrm{e}^{-t}\sin(2.65t + 69.33°) \text{ V} \quad (t \geqslant 0_+)$$

$$i = -C \frac{\mathrm{d}u_C}{\mathrm{d}t} = 1.5\mathrm{e}^{-t}\sin 2.65t \text{ A} \quad (t \geqslant 0_+)$$

也可应用式(7-10-13)和式(7-10-14)，由 $\omega_0 = 2\sqrt{2}$ rad/s, $\theta = \arctan\dfrac{\omega_d}{\alpha} = 69.33°$，得

$$u_C = U_0 \frac{\omega_0}{\omega_d} e^{-\alpha t} \sin(\omega_d t + \theta) = 2.14 e^{-t} \sin(2.65t + 69.33°)\,\text{V} \quad (t \geqslant 0_+)$$

$$i = \frac{U_0}{L\omega_d} e^{-\alpha t} \sin \omega_d t = 1.5 e^{-t} \sin 2.65t\,\text{A} \quad (t \geqslant 0_+)$$

u_C、i 随时间变化的曲线如图 7-10-5 所示。

比较 R 为 1 Ω、2 Ω 两种欠阻尼情况可以看出：若 L、C 不变，当 R 减小时，α 减小，即幅值衰减减小，ω_d 增大，即振荡频率增高。

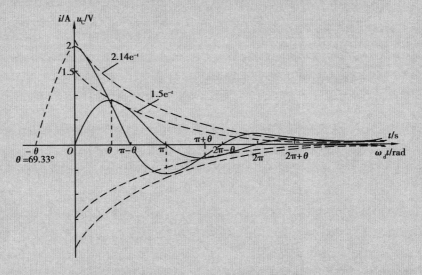

图 7-10-5　u_C、i 随时间变化的曲线

5. 当 $R = 0$ 时，特征方程为 $\dfrac{1}{8}p^2 + 1 = 0$，特征根为

$$p_1 = j2\sqrt{2}\,\text{s}^{-1}, \quad p_2 = -j2\sqrt{2}\,\text{s}^{-1}$$

为无阻尼振荡。$\alpha = 0$，$\omega_d = \omega_0 = 2\sqrt{2}$ rad/s，$\theta = \arctan\dfrac{\omega_d}{\alpha} = 90°$。

根据式(7-10-13)和式(7-10-14)可得

$$u_C = U_0 \frac{\omega_0}{\omega_d} e^{-\alpha t} \sin(\omega_d t + \theta) = 2\sin(2\sqrt{2}t + 90°)\,\text{V} \quad (t \geqslant 0_+)$$

$$i = \frac{U_0}{L\omega_d} e^{-\alpha t} \sin \omega_d t = \sqrt{2}\sin 2\sqrt{2}t\,\text{A} \quad (t \geqslant 0_+)$$

此时的响应为等幅振荡。

7-11 二阶电路的零状态响应和全响应

7-11-1 二阶电路的零状态响应

图 7-11-1 所示电路,开关 S 在 $t=0$ 瞬时闭合,假设开关 S 闭合前瞬时电容电压 $u_C(0_-)=0$,电感电流 $i_L(0_-)=0$,$t>0$ 以后,电路中的响应是零状态响应。

$t>0$ 时,以电容电压 u_C 为输出的电路方程为

$$L\frac{\mathrm{d}}{\mathrm{d}t}\Big[C\frac{\mathrm{d}u_C}{\mathrm{d}t}+\frac{u_C}{R}\Big]+u_C=5$$

式中 $L=1\ \mathrm{H}$、$C=1\ \mathrm{F}$、$R=1\ \Omega$,得

$$\frac{\mathrm{d}^2u_C}{\mathrm{d}t^2}+\frac{\mathrm{d}u_C}{\mathrm{d}t}+u_C=5 \qquad (7\text{-}11\text{-}1)$$

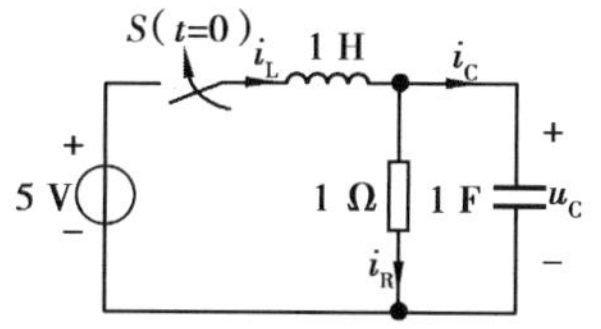

图 7-11-1 二阶电路的零状态响应

式(7-11-1)所示方程是二阶常系数非齐次线性微分方程。图 7-11-1 所示电路在换路后有 $u_C(0_+)=u_C(0_-)=0$、$i_L(0_+)=i_L(0_-)=0$,由此可得初始条件为

$$u_C(0_+)=0$$

$$u'_C(0_+)=\frac{i_C(0_+)}{C}=\frac{i_L(0_+)-i_R(0_+)}{C}=\frac{i_L(0_+)-\dfrac{u_C(0_+)}{R}}{C}=\frac{0-\dfrac{0}{1}}{1}=0$$

设式(7-11-1)的解为

$$u_C=u_{Ct}+u_{Cf}$$

u_{Ct} 为式(7-11-1)对应的齐次方程的通解,u_{Cf} 为式(7-11-1)的特解。式(7-11-1)所示方程的特征根

$$p=-\alpha\pm\mathrm{j}\omega_d=\Big(-\frac{1}{2}\pm\frac{1}{2}\sqrt{1-4}\Big)\mathrm{s}^{-1}=\Big(-\frac{1}{2}\pm\mathrm{j}\frac{\sqrt{3}}{2}\Big)\mathrm{s}^{-1}$$

为一对共轭复根,设齐次方程的通解为

$$u_{Ct}=A\mathrm{e}^{-\frac{1}{2}t}\sin\Big(\frac{\sqrt{3}}{2}t+\theta\Big)$$

式(7-11-1)的特解 $u_{Cf}=5\ \mathrm{V}$,故方程的解为

$$u_C=u_{Ct}+u_{Cf}=A\mathrm{e}^{-\frac{1}{2}t}\sin\Big(\frac{\sqrt{3}}{2}t+\theta\Big)+5$$

根据初始条件有

$$u_C(0_+)=A\sin\theta+5=0$$

$$u'_C(0_+)=-\frac{1}{2}A\sin\theta+\frac{\sqrt{3}}{2}A\cos\theta=0$$

由上两式解得

$$\theta = \arctan \frac{\frac{\sqrt{3}}{2}}{\frac{1}{2}} = 60°, A = -\frac{5}{\sin\theta} = -\frac{5}{\sin 60°} = -\frac{10\sqrt{3}}{3}$$

图 7-11-1 所示电路在 $t>0$ 时的零状态响应电容电压

$$u_C = \left[-\frac{10\sqrt{3}}{3} e^{-\frac{t}{2}} \sin\left(\frac{\sqrt{3}}{2}t + 60°\right) + 5 \right] \text{V} \quad (t \geqslant 0_+)$$

7-11-2　二阶电路的全响应

图 7-11-2 所示电路,开关 S 在 $t=0$ 瞬时由 a 切换到 b,假设换路前电路已处于稳态,即有 $u_C(0_-) = 1$ V,$i_L(0_-) = 1$ A,换路后电路中的响应即为全响应。

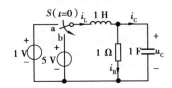

图 7-11-2　二阶电路的全响应

$t>0$ 时以电容电压 u_C 为输出的电路方程为

$$\frac{d^2 u_C}{dt^2} + \frac{du_C}{dt} + u_C = 5 \qquad (7\text{-}11\text{-}2)$$

换路后有　$u_C(0_+) = u_C(0_-) = 1$ V

$i_L(0_+) = i_L(0_-) = 1$ A

式 7-11-2 的初始条件为

$$u_C(0_+) = u_C(0_-) = 1 \text{ V}$$

$$u'_C(0_+) = \frac{i_C(0_+)}{C} = \frac{i_L(0_+) - i_R(0_+)}{C} = \frac{i_L(0_+) - \dfrac{u_C(0_+)}{R}}{C} = \frac{1 - \dfrac{1}{1}}{1} = 0$$

对式 7-11-2 所示的方程,应用图 7-11-1 电路的结果,其解可设为

$$u_C = u_{Ct} + u_{Cf} = A e^{-\frac{1}{2}t} \sin\left(\frac{\sqrt{3}}{2}t + \theta\right) + 5$$

根据初始条件有

$$u_C(0_+) = A\sin\theta + 5 = 1$$

$$u'_C(0_+) = -\frac{1}{2}A\sin\theta + \frac{\sqrt{3}}{2}A\cos\theta = 0$$

由上两式解得

$$\theta = \arctan \frac{\frac{\sqrt{3}}{2}}{\frac{1}{2}} = 60°, A = \frac{-5+1}{\sin\theta} = \frac{-4}{\sin 60°} = -\frac{8\sqrt{3}}{3}$$

图 7-11-2 所示电路在 $t>0$ 时的全响应

$$u_C = \left[-\frac{8\sqrt{3}}{3} e^{-\frac{t}{2}} \sin\left(\frac{\sqrt{3}}{2}t + 60°\right) + 5 \right] \text{V} \quad (t \geqslant 0_+)$$

习　题

7-1　题 7-1 图所示电路,开关 S 在 $t=0$ 时闭合接通电路,开关闭合前的电容电压 $u_C(0_-)=1$ V。(1)以电容电压 u_C 为输出变量建立 $t>0$ 时,电路的输入—输出方程;(2)若 $i_S=4$ A,求 $t>0$ 时的电容电压 u_C;(3)若 $i_S=4e^{-2t}$ A,求 $t>0$ 时的电容电压 u_C;(4)分别指出电容电压 u_C 中的自然响应分量和强迫响应分量;u_C 中的暂态分量和稳态分量。

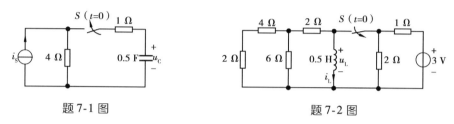

题 7-1 图　　　　　　　　题 7-2 图

7-2　题 7-2 图所示电路,开关 S 在 $t=0$ 时断开,已知开关 S 断开前电路已工作很长时间,试求 $t>0$ 时的电感电流 i_L 和电感电压 u_L,指出电感电流 i_L 中的自然响应分量和强迫响应分量,i_L 中的暂态分量和稳态分量。

7-3　题 7-3 图所示电路,以电感电流 i_L 为输出变量建立输入—输出方程。

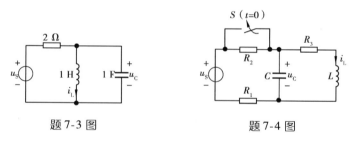

题 7-3 图　　　　　　　　题 7-4 图

7-4　题 7-4 图所示电路,开关 S 在 $t=0$ 时闭合,已知开关 S 闭合前电路已工作很长时间,试求换路后电感电流的初始值 $i_L(0_+)$、电容电压的初始值 $u_C(0_+)$ 以及电感电流的一阶导数的初始值 $i_L'(0_+)$、电容电压的一阶导数的初始值 $u_C'(0_+)$。

7-5　题 7-5 图所示电路,开关 S 在 $t=0$ 时断开,已知开关 S 断开前电路工作很长时间,试求 $i_1(0_+)$、$i_L(0_+)$、$u_C(0_+)$ 以及 $i_L'(0_+)$、$u_C'(0_+)$。

7-6　题 7-6 图所示电路,开关 S 在 $t=0$ 时闭合,已知开关 S 闭合前电路已工作很长时间,试求换路后的初始值 $i_L(0_+)$、$u_C(0_+)$ 以及 $i_L'(0_+)$、$u_C'(0_+)$。

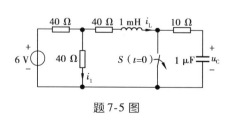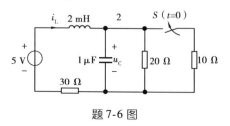

题 7-5 图　　　　　　　　题 7-6 图

7-7 已知题7-7图所示电路在换路前已工作很长时间,试求换路后电感电流的初始值$i_L(0_+)$、电容电压的初始值$u_C(0_+)$以及$i_{R1}(0_+)$、$i_{R2}(0_+)$、$i_L'(0_+)$和$u_C'(0_+)$。

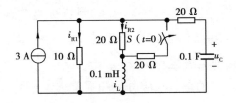

题7-7 图

7-8 试用单位阶跃函数表示题7-8图中的电压u、电流i。

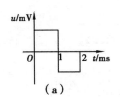

（a）

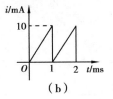

（b）

题7-8 图

7-9 在题7-9图所示电路中,已知电容电压$u_C(0_-)=0$,试求$u_C(0_+)$。

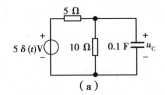

（a）

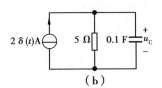

（b）

题7-9 图

7-10 在题7-10图所示电路中,已知电感电流$i_L(0_-)=0$,试求$i_L(0_+)$。

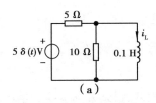

（a）

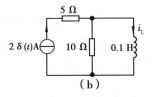

（b）

题7-10 图

7-11 题7-11图所示电路,开关S在$t=0$时断开,若S断开前电路已处于稳态,求$t>0$时的u_C和i,并绘出其随时间变化的曲线。

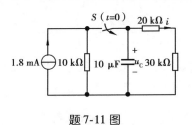

题7-11 图

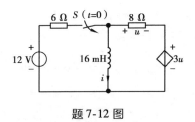

题7-12 图

7-12　题 7-12 图所示电路,若开关断开前电路已处于稳态,求 $t > 0$ 时的 i 和 u,计算 0.5,1,1.5,2 ms 时刻的电流 i 之值。

7-13　试求题 7-13 图所示电路的时间常数。

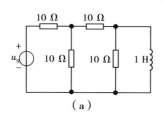
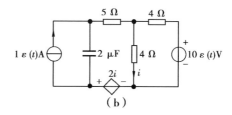

题 7-13 图

7-14　题 7-14 图所示电路,$t = 0$ 时开关 S_1 断开,$t = 0.5$ s 时开关 S_2 闭合接通电路。若 S_1 断开前电路已处于稳态,求 $t > 0$ 时的电流 i 和电压 u,绘出 i 和 u 随时间变化的曲线。

7-15　题 7-15 图所示电路,$t = 0$ 时开关 S_1 和 S_2 同时断开。若 S_1 和 S_2 断开前电路已处于稳态,求 $t > 0$ 时的电压 u 和电流 i。

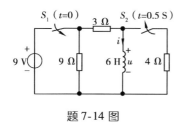
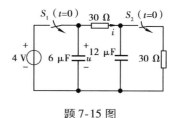

题 7-14 图　　　　　　　　　题 7-15 图

7-16　题 7-16 图所示电路,已知开关 S 在 $t = 0$ 时接通电路且电路接通前电容元件尚未储能,求 $t > 0$ 时的电容电压 u_C 和电容电流 i_C。

7-17　题 7-17 图所示电路,$u_S = 2\varepsilon(t)$ V,求零状态响应电压 u_C。

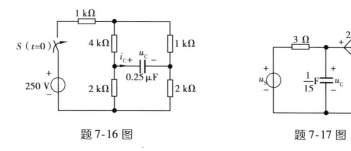

题 7-16 图　　　　　　　　　题 7-17 图

7-18　题 7-18(a) 图所示电路中的二端网络 N 是由电阻元件和一个电容元件或一个电感元件组成的零状态的二端网络,已知 $u_S = 6\varepsilon(t)$ V。

(1) 若电流 i 的波形如图 7-18(b) 所示,试确定 N 可能的结构及其元件参数;

(2) 若电流 i 的波形如图 7-18(c) 所示,试确定 N 可能的结构及其元件参数。

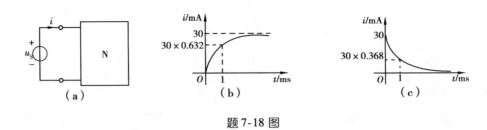

题 7-18 图

7-19 题 7-19(a)图所示电路,已知 $u_C(0_-)=0$,电压源 u_s 的波形如题 7-19(b)所示,求电容电压 u_C。

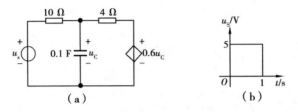

题 7-19 图

7-20 题 7-20(a)图所示电路,已知 $u_C(0_-)=0$,电压源 u_s 的波形如题 7-20(b)所示,求电容电压 u_C。

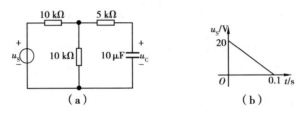

题 7-20 图

7-21 题 7-21 图所示电路。已知 $u_C(0_-)=0$,求 $t>0$ 时的 u_C 和 i。

7-22 题 7-22 图所示电路,$u_s=10\text{ V}$,$R=2\ \Omega$,$M=8\text{ H}$,$L_1=12\text{ H}$,$L_2=16\text{ H}$。若 $t=0$ 时开关 S 闭合接通电路,试求 $t>0$ 时的零状态响应电流 i_1。

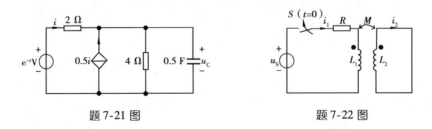

题 7-21 图   题 7-22 图

7-23 题 7-23(a)图所示电路,已知 $u_C(0_-)=0$,电压 u_s 的波形如题 7-23(b)所示,求电容电压 u_C 和电流 i_C,并绘出它们随时间变化的曲线。

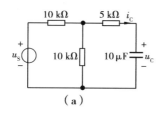
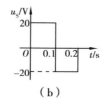

（a） （b）

题 7-23 图

7-24 题 7-24 图所示电路,开关 S 在 $t=0$ 时由 a 切换到 b,若已知 S 在 a 位置时电路已处于稳态,试求 $t>0$ 时的响应 u_C 和 i。

7-25 题 7-25 图所示电路,若开关 S 闭合前电路已工作很长时间,试求 $t>0$ 时的电容电压 u_C 和电流 i。

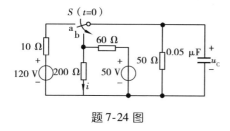
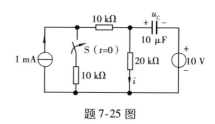

题 7-24 图 题 7-25 图

7-26 题 7-26 图所示电路,若开关 S 闭合前电路已处于稳态,试求 $t>0$ 时的电感电流 i_L 和电感电压 u_L,绘出 i_L、u_L 随时间变化的曲线。

7-27 在题 7-27 图所示电路中,$u_S=1$ V,开关 S 在 $t=0$ 时闭合接通电路,且 $u_C(0_-)=0.2$ V,试求 $t>0$ 时的响应 u_0,指出 u_0 中的零输入响应分量和零状态响应分量,强迫响应分量和自然响应分量。

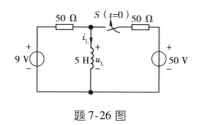
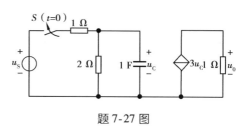

题 7-26 图 题 7-27 图

7-28 题 7-28 图所示电路。已知:当 $i_S=3\varepsilon(t)$ A,$u_S=0$ 时,电容电压 $u_C=(6-5.5e^{-0.5t})$ V$(t>0)$;当 $i_S=0$,$u_S=3\varepsilon(t)$ V 时,$u_C=(2-1.5e^{-0.5t})$ V$(t>0)$。试求:(1)R_1、R_2、C 的值;(2)当 $i_S=3\varepsilon(t)$ A,$u_S=3\varepsilon(t)$ V 时的电容电压 u_C。

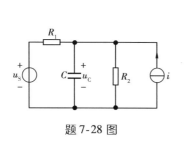
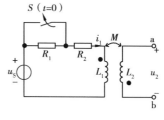

题 7-28 图 题 7-29 图

7-29　在题 7-29 图所示电路中，$u_S = 10$ V，$R_1 = R_2 = 5$ kΩ，$L_1 = 50$ mH，$L_2 = 20$ mH，$M = 10$ mH，开关 S 闭合前电路已处于稳态。

（1）若 a、b 端子开路，试求 $t > 0$ 时的电压 u_2；

（2）若 a、b 端子短路，试求 $t > 0$ 时的电流 i_1。

7-30　在题 7-30（a）图所示电路中，电压源 u_S 的波形如题 7-30（b）所示。试证明电路稳定以后电容电压的最大值为 $u_{Cmax} = \dfrac{U_S}{1 + e^{-\frac{T}{RC}}}$，最小值为 $u_{Cmin} = \dfrac{U_S e^{-\frac{T}{RC}}}{1 + e^{-\frac{T}{RC}}}$。

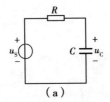
（a）

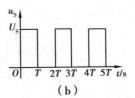
（b）

题 7-30 图

7-31　在题 7-31 图所示电路中，已知开关 S 在 $t = 0$ 时由 b 切换到 a，若 S 切换前电路已处于稳态，试求 $t > 0$ 时的响应 u 和 i。

7-32　在题 7-32 图所示电路中，已知开关 S 断开前电路已工作很长时间，试求电阻 R 为 25，50，100 Ω 3 种情况下的响应电流 i_L。

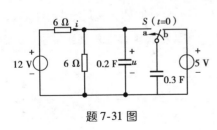

题 7-31 图

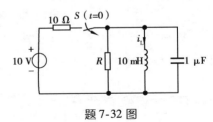

题 7-32 图

线性动态电路的复频域分析

本章介绍用拉普拉斯变换的方法分析线性动态电路。在引入基尔霍夫定律的复频域形式和电路元件的复频域模型的基础上,建立电路的复频域代数方程,解得电路变量的象函数后,根据拉普拉斯反变换获得电路变量的原函数。

8-1 拉普拉斯变换和拉普拉斯反变换

在第七章中介绍了动态电路的电路方程是微分方程。在工程数学的积分变换课程中曾经讲授过应用拉普拉斯变换求解常系数线性微分方程的方法,显然,在分析动态电路时,应用拉普拉斯变换是可行的。事实上,在分析含有多个线性动态元件的电路时,将会碰到求解高阶常系数线性微分方程的困难。因此,应用拉普拉斯变换分析线性动态电路显得很有意义。为了方便后面的讲授,先回顾相关的数学知识。

8-1-1 拉普拉斯变换和拉普拉斯反变换

定义在$[0,\infty)$区间的函数$f(t)$的拉普拉斯变换(简称拉氏变换)$F(s)$定义为

$$F(s) = \int_{0_-}^{\infty} f(t)\,e^{-st}\mathrm{d}t \tag{8-1-1}$$

式中$s = \sigma + \mathrm{j}\omega$为复参量,$f(t)$称为$F(s)$的原函数,$F(s)$称为$f(t)$的象函数。

由$F(s)$求对应原函数$f(t)$的变换称为拉普拉斯反变换,其变换式为

$$f(t) = \frac{1}{2\pi\mathrm{j}} \int_{c-j\infty}^{c+j\infty} F(s)\,e^{st}\mathrm{d}s \tag{8-1-2}$$

上式中 c 为正的有限常数。

求 $f(t)$ 的拉普拉斯变换和求 $F(s)$ 的拉普拉斯反变换可分别采用如下记号

$$F(s) = \mathscr{L}[f(t)], \quad f(t) = \mathscr{L}^{-1}[F(s)]$$

8-1-2 拉普拉斯变换的基本性质

1. 线性性质

$$\mathscr{L}[af_1(t) \pm bf_2(t)] = a\mathscr{L}[f_1(t)] \pm b\mathscr{L}[f_2(t)] \tag{8-1-3}$$

式中 a, b 为实常数。

2. 微分性质

设函数 $f(t)$ 的一阶导数为 $f'(t) = \dfrac{\mathrm{d}f}{\mathrm{d}t}$，若 $F(s) = \mathscr{L}[f(t)]$，则

$$\mathscr{L}[f'(t)] = sF(s) - f(0_-) \tag{8-1-4}$$

设 $f(t)$ 的二阶导数为 $f''(t) = \dfrac{\mathrm{d}^2 f}{\mathrm{d}t^2}$、$n$ 阶导数为 $f^n(t) = \dfrac{\mathrm{d}^n f}{\mathrm{d}t^n}$，则

$$\mathscr{L}[f''(t)] = s^2 F(s) - sf(0_-) - f'(0_-) \tag{8-1-5}$$

$$\mathscr{L}[f^n(t)] = s^n F(s) - s^{n-1} f(0_-) - s^{n-2} f'(0_-) - \cdots - f^{(n-1)}(0_-) \tag{8-1-6}$$

3. 积分性质

设函数 $f(t)$ 的积分为 $\displaystyle\int_{0_-}^{t} f(\xi)\mathrm{d}\xi$，若 $F(s) = \mathscr{L}[f(t)]$，则

$$\mathscr{L}\left[\int_{0_-}^{t} f(\xi)\mathrm{d}\xi\right] = \frac{F(s)}{s} \tag{8-1-7}$$

4. 延时性质

若函数 $f(t)$ 的象函数为 $F(s) = \mathscr{L}[f(t)]$，则延时函数 $f(t-t_0)\varepsilon(t-t_0)$ 的象函数为

$$\mathscr{L}[f(t-t_0)\varepsilon(t-t_0)] = \mathrm{e}^{-st} F(s) \tag{8-1-8}$$

常用的拉普拉斯变换对见表 8-1-1。

表 8-1-1　拉普拉斯变换对

原函数	象函数
$\delta(t)$	1
$\varepsilon(t)$	$\dfrac{1}{s}$
$\mathrm{e}^{-\alpha t}$	$\dfrac{1}{s + \alpha}$
$1 - \mathrm{e}^{-\alpha t}$	$\dfrac{\alpha}{s(s + \alpha)}$

原函数	象函数
t	$\dfrac{1}{s^2}$
t^n（n 为正整数）	$\dfrac{n!}{s^{n+1}}$
$te^{-\alpha t}$	$\dfrac{1}{(s+\alpha)^2}$
$(1-\alpha t)e^{-\alpha t}$	$\dfrac{s}{(s+\alpha)^2}$
$\sin(\omega t)$	$\dfrac{\omega}{s^2+\omega^2}$
$\cos(\omega t)$	$\dfrac{s}{s^2+\omega^2}$
$\sin(\omega t+\theta)$	$\dfrac{s\sin\theta+\omega\cos\theta}{s^2+\omega^2}$
$\cos(\omega t+\theta)$	$\dfrac{s\cos\theta-\omega\sin\theta}{s^2+\omega^2}$
$e^{-\alpha t}\sin\omega t$	$\dfrac{\omega}{(s+\alpha)^2+\omega^2}$
$e^{-\alpha t}\cos\omega t$	$\dfrac{s+\alpha}{(s+\alpha)^2+\omega^2}$
$2\lvert K\rvert e^{-\alpha t}\cos(\omega t+\theta)\ (K=\lvert K\rvert e^{j\theta})$	$\dfrac{K}{s+\alpha-j\omega}+\dfrac{\overset{*}{K}}{s+\alpha+j\omega}$
$me^{-\alpha t}\cos\omega t+\dfrac{n-m\alpha}{\omega}e^{-\alpha t}\sin\omega t\ (m,n\text{ 为正整数})$	$\dfrac{ms+n}{(s+\alpha)^2+\omega^2}$

8-1-3　拉普拉斯反变换的部分分式展开法

应用拉普拉斯变换求解常系数线性微分方程时,所得到的求解量的象函数往往是一个复杂的有理函数,无法直接应用拉普拉斯变换表获得其原函数。在进行拉普拉斯反变换时,可应用部分分式展开法将象函数展开为若干个简单的分式,而这些简单的分式可直接应用拉普拉斯变换表中的变换对得到其象函数。

设象函数为

$$F(s)=\frac{N(s)}{D(s)}=\frac{a_m s^m+a_{m-1}s^{m-1}+\cdots+a_1 s+a_0}{b_n s^n+b_{n-1}s^{n-1}+\cdots+b_1 s+b_0} \tag{8-1-9}$$

式中 m 和 n 为正整数,且 $m<n$,即 $F(s)$ 为有理真分式。如果 $m\geqslant n$,则须先用除法将 $F(s)$ 化为

$$F(s) = \frac{N(s)}{D(s)} = Q(s) + \frac{N_0(s)}{D(s)} \tag{8-1-10}$$

式中 $Q(s)$ 是 $N(s)$ 除以 $D(s)$ 的商，$N_0(s)$ 是余式，$\dfrac{N_0(s)}{D(s)}$ 是有理真分式。求 $Q(s)$ 的原函数可直接查阅拉普拉斯变换表，得到其原函数。对有理真分式 $\dfrac{N_0(s)}{D(s)}$ 可用部分分式展开法将其展开为若干个简单的分式后再查阅拉普拉斯变换表，得到其原函数。

用部分分式法展开有理真分式时，需要对分母多项式 $D(s)$ 做因式分解，求出 $D(s) = 0$ 的根。设 $F(s)$ 为有理真分式，下面分 3 种情况讨论。

1. $D(s) = 0$ 有 n 个单根

设 n 个单根为 $p_1, p_2, \cdots, p_n$，则 $F(s)$ 可展开为

$$F(s) = \frac{N(s)}{D(s)} = \frac{K_1}{s - p_1} + \frac{K_2}{s - p_2} + \cdots + \frac{K_n}{s - p_n} \tag{8-1-11}$$

式中 $K_1, K_2, \cdots, K_n$ 为待定系数。

欲求 K_1，则将式(8-1-11)两端同乘以 $(s - p_1)$，得

$$(s - p_1)F(s) = K_1 + (s - p_1)\left(\frac{K_2}{s - p_2} + \cdots + \frac{K_n}{s - p_n} \right) \tag{8-1-12}$$

对式(8-1-12)令 $s = p_1$，即得

$$K_1 = \left[(s - p_1)F(s) \right]_{s = p_1}$$

同理可求得 $K_2, \cdots, K_n$，故计算待定系数 $K_1, K_2, \cdots, K_n$ 的计算式为

$$K_i = \left[(s - p_i)F(s) \right]_{s = p_i} \qquad i = 1, 2, \cdots, n \tag{8-1-13}$$

计算出部分分式的各个待定系数后，查阅拉普拉斯变换表即可得 $F(s)$ 的原函数

$$f(t) = \mathscr{L}^{-1}[F(s)] = \mathscr{L}^{-1}\left[\sum_{i=1}^{n} \frac{K_i}{s - p_i} \right] = \sum_{i=1}^{n} K_i e^{p_i t} \tag{8-1-14}$$

例 8-1-1　试求象函数 $F(s) = \dfrac{s + 1}{s^3 + 7s^2 + 10s}$ 的原函数。

解　对 $F(s)$ 的分母多项式做因式分解后，得其部分分式展开式

$$F(s) = \frac{s + 1}{s^3 + 7s^2 + 10s} = \frac{s + 1}{s(s + 2)(s + 5)}$$

$$= \frac{K_1}{s} + \frac{K_2}{s + 2} + \frac{K_3}{s + 5}$$

求待定系数 K_1, K_2, K_3

$$K_1 = \left[sF(s) \right]_{s=0} = \left[\frac{s + 1}{(s + 2)(s + 5)} \right]_{s=0} = \frac{1}{10}$$

$$K_2 = \left[(s+2)F(s) \right]_{s=-2} = \left[\frac{s+1}{s(s+5)} \right]_{s=-2} = \frac{1}{6}$$

$$K_3 = \left[(s+5)F(s) \right]_{s=-5} = \left[\frac{s+1}{s(s+2)} \right]_{s=-5} = -\frac{4}{15}$$

应用拉普拉斯变换表8-1-1得$F(s)$的原函数

$$f(t) = \mathscr{L}^{-1}\left[F(s) \right] = \mathscr{L}^{-1}\left[\frac{1}{10s} + \frac{1}{6(s+2)} - \frac{4}{15(s+5)} \right]$$

$$= \frac{1}{10} + \frac{1}{6}e^{-2t} - \frac{4}{15}e^{-5t}$$

2. $D(s) = 0$ 有共轭复根

设共轭复根为$p_1 = -\alpha + j\omega$、$p_2 = -\alpha - j\omega$,则$F(s)$有相应的部分分式

$$F(s) = \frac{N(s)}{D(s)} = \frac{K_1}{s+\alpha-j\omega} + \frac{K_2}{s+\alpha+j\omega} \qquad (8\text{-}1\text{-}15)$$

式中,设

$$K_1 = \left[(s+\alpha-j\omega)F(s) \right]_{s=-\alpha+j\omega} = |K|e^{j\theta} \qquad (8\text{-}1\text{-}16)$$

根据积分变换的知识可知,K_1、K_2为共轭复数,故

$$K_2 = \overset{*}{K_1} = \left[(s+\alpha+j\omega)F(s) \right]_{s=-\alpha-j\omega} = |K|e^{-j\theta} \qquad (8\text{-}1\text{-}17)$$

$F(s)$的部分分式展开式为

$$F(s) = \frac{K_1}{s+\alpha-j\omega} + \frac{K_2}{s+\alpha+j\omega} \qquad (8\text{-}1\text{-}18)$$

应用拉普拉斯变换表得$F(s)$的原函数

$$f(t) = \mathscr{L}^{-1}\left[F(s) \right] = \mathscr{L}^{-1}\left[\frac{K_1}{s+\alpha-j\omega} + \frac{K_2}{s+\alpha+j\omega} \right] = K_1 e^{(-\alpha+j\omega)t} + K_2 e^{(-\alpha-j\omega)t}$$

$$= |K|e^{j\theta}e^{(-\alpha+j\omega)t} + |K|e^{-j\theta}e^{(-\alpha-j\omega)t} = |K|e^{-\alpha t}\left[e^{j(\omega t+\theta)} + e^{-j(\omega t+\theta)} \right]$$

$$= 2|K|e^{-\alpha t}\cos(\omega t+\theta) \qquad (8\text{-}1\text{-}19)$$

因为K_1、K_2为共轭复数,所以也可根据拉普拉斯变换对

$$2|K|e^{-\alpha t}\cos(\omega t+\theta) = \mathscr{L}^{-1}\left[\frac{K}{s+\alpha-j\omega} + \frac{\overset{*}{K}}{s+\alpha+j\omega} \right]$$

得式(8-1-19)。

例8-1-2 试求象函数$F(s) = \dfrac{s+3}{s^2+2s+5}$的原函数。

解 分母多项式做因式分解为$(s+1-j2)(s+1+j2)$,$D(s)=0$有共轭复根$p_1 = -1+j2$ 和 $p_2 = -1-j2$。$F(s)$的部分分式展开式为

$$F(s) = \frac{K_1}{s+1-j2} + \frac{K_2}{s+1+j2}$$

式中
$$K_1 = (s+1-j2)F(s)\big|_{s=-1+j2} = \frac{s+3}{s+1+j2}\bigg|_{s=-1+j2}$$

$$= \frac{-1+j2+3}{-1+j2+1+j2} = \frac{2+j2}{j4} = 0.5 - j0.5 = 0.5\sqrt{2}e^{-j\frac{\pi}{4}}$$

即 $|K| = 0.5\sqrt{2}$、$\theta = -\dfrac{\pi}{4}$，则 $K_2 = K_1^* = |K|e^{-j\theta} = 0.5\sqrt{2}e^{j\frac{\pi}{4}}$

应用拉普拉斯变换表 8-1-1 得 $F(s)$ 的原函数

$$f(t) = \mathscr{L}^{-1}[F(s)] = \mathscr{L}^{-1}\left[\frac{0.5\sqrt{2}e^{-j\frac{\pi}{4}}}{s+1-j2} + \frac{0.5\sqrt{2}e^{j\frac{\pi}{4}}}{s+1+j2}\right]$$

$$= \sqrt{2}e^{-t}\cos\left(2t - \frac{\pi}{4}\right)$$

3. $D(s) = 0$ 有重根

设 p_1 为 $D(s) = 0$ 的三重根,其余为单根(假设有单根 p_2),则 $F(s)$ 可展开为

$$F(s) = \frac{N(s)}{D(s)} = \frac{K_{11}}{s-p_1} + \frac{K_{12}}{(s-p_1)^2} + \frac{K_{13}}{(s-p_1)^3} + \frac{K_2}{s-p_2} \qquad (8\text{-}1\text{-}20)$$

对于待定系数 K_2 仍可用前述单根情况的方法确定。欲确定 K_{11}、K_{12}、K_{13} 可按 K_{13}、K_{12}、K_{11} 的顺序进行。

(1)确定 K_{13}

将式(8-1-20)两端同乘以 $(s-p_1)^3$,有

$$(s-p_1)^3 F(s) = (s-p_1)^2 K_{11} + (s-p_1)K_{12} + K_{13} + (s-p_1)^3\frac{K_2}{s-p_2} \qquad (8\text{-}1\text{-}21)$$

对式(8-1-21)令 $s = p_1$,即得

$$K_{13} = (s-p_1)^3 F(s)\big|_{s=p_1} \qquad (8\text{-}1\text{-}22)$$

(2)确定 K_{12}

将式(8-1-21)两端对 s 求一阶导数,得

$$\frac{\mathrm{d}}{\mathrm{d}s}[(s-p_1)^3 F(s)] = 2(s-p_1)K_{11} + K_{12} + \frac{\mathrm{d}}{\mathrm{d}s}\left[(s-p_1)^3\frac{K_2}{s-p_2}\right] \qquad (8\text{-}1\text{-}23)$$

对式(8-1-23)令 $s = p_1$,即得

$$K_{12} = \frac{\mathrm{d}}{\mathrm{d}s}[(s-p_1)^3 F(s)]\big|_{s=p_1} \qquad (8\text{-}1\text{-}24)$$

（3）确定 K_{11}

将式（8-1-23）两端再对 s 求导后，令 $s = p_1$，得

$$\frac{d^2}{ds^2}\left[(s-p_1)^3 F(s)\right]\Big|_{s=p_1} = 2K_{11}$$

即得

$$K_{11} = \frac{1}{2}\frac{d^2}{ds^2}\left[(s-p_1)^3 F(s)\right]\Big|_{s=p_1} \tag{8-1-25}$$

例 8-1-3 试求象函数 $F(s) = \dfrac{1}{s(s+1)^3}$ 的原函数。

解 $D(s) = s(s+1)^3 = 0$ 有三重根 $p_1 = -1$ 和单根 $p_2 = 0$。$F(s)$ 的部分分式展开式为

$$F(s) = \frac{K_{11}}{s+1} + \frac{K_{12}}{(s+1)^2} + \frac{K_{13}}{(s+1)^3} + \frac{K_2}{s}$$

（1）求 K_2

$$K_2 = sF(s)\Big|_{s=0} = \frac{1}{(s+1)^3}\Big|_{s=0} = 1$$

（2）求 K_{13}

计算 $(s+1)^3 F(s)$，有 $(s+1)^3 F(s) = \dfrac{1}{s}$ $\qquad\qquad$ (8-1-26)

根据式（8-1-22），对式（8-1-26）令 $s = -1$，有

$$K_{13} = (s+1)^3 F(s)\Big|_{s=-1} = \frac{1}{s}\Big|_{s=-1} = -1$$

（3）求 K_{12}

根据式（8-1-24），对式（8-1-26）求导并令 $s = -1$，有

$$K_{12} = \frac{d}{ds}\left[(s+1)^3 F(s)\right]\Big|_{s=-1} = \frac{d}{ds}\left[\frac{1}{s}\right]\Big|_{s=-1} = \frac{-1}{s^2}\Big|_{s=-1} = -1$$

（4）求 K_{11}

根据式（8-1-25），对式（8-1-26）求二阶导数并令 $s = -1$，有

$$K_{11} = \frac{1}{2}\frac{d^2}{ds^2}\left[(s+1)^3 F(s)\right]\Big|_{s=-1} = \frac{1}{2}\frac{d^2}{ds^2}\left[\frac{1}{s}\right]\Big|_{s=-1} = \frac{1}{2}\frac{2s}{s^4}\Big|_{s=-1} = -1$$

得 $\qquad F(s) = -\dfrac{1}{s+1} - \dfrac{1}{(s+1)^2} - \dfrac{1}{(s+1)^3} + \dfrac{1}{s}$

应用拉普拉斯变换表 8-1-1 得 $F(s)$ 的原函数

$$f(t) = \mathscr{L}^{-1}\left[F(s)\right] = -e^{-t} - te^{-t} - t^2 e^{-t} + 1$$

8-2 基尔霍夫定律的复频域形式

应用拉普拉斯变换求解微分方程的方法是：先对微分方程进行拉普拉斯变换，将微分方程转化为求解量的象函数的代数方程，从代数方程中解出象函数，再用拉普拉斯反变换求象函数的原函数。

建立电路方程的依据是基尔霍夫定律和电路元件的电压、电流关系。应用拉普拉斯变换求解动态电路的方程时，对电路方程进行拉普拉斯变换，是对根据基尔霍夫定律和电路元件电压、电流关系所列写出的时域关系式进行拉普拉斯变换。因此，可先讨论对基尔霍夫定律的时域表达式和电路元件电压、电流时域关系式作拉普拉斯变换所获得的相关象函数的关系式。本节介绍用象函数表示的基尔霍夫定律。

基尔霍夫电流定律的时域表达式为

$$\sum i(t) = 0$$

设 $i(t)$ 的象函数 $I(s) = \mathscr{L}[i(t)]$，即有

$$\mathscr{L}[\sum i(t)] = \sum \mathscr{L}[i(t)] = \sum I(s) = 0$$

故有
$$\sum I(s) = 0 \tag{8-2-1}$$

鉴于 s 为复参量，具有频率的量纲，故常称为复频率，上式亦称为基尔霍夫电流定律的复频域形式。

基尔霍夫电压定律的时域表达式为

$$\sum u(t) = 0$$

设 $u(t)$ 的象函数 $U(s) = \mathscr{L}[u(t)]$，即有

$$\mathscr{L}[\sum u(t)] = \sum \mathscr{L}[u(t)] = \sum U(s) = 0$$

故有
$$\sum U(s) = 0 \tag{8-2-2}$$

上式称为基尔霍夫电压定律的复频域形式。

8-3 电路元件的复频域模型、复频域阻抗和复频域导纳

对电路元件电压、电流时域关系式作拉普拉斯变换可得到用电压象函数、电流象函数表示的电压、电流关系式，即复频域形式，引入复频域阻抗和复频域导纳可以获得电路元件的复频域模型。

8-3-1 电阻元件的复频域模型

在第一章中给出的电阻元件的时域形式电压、电流关系式为

$$u_\mathrm{R}(t) = Ri_\mathrm{R}(t)$$

和
$$i_\mathrm{R}(t) = Gu_\mathrm{R}(t)$$

对上两式作拉普拉斯变换

$$\mathscr{L}[u_\mathrm{R}(t)] = \mathscr{L}[Ri_\mathrm{R}(t)] = R\mathscr{L}[i_\mathrm{R}(t)]$$

和
$$\mathscr{L}[i_\mathrm{R}(t)] = \mathscr{L}[Gu_\mathrm{R}(t)] = G\mathscr{L}[u_\mathrm{R}(t)]$$

即得电阻元件电压、电流关系的复频域形式

$$U_\mathrm{R}(s) = RI_\mathrm{R}(s) \tag{8-3-1}$$

和
$$I_\mathrm{R}(s) = GU_\mathrm{R}(s) \tag{8-3-2}$$

定义电阻元件的复频域阻抗

$$Z_\mathrm{R}(s) = \frac{U(s)}{I(s)} = R \tag{8-3-3}$$

和复频域导纳
$$Y_\mathrm{R}(s) = \frac{I(s)}{U(s)} = G \tag{8-3-4}$$

可得电阻元件的复频域模型如图 8-3-1(b)所示。

（a）时域模型   （b）复频域模型

图 8-3-1 电阻元件

8-3-2 电容元件的复频域模型

在第一章中给出的电容元件的时域形式电压、电流关系式为

$$i_\mathrm{C}(t) = C\frac{\mathrm{d}u_\mathrm{C}(t)}{\mathrm{d}t}$$

和
$$u_\mathrm{C}(t) = u_\mathrm{C}(0_-) + \frac{1}{C}\int_{0_-}^{t} i_\mathrm{C}(\xi)\,\mathrm{d}\xi$$

对上两式作拉普拉斯变换得

$$I_\mathrm{C}(s) = sCU_\mathrm{C}(s) - Cu_\mathrm{C}(0_-) \tag{8-3-5}$$

和
$$U_\mathrm{C}(s) = \frac{1}{sC}I_\mathrm{C}(s) + \frac{u_\mathrm{C}(0_-)}{s} \tag{8-3-6}$$

定义电容元件的复频域阻抗

$$Z_\mathrm{C}(s) = \frac{U(s)}{I(s)} = \frac{1}{sC} \tag{8-3-7}$$

复频域导纳
$$Y_\mathrm{C}(s) = \frac{I(s)}{U(s)} = sC \tag{8-3-8}$$

可得电容元件的复频域模型如图 8-3-2(b)所示。

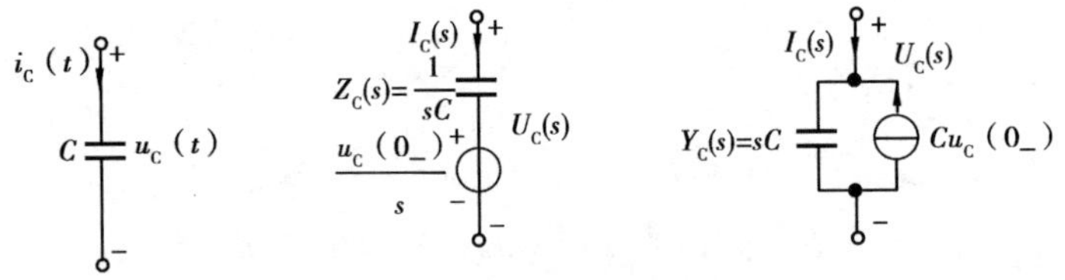

（a）时域模型　　　　　（b）复频域模型

图 8-3-2　电容元件

需要注意的是：在电容元件的复频域模型中，电压象函数与电流象函数之间是代数关系，而且含有由 $u_C(0_-)$ 所反映出的附加的电压源或附加的电流源。

8-3-3　电感元件的复频域模型

在第一章中给出的电感元件的时域形式电压、电流关系式为

$$u_L(t) = L\frac{di_L(t)}{dt}$$

和

$$i_L(t) = i_L(0_-) + \frac{1}{L}\int_{0_-}^{t} u_L(\xi)\,d\xi$$

对上两式作拉普拉斯变换得

$$U_L(s) = sLI_L(s) - Li_L(0_-) \tag{8-3-9}$$

和

$$I_L(s) = \frac{1}{sL}U_L(s) + \frac{i_L(0_-)}{s} \tag{8-3-10}$$

定义电感元件的复频域阻抗

$$Z_L(s) = \frac{U(s)}{I(s)} = sL \tag{8-3-11}$$

和复频域导纳

$$Y_L(s) = \frac{I(s)}{U(s)} = \frac{1}{sL} \tag{8-3-12}$$

可得电感元件的复频域模型如图 8-3-3(b)所示。

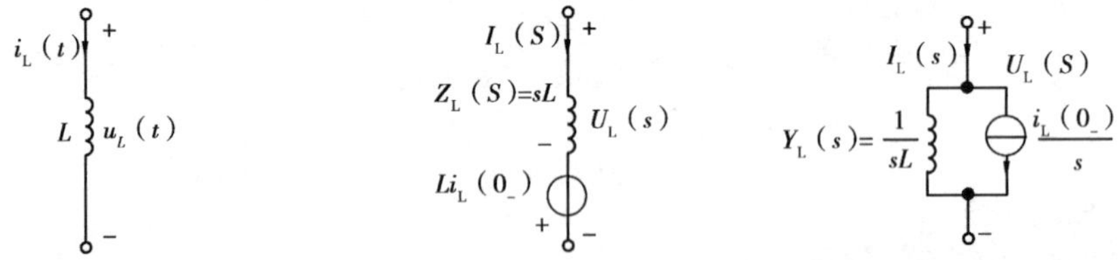

（a）时域模型　　　　　　（b）复频域模型

图 8-3-3　电感元件

与电容元件的复频域模型相似，在电感元件的复频域模型中，电压象函数与电流象函数之间是代数关系，而且含有由 $i_L(0_-)$ 所反映出的附加的电压源或附加的电流源。

8-3-4 耦合电感元件的复频域模型

根据 4-1 节给出的耦合电感元件的时域形式电压、电流关系式可以得到它的复频域模型如图 8-3-4(b)所示。其电压、电流关系的复频域形式为

$$U_1(s) = sL_1I_1(s) + sMI_2(s) - L_1i_1(0_-) - Mi_2(0_-) \tag{8-3-13}$$

$$U_2(s) = sL_2I_2(s) + sMI_1(s) - L_2i_2(0_-) - Mi_1(0_-) \tag{8-3-14}$$

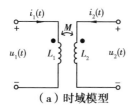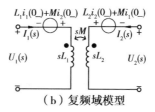

图 8-3-4　耦合电感元件

8-3-5 受控源的复频域模型

受控源的受控变量与控制变量之间的关系的复频域形式为

VCVS　$U_2(s) = \mu U_1(s)$　　　　VCCS　$I_2(s) = gU_1(s)$

CCVS　$U_2(s) = rI_1(s)$　　　　　CCCS　$I_2(s) = \beta I_1(s)$

其复频域模型如图 8-3-5 所示。

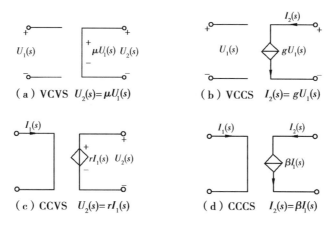

图 8-3-5　受控源的复频域模型

8-4　线性动态电路的复频域分析法

在获得了基尔霍夫定律的复频域形式和电路元件的复频域模型的基础上,可以按如下的步骤分析线性动态电路:

1. 计算出换路前瞬时所有的电容电压 $u_C(0_-)$ 和所有的电感电流 $i_L(0_-)$。

2.根据电路元件的复频域模型画出换路后的电路的复频域模型,在电路的复频域模型中,激励应当为原电路中的激励的象函数,电压、电流均为象函数,电路元件的参数须用复频域阻抗或复频域导纳表示,注意电容元件和电感元件的复频域模型中的附加电源。

3.以电压象函数或电流象函数为求解量建立电路方程(代数方程),求解出待求响应的象函数。

4.应用拉普拉斯变换对和部分分式展开法求待求响应象函数的原函数,即得待求响应。

例8-4-1 图8-4-1(a)所示电路,已知 $u_C(0_-)=2$ V,$L=0.5$ H,$C=0.25$ F。

试用复频域分析法求 R 分别等于:$3,2\sqrt{2},2\ \Omega$ 3 种情况下换路后的响应电压 u_C。

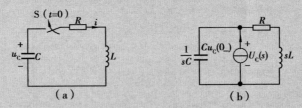

图8-4-1 例8-4-1图

解 根据已知条件 $u_C(0_-)=2$ V、$i_L(0_-)=0$ 作图8-4-1(a)所示电路的复频域模型如图8-4-1(b)所示,以电容电压象函数 $U_C(s)$ 为求解量的节点电压方程为

$$\left(sC+\frac{1}{sL+R}\right)U_C(s)=Cu_C(0_-)$$

解得

$$U_C(s)=\frac{Cu_C(0_-)(Ls+R)}{LCs^2+RCs+1}=\frac{2s+4R}{s^2+2Rs+8}$$

1.当 $R=3\ \Omega$ 时

$$U_C(s)=\frac{2s+12}{s^2+6s+8}=\frac{K_1}{s+2}+\frac{K_2}{s+4}$$

上式中

$$K_1=(s+2)U_C\Big|_{s=-2}=\frac{2s+12}{s+4}\Big|_{s=-2}=\frac{2(-2)+12}{-2+4}=4$$

$$K_2=(s+4)U_C(s)\Big|_{s=-4}=\frac{2s+12}{s+2}\Big|_{s=-4}=\frac{2(-4)+12}{-4+2}=-2$$

故

$$U_C(s)=\frac{4}{s+2}+\frac{-2}{s+4}$$

根据拉普拉斯变换对表8-4-1,得 $U_C(s)$ 的原函数

$$u_C = \mathscr{L}^{-1}[U_C(s)] = (4e^{-2t} - 2e^{-4t})V \quad (t \geq 0_+)$$

2. 当 $R = 2\sqrt{2}$ Ω 时

$$U_C(s) = \frac{2s + 8\sqrt{2}}{s^2 + 4\sqrt{2}s + 8} = \frac{2s + 8\sqrt{2}}{(s + 2\sqrt{2})^2} = \frac{K_1}{s + 2\sqrt{2}} + \frac{K_2}{(s + 2\sqrt{2})^2}$$

上式中

$$K_2 = (s + 2\sqrt{2})^2 F(s)\big|_{s = -2\sqrt{2}} = (2s + 8\sqrt{2})\big|_{s = -2\sqrt{2}} = 4\sqrt{2}$$

$$K_1 = \frac{d}{ds}[(s + 2\sqrt{2})^2 F(s)]\big|_{s = -2\sqrt{2}} = \frac{d}{ds}[(2s + 8\sqrt{2})]\big|_{s = -2\sqrt{2}} = 2$$

故

$$U_C(s) = \frac{2}{s + 2\sqrt{2}} + \frac{4\sqrt{2}}{(s + 2\sqrt{2})^2}$$

根据拉普拉斯变换对表8-1-1,得 $U_C(s)$ 的原函数

$$u_C = \mathscr{L}^{-1}[U_C(s)] = (2e^{-2\sqrt{2}t} + 4\sqrt{2}te^{-2\sqrt{2}t})V \quad (t \geq 0_+)$$

3. 当 $R = 2$ Ω 时

$$U_C(s) = \frac{2s + 8}{s^2 + 4s + 8} = \frac{2s + 8}{(s + 2)^2 + 2^2} = 2\left[\frac{2}{(s + 2)^2 + 2^2} + \frac{s + 2}{(s + 2)^2 + 2^2}\right]$$

根据拉普拉斯变换对表8-1-1,得 $U_C(s)$ 的原函数

$$u_C = \mathscr{L}^{-1}[U_C(s)] = (2e^{-2t}\sin 2t + 2e^{-2t}\cos 2t)V$$

$$= 2\sqrt{2}e^{-2t}\sin(2t + 45°)V \quad (t \geq 0_+)$$

例8-4-2　图8-4-2(a)所示电路,开关在 $t = 0$ 瞬时闭合。已知 $u_C(0_-) = 0$, $i_L(0_-) = 0$,试用复频域分析法求解换路后的响应电压 u_C。

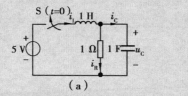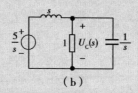

图8-4-2　例8-4-2图

解　根据已知条件作图8-4-2(a)所示电路的复频域模型如图8-4-2(b),以电容电压象函数 $U_C(s)$ 为求解量的节点电压方程为

$$\left(s + 1 + \frac{1}{s}\right)U_C(s) = \frac{5}{s^2}$$

解得

$$U_C(s) = \frac{5}{s(s^2 + s + 1)}$$

部分分式展开得

$$U_C(s) = \frac{5}{s(s^2+s+1)} = \frac{K_1}{s} + \frac{K_{21}}{s+0.5-j0.5\sqrt{3}} + \frac{K_{22}}{s+0.5+j0.5\sqrt{3}}$$

上式中　$K_1 = sU_C(s)\Big|_{s=0} = \frac{5}{s^2+s+1}\Big|_{s=0} = 5$

$$K_{21} = (s+0.5-j0.5\sqrt{3})U_C(s)\Big|_{s=-0.5+j0.5\sqrt{3}}$$

$$= \frac{5}{s(s+0.5+j0.5\sqrt{3})}\Big|_{s=-0.5+j0.5\sqrt{3}} = \frac{5}{\sqrt{3}}\angle 150°$$

$$K_{22} = \overset{*}{K}_{21} = \frac{5}{\sqrt{3}}\angle -150°$$

故

$$U_C(s) = \frac{5}{s} + \frac{\dfrac{5}{\sqrt{3}}\angle 150°}{s+0.5-j0.5\sqrt{3}} + \frac{\dfrac{5}{\sqrt{3}}\angle -150°}{s+0.5+j0.5\sqrt{3}}$$

根据拉普拉斯变换对表8-4-1,得 $U_C(s)$ 的原函数

$$u_C = \mathscr{L}^{-1}[U_C(s)] = \mathscr{L}^{-1}\left[\frac{5}{s} + \frac{\dfrac{5}{\sqrt{3}}\angle -150°}{s+0.5-j0.5\sqrt{3}} + \frac{\dfrac{5}{\sqrt{3}}\angle -150°}{s+0.5+j0.5\sqrt{3}}\right]$$

$$= 5 + \frac{10\sqrt{3}}{3}e^{-0.5t}\cos\left(\frac{\sqrt{3}}{2}t+150°\right)\text{V} \quad (t \geq 0_+)$$

本例电路中的响应是零状态响应,上式可改写为

$$u_C = \left[5 + \frac{10\sqrt{3}}{3}e^{-0.5t}\cos\left(\frac{\sqrt{3}}{2}t+150°\right)\right]\varepsilon(t)\text{V}$$

对 $U_C(s)$ 部分分式展开还可采用下述方法。令

$$U_C(s) = \frac{5}{s(s^2+s+1)} = \frac{5}{s} + \frac{ms+n}{s^2+s+1}$$

可解得 $m=-5$、$n=-5$,即有

$$U_C(s) = \frac{5}{s(s^2+s+1)} = \frac{5}{s} + \frac{-5s-5}{s^2+s+1}$$

$$= \frac{5}{s} - 5 \times \frac{s+0.5}{(s+0.5)^2+(0.5\sqrt{3})^2} - \frac{5}{\sqrt{3}} \times \frac{0.5\sqrt{3}}{(s+0.5)^2+(0.5\sqrt{3})^2}$$

根据拉普拉斯变换对表8-1-1,得 $U_C(s)$ 的原函数

$u_C = \mathscr{L}^{-1}[U_C(s)]$

$$= \mathscr{L}^{-1}\left[\frac{5}{s} - 5 \times \frac{s+0.5}{(s+0.5)^2+(0.5\sqrt{3})^2} - \frac{5}{\sqrt{3}} \times \frac{0.5\sqrt{3}}{(s+0.5)^2+(0.5\sqrt{3})^2}\right]$$

$$= \left(5 - 5e^{-0.5t}\cos\frac{\sqrt{3}}{2}t - \frac{5}{\sqrt{3}}e^{-0.5t}\sin\frac{\sqrt{3}}{2}t\right)\mathrm{V}$$

可表示为

$$U_C = \left[5 + \frac{10\sqrt{3}}{3}e^{-0.5t}\cos\left(\frac{\sqrt{3}}{2}t + 150°\right)\right]\varepsilon(t)\,\mathrm{V}$$

例8-4-3 图8-4-3(a)所示电路,开关在$t=0$瞬时由a切换到b,假设换路前电路已处于稳态,试用复频域分析法求解换路后的响应电压u_C。

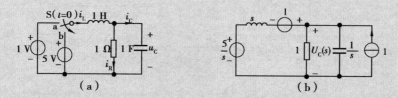

图8-4-3 例8-4-3图

解 换路前电路已处于稳态,在$t=0_-$时,电感元件相当于短路、电容元件相当于开路,可解得$u_C(0_-)=1\,\mathrm{V}$、$i_L(0_-)=1\,\mathrm{A}$。根据已知条件作图8-4-3(a)所示电路的复频域模型如图8-4-3(b),以电容电压象函数$U_C(s)$为求解量的节点电压方程为

$$\left(s + 1 + \frac{1}{s}\right)U_C(s) = \frac{\frac{5}{s}+1}{s} + 1$$

解得

$$U_C(s) = \frac{s^2 + s + 5}{s(s^2 + s + 1)}$$

部分分式展开为

$$U_C(s) = \frac{s^2 + s + 5}{s(s^2 + s + 1)} = \frac{K_1}{s} + \frac{ms + n}{s^2 + s + 1}$$

上式中

$$K_1 = sU_C(s)\big|_{s=0} = \frac{s^2 + s + 5}{s^2 + s + 1}\bigg|_{s=0} = 5$$

由

$$U_C(s) = \frac{s^2 + s + 5}{s(s^2 + s + 1)} = \frac{5}{s} + \frac{ms + n}{s^2 + s + 1} = \frac{(5+m)s^2 + (5+n)s + 5}{s(s^2 + s + 1)}$$

可得$m = -4$和$n = -4$,即有

$$U_C(s) = \frac{5}{s} - \frac{4s + 4}{s^2 + s + 1} = \frac{5}{s} - \frac{4s + 4}{\left(s + \frac{1}{2}\right)^2 + \left(\frac{\sqrt{3}}{2}\right)^2}$$

根据拉普拉斯变换对表8-4-1,得$U_C(s)$的原函数

$$u_C = \mathscr{L}^{-1}[U_C(s)] = \mathscr{L}^{-1}\left[\frac{5}{s} - \frac{4s+4}{\left(s+\frac{1}{2}\right)^2 + \left(\frac{\sqrt{3}}{2}\right)^2}\right]$$

$$= \left[5 - \frac{8\sqrt{3}}{3}e^{-\frac{1}{2}t}\left(\frac{\sqrt{3}}{2}\cos\frac{\sqrt{3}}{2}t + \frac{1}{2}\sin\frac{\sqrt{3}}{2}t\right)\right]\text{V}$$

$$= \left[5 - \frac{8\sqrt{3}}{3}e^{-\frac{1}{2}t}\sin\left(\frac{\sqrt{3}}{2}t + 60°\right)\right]\text{V} \quad (t \geqslant 0_+)$$

例8-4-4 在图8-4-4(a)所示电路中，$C_1 = 2\text{ F}$、$C_2 = 1\text{ F}$、$R = 5\text{ }\Omega$。开关 S 在 $t = 0$ 瞬时闭合，若已知 $u_{C1}(0_-) = 6\text{ V}$、$u_{C2}(0_-) = 0$，试用复频域分析法求解换路后的响应电压 u_C，电流 i_1 和 i_2。

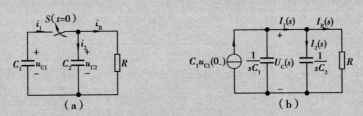

图8-4-4　例8-4-4图

解 已知 $u_{C1}(0_-) = 6\text{ V}$，$u_{C2}(0_-) = 0$，作图8-4-3(a)电路的复频域模型如图8-4-3(b)所示，以电容电压象函数 $U_C(s)$ 为求解量的节点电压方程为

$$\left(sC_1 + sC_2 + \frac{1}{R}\right)U_C(s) = C_1 u_{C1}(0_-)$$

即

$$\left(3s + \frac{1}{5}\right)U_C(s) = 12$$

解得

$$U_C(s) = \frac{12}{3s + 0.2} = \frac{4}{s + \frac{1}{15}}$$

根据拉普拉斯变换对表8-1-1，得 $U_C(s)$ 的原函数

$$u_C = \mathscr{L}^{-1}[U_C(s)] = 4e^{-\frac{t}{15}}\text{V} \quad (t \geqslant 0_+)$$

因为换路前 $u_{C1}(0_-) = 6\text{ V}$、$u_{C2}(0_-) = 0$，所以有

$$u_{C1} = \left[6 - 6\varepsilon(t) + 4e^{-\frac{t}{15}}\varepsilon(t)\right]\text{V}$$

$$u_{C2} = 4e^{-\frac{t}{15}}\varepsilon(t)\text{V}$$

由图8-4-4(b)所示电路可得

$$I_1(s) = C_1 u_{C1}(0_-) - sC_1 U_C(s) = 2 \times 6 - 2s \times \frac{4}{s + \frac{1}{15}} = 4 + \frac{8}{15} \times \frac{1}{s + \frac{1}{15}}$$

根据拉普拉斯变换对表 8-1-1,得 $I_1(s)$ 的原函数

$$i_1 = \mathscr{L}^{-1}[I_1(s)] = \left[4\delta(t) + \frac{8}{15}e^{-\frac{t}{15}}\varepsilon(t)\right] \text{A}$$

$$I_2(s) = I_1(s) - I_R(s) = I_1(s) - \frac{U_C(s)}{R} = 4 + \frac{8}{15} \times \frac{1}{s + \frac{1}{15}} - \frac{4}{5} \times \frac{1}{s + \frac{1}{15}} = 4 - \frac{4}{15} \times \frac{1}{s + \frac{1}{15}}$$

$I_2(s)$ 的原函数

$$i_2 = \mathscr{L}^{-1}[I_2(s)] = \left[4\delta(t) - \frac{4}{15}e^{-\frac{t}{15}}\varepsilon(t)\right] \text{A}$$

例 8-4-5 在图 8-4-5(a)所示电路中,已知 $i_L(0_-) = 0$,试用复频域分析法求解换路后的响应电流 i_L 和电压 u_L。

解 图 8-4-5(a)所示电路中电感元件左侧电路的戴维宁等效电路如图 8-4-5(b)所示,其复频域模型如图 8-4-5(c)所示。电感电流象函数 $I_L(s)$ 为

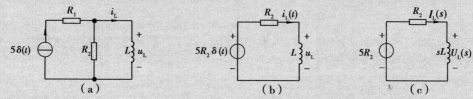

图 8-4-5 例 8-4-5 图

$$I_L(s) = \frac{5R_2}{sL + R_2} = \frac{5R_2}{L} \times \frac{1}{s + \frac{R_2}{L}}$$

根据拉普拉斯变换对表 8-1-1,得 $I_L(s)$ 的原函数

$$i_L = \mathscr{L}^{-1}[I_L(s)] = \frac{5R_2}{L}e^{-\frac{R_2}{L}t}\varepsilon(t)$$

电感电压象函数 $U_L(s)$ 为

$$U_L(s) = 5R_2 \times \frac{sL}{sL + R_2} = 5R_2\left(1 - \frac{R_2}{L} \times \frac{1}{s + \frac{R_2}{L}}\right)$$

$U_L(s)$ 的原函数

$$u_L = \mathscr{L}^{-1}[U_L(s)] = 5R_2\delta(t) - \frac{5R_2}{L}e^{-\frac{R_2}{L}t}\varepsilon(t)$$

8-5 网络函数

第六章中曾经定义了网络函数。在动态电路的分析中,在引入了复参量 s 以后,可讨论在 s 域,即复频域的网络函数。

在单一激励作用下的线性电路,其零状态响应 $r(t)$ 的象函数 $R(s)$ 与激励 $e(t)$ 的象函数 $E(s)$ 之比

$$H(s) = \frac{R(s)}{E(s)} \tag{8-5-1}$$

定义为该电路的网络函数。

由于激励可以是电压或电流,响应可以是电路中任意两点之间的电压或任意一条支路中的电流,因而 s 域的网络函数可以是 s 域策动点阻抗、策动点导纳、转移阻抗、转移导纳、转移电压比、转移电流比。

由式(8-5-1)可得

$$R(s) = H(s)E(s) \tag{8-5-2}$$

也就是说,如果已知网络函数 $H(s)$,则可用式(8-5-2)计算激励 $E(s)$ 作用下的零状态响应 $R(s)$。

当激励是单位冲激函数 $\delta(t)$ 时,其零状态响应是单位冲激响应 $h(t)$。由于单位冲激函数 $\delta(t)$ 的象函数 $E(s) = \mathscr{L}[\delta(t)] = 1$,根据网络函数的定义,应有

$$\mathscr{L}[h(t)] = H(s)E(s) = H(s)$$

网络函数即为单位冲激响应的象函数,或者说,网络函数的原函数等于单位冲激响应。即

$$h(t) = \mathscr{L}^{-1}[H(s)] \tag{8-5-3}$$

例 8-5-1 在图 8-5-1(a)所示电路中,已知开关 S 闭合前一瞬时 $u_C(0_-) = 0$,$i_L(0_-) = 0$。试求:$u_S(t) = \delta(t)$ V,$u_S(t) = 5$ V 两种情况下的电容电压 u_C。

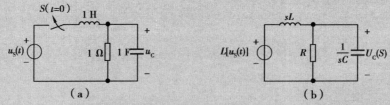

图 8-5-1 例 8-5-1 图

解 作 $t > 0$ 时的复频域模型如图 8-5-1(b)所示。本例要计算两种激励作用下的零状态响应 u_C,这两种激励在同一个端口,同为电压激励,其中一个激励是单位冲激函数,因此,可应用网络函数求解本例。

先求网络函数,再求得其原函数即得所要求的第一个激励 $f(t)$ 作用下的单位冲激响应。然后计算网络函数与第二个激励的象函数的积,再求其原函数即得第二个激励作用下的零状态响应。

以 u_C 为响应的网络函数为

$$H(s) = \frac{U_C(s)}{U_S(s)}$$

电阻、电容并联的等效阻抗复频域为

$$Z_{RC}(s) = \frac{Z_R Z_C}{Z_R + Z_C} = \frac{1 \times \dfrac{1}{s}}{1 + \dfrac{1}{s}} = \frac{1}{s+1}$$

网络函数

$$H(s) = \frac{U_C(s)}{U_S(s)} = \frac{Z_{RC}(s)}{Z_L + Z_{RC}(s)} = \frac{\dfrac{1}{s+1}}{s + \dfrac{1}{s+1}} = \frac{1}{s^2 + s + 1}$$

1. 当激励 $u_S = \delta(t)$ V 时,其象函数 $U_S(s) = \mathscr{L}[u_S(t)] = \mathscr{L}[\delta(t)] = 1$,故

$$H(s) = \frac{U_C(s)}{U_S(s)} = \frac{1}{s^2 + s + 1} = \frac{K_1}{s + \dfrac{1}{2} - \mathrm{j}\dfrac{\sqrt{3}}{2}} + \frac{K_2}{s + \dfrac{1}{2} + \mathrm{j}\dfrac{\sqrt{3}}{2}}$$

上式中

$$K_1 = \left(s + \frac{1}{2} - \mathrm{j}\frac{\sqrt{3}}{2}\right) \frac{1}{s^2 + s + 1} \Bigg|_{s = -\frac{1}{2} + \mathrm{j}\frac{\sqrt{3}}{2}}$$

$$= \frac{1}{\left(s + \dfrac{1}{2} + \mathrm{j}\dfrac{\sqrt{3}}{2}\right)} \Bigg|_{s = -\frac{1}{2} + \mathrm{j}\frac{\sqrt{3}}{2}} = \frac{\sqrt{3}}{3} \underline{/-90°}$$

$$K_2 = \overset{*}{K_1} = \frac{\sqrt{3}}{3} \underline{/90°}$$

$H(s)$ 的部分分式展开式为

$$H(s) = \frac{\dfrac{\sqrt{3}}{3} \angle -90°}{s + \dfrac{1}{2} - \mathrm{j}\dfrac{\sqrt{3}}{2}} + \frac{\dfrac{\sqrt{3}}{3} \angle 90°}{s + \dfrac{1}{2} + \mathrm{j}\dfrac{\sqrt{3}}{2}}$$

根据拉普拉斯变换对表 8-1-1 得

$$u_C = \mathscr{L}^{-1}[U_C(s)] = \mathscr{L}^{-1}[H(s)] = \mathscr{L}^{-1}\left[\frac{\dfrac{\sqrt{3}}{3} \angle -90°}{s + \dfrac{1}{2} - \mathrm{j}\dfrac{\sqrt{3}}{2}} + \frac{\dfrac{\sqrt{3}}{3} \angle 90°}{s + \dfrac{1}{2} + \mathrm{j}\dfrac{\sqrt{3}}{2}}\right]$$

$$= \left[\frac{2\sqrt{3}}{3} \mathrm{e}^{-\frac{1}{2}t} \cos(\omega t - 90°)\right] \mathrm{V} = \frac{2\sqrt{3}}{3} \mathrm{e}^{-\frac{1}{2}t} \sin \omega t \varepsilon(t) \, \mathrm{V}$$

2. 当激励 $u_\mathrm{S} = 5\varepsilon(t)\,\mathrm{V}$ 时,象函数 $U_\mathrm{S}(s) = \mathscr{L}[u_\mathrm{S}(t)] = L[5\varepsilon(t)] = \dfrac{5}{s}$。

零状态响应 u_C 的象函数

$$U_\mathrm{C}(s) = E(s)H(s) = U_\mathrm{s}(s)H(s)$$

$$= \frac{5}{s}\frac{1}{s^2+s+1} = \frac{5}{s\left(s+\dfrac{1}{2}-\mathrm{j}\dfrac{\sqrt{3}}{2}\right)\left(s+\dfrac{1}{2}+\mathrm{j}\dfrac{\sqrt{3}}{2}\right)}$$

部分分式展开式为

$$U_\mathrm{C}(s) = \frac{K_1}{s} + \frac{K_{21}}{s+\dfrac{1}{2}-\mathrm{j}\dfrac{\sqrt{3}}{2}} + \frac{K_{22}}{s+\dfrac{1}{2}+\mathrm{j}\dfrac{\sqrt{3}}{2}}$$

上式中

$$K_1 = s\left(\frac{5}{s(s^2+s+1)}\right)\Bigg|_{s=0} = 5$$

$$K_{21} = \left(s+\frac{1}{2}-\mathrm{j}\frac{\sqrt{3}}{2}\right)\left[\frac{5}{s(s^2+s+1)}\right]\Bigg|_{s=-\frac{1}{2}+\mathrm{j}\frac{\sqrt{3}}{2}} = \frac{5\sqrt{3}}{3}\angle 150°$$

$$K_{22} = \overset{*}{K}_{21} = \frac{5\sqrt{3}}{3}\angle -150°$$

得

$$U_\mathrm{C}(s) = \frac{5}{s} + \frac{\dfrac{5\sqrt{3}}{3}\angle 150°}{s+\dfrac{1}{2}-\mathrm{j}\dfrac{\sqrt{3}}{2}} + \frac{\dfrac{5\sqrt{3}}{3}\angle -150°}{s+\dfrac{1}{2}+\mathrm{j}\dfrac{\sqrt{3}}{2}}$$

得

$$u_\mathrm{C} = \mathscr{L}^{-1}[U_\mathrm{C}(s)] = \left[5 + \frac{10\sqrt{3}}{3}\mathrm{e}^{-\frac{1}{2}t}\cos(\omega t + 150°)\right]\varepsilon(t)\,\mathrm{V}$$

习 题

8-1 在题 8-1 图所示电路中,$u_\mathrm{S} = 12\ \mathrm{V}$,$R_1 = 30\ \Omega$,$R_2 = 10\ \Omega$,$L = 0.1\ \mathrm{H}$,$C = 1\ 000\ \mu\mathrm{F}$。开关 S 在 $t=0$ 时闭合,若 S 闭合前电路已处于稳态,且 $u_\mathrm{C}(0_-) = 10\ \mathrm{V}$,用复频域分析法求 S 闭合后的电容电压 u_C 和电感电流 i_L。

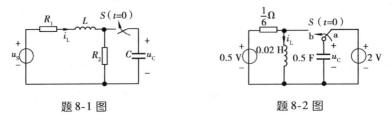

题 8-1 图　　　　　　　　　　题 8-2 图

8-2　题 8-2 图所示电路,开关 S 在 $t=0$ 时由 a 切换到 b,若换路前电路已处于稳态,用复频域分析法求 S 切换后的电容电压 u_C 和电感电流 i_L。

8-3　试用复频域分析法求解习题 7-2。

8-4　试用复频域分析法求解习题 7-11。

8-5　试用复频域分析法求解习题 7-12。

8-6　试用复频域分析法求解习题 7-16。

8-7　试用复频域分析法求解习题 7-19。

8-8　试用复频域分析法求解习题 7-21。

8-9　试用复频域分析法求解习题 7-22。

习题答案

第一章

1-3 （1）-6 mW；（2）-6 mW；（3）5 V；（4）-1 A；（5）-10 V；（6）5 A

1-4 $W = 0$

1-5 （a）$u_3 = -9\text{ V}, u_4 = -1\text{ V}, u_5 = 1\text{ V}, u_8 = -2\text{ V}$

$\qquad i_2 = -1\text{ A}, i_6 = -2\text{ A}, i_7 = 4\text{ A}, i_9 = -5\text{ A}$

（b）$u_1 = 12\text{ V}, u_3 = 0, u_6 = -4\text{ V}, u_8 = 11\text{ V}, u = -2\text{ V}$

$\qquad i_2 = 4\text{ A}, i_4 = -5\text{ A}, i_5 = 12\text{ A}, i_7 = 11\text{ A}$

1-6 （a）$u_{ab} = -10\text{ V}$；（b）$u_{ab} = 1\text{ V}$；（c）$u_{ab} = 2\text{ V}$

1-7 （a）$u = -10\text{ V}, i = -4\text{ A}, i_1 = -2\text{ A}$；

$\qquad$（b）$u = -20\text{ V}, i = -2.5\text{ A}$；

$\qquad$（c）$i = -0.75\text{ A}, i_1 = -0.5\text{ A}, i_2 = 0.25\text{ A}$；

$\qquad$（d）$i_1 = -2\text{ A}, i_2 = -1\text{ A}, u = -6\text{ V}$；

$\qquad$（e）$u = -10\text{e}^{-2t}\text{ V}, u_2 = -4\text{e}^{-2t}\text{ V}$；

$\qquad$（f）$u = 60\sin 314t\text{ V}, i_1 = 1.5\sin 314t\text{ A}, i_2 = 3.5\sin 314t\text{ A}$

1-8 （a）电压源吸收功率 3 W，电流源释放功率 3 W；

$\qquad$（b）电压源吸收功率 3 W，电流源释放功率 43 W，电阻吸收功率 40 W；

$\qquad$（c）电压源吸收功率 0 W，电流源释放功率 3 W，电阻吸收功率 3 W；

$\qquad$（d）电压源释放功率 4.5 W，电流源吸收功率 3 W，电阻吸收功率 1.5 W

1-9 A 是负载，B、C 是电源

1-10 0.5 A 电流源 $P = 2.5\text{ W}$（释放）；2 V 电压源 $P = 0.6\text{ W}$（释放）；

$\qquad 6\text{ V}$ 电压源 $P = 1.2\text{ W}$（吸收）；受控源 $P = 0.96\text{ W}$（吸收）

1-11 （a）$u = -120\text{ V}, i = 8\text{ A}$；

120 V 电压源　$P=960$ W（释放）；受控源　$P=1\ 920$ W（释放）

（b）$u=8$ V，$i=4$ A；2 A 电流源　$P=16$ W（释放）；受控源　$P=32$ W（释放）

1-12　$u_2=-10$ V 时，$R_1=3$ Ω；　$u_2=-20$ V 时，$R_1=1$ Ω

1-13　（1）$u=4u_\text{g}$；　（2）$u_2=2u_1$

1-14　（a）$u=-Ri-u_\text{S}$；　（b）$u=u_\text{S}-Ri$；　（c）$u=-\dfrac{1}{G}i+\dfrac{1}{G}i_\text{S}$

（b）$u=\dfrac{1}{G}i+\dfrac{1}{G}i_\text{S}$；　（e）$u=\dfrac{R_1^2}{2R_1-r}i$；

（f）$u=(1-\alpha)Ri+u_\text{S}$；　（g）$u=\left(\dfrac{1}{G}+\alpha\right)i_\text{S}-\left(\dfrac{1}{G}+\alpha\right)i$

1-15　（a）$i_\text{C}=2\cos 100t$ mA，$W=2\times 10^{-5}\sin^2 100t$ J；

（b）$i_\text{C}=-0.2\text{e}^{-2t}$ mA，$W=5\times 10^{-4}\text{e}^{-4t}$ J；

（c）$i_\text{C}=0$，$W=0.5$ mJ

1-17　$u=21-16\text{e}^{-t}$ V

1-18　（1）$u=20\text{e}^{-0.02t}$ μV，$W=5\times 10^{-5}\text{e}^{-0.04t}$ J；　（2）$u=0$，$W=5\times 10^{-5}$ J

1-20　$i_\text{R}=0.1\cos 10^4t$ A，$i_\text{C}=-0.1\sin 10^4t$ A，$i=0.1\cos 10^4t$ A

第二章

2-1　（2）图（a）KCL 独立方程数为 3 个，KVL 独立方程数为 3 个

图（b）KCL 独立方程数为 4 个，KVL 独立方程数为 6 个

2-3　$i_1=6$ A，　$i_2=-8$ A，　$i_3=-2$ A

2-4　$i_\text{x}=\dfrac{5}{3}$ A，$u=\dfrac{25}{3}$ V

2-5　$i_\text{x}=4$ A，$u=-4$ V

2-7　$u_\text{x}=\dfrac{R_1(R_3+R_2R_3g_\text{m})}{R_1+R_2+R_3+R_2R_3g_\text{m}}i_\text{S}$

2-8　$i_\text{x}=\dfrac{2}{3}$ A

2-10　$u_\text{x}=-\dfrac{3}{8}$ V

2-11　$u_\text{x}=\dfrac{G_1(3G_4+G_5)}{(G_1+G_2)(G_3+G_4+G_5)+G_3(3G_4+G_5)}u_\text{S}$

2-12　$u_0=\dfrac{R}{R+nR_\text{L}}(u_\text{S1}+u_\text{S2}+\cdots+u_\text{Sn})$

2-13　$i_1=6$ A，$i_2=-8$ A，$i_3=-2$ A

2-14 $i_x = \dfrac{5}{3}$ A

2-15 $u = -4$ V

2-17 $u_2 = -\dfrac{\beta R_1 R_2 R_L}{R_1 R_2 + R_1 R_x + R_2 R_x}\left(\dfrac{u_{S1}}{R_1} + \dfrac{u_{S2}}{R_2}\right)$

2-18 $K_i = \dfrac{i_0}{i_S} = \dfrac{R(R_b - \beta R_f)}{(R + R_1)(R_b + R_f) + (1 + \beta)R R_1}$

2-19 (2)$i = 0.1$ A,$i_1 = \dfrac{1}{30}$ A

2-20 $P = 3.6$ W,$u = \dfrac{10}{3}$ V,$i = \dfrac{1}{30}$ A

2-23 (a)$i = \dfrac{2}{5}$ A; (b)$i = \dfrac{1}{2}$ A; (c)$i = \dfrac{1}{4}$ A; (d)$i = \dfrac{3}{5}$ A

2-24 (a)$R_{ab} = \dfrac{14}{11}$ Ω; (b)$R_{ab} = 31$ Ω

2-25 5 A 电流源,$P = 162.5$ W;5 V 电压源,$P = -\dfrac{75}{8}$ W

2-26 $R_{ab} = 1.5$ Ω

2-27 $R_{ab} = 2.73$ Ω

2-28 (1)$i_x = 4$ A; (2)$i_x = \dfrac{4}{3}$ A; (3)$u_S = 1.5$ V

2-29 $u = 13$ V,$i_x = -0.5$ A,电压源 $P = 4$ W(吸收),电流源 $P = 52$ W(释放),受控源
      $P = -3.5$ W(吸收)

2-30 $i_y = -0.2$ A

2-31 $i = -0.4$ A

2-32 电压源 $P = 29.25$ W,电流源 $P = 3.25$ W

2-33 (a)$R_{eq} = \dfrac{7}{3}$ Ω; (b)$R_{eq} = -10$ Ω; (c)$R_{eq} = \dfrac{R_1^2}{2R_1 - r}$;(d)$R_{eq} = 4$ Ω

      (e)$R_{eq} = \dfrac{23}{3}$ Ω; (f)$R_{eq} = \dfrac{(R_1 + R_2)R_3 + (1 - \mu)R_1 R_2}{(1 - \mu)R_2 + R_3}$

2-34 $u_{oc} = 5$ V

2-35 $i_{sc} = 3$ A

2-36 (a)$u_{oc} = 7.5$ V,$R_{eq} = 7$ Ω; (b)$u_{oc} = 9$ V,$R_{eq} = 6$ Ω;

      (c)$u_{oc} = 21$ V,$R_{eq} = 4$ Ω; (d)$u_{oc} = \dfrac{4}{3}$ V,$R_{eq} = 4$ Ω

2-37 $i = -\dfrac{2}{63}$ A

2-38 $i_x = 1$ A

2-39 $u_{oc} = 150$ V,$R_{eq} = 200$ kΩ

2-40   (a) $u_{oc} = 6$ V,$R_{eq} = 0$,没有诺顿等效电路

         (b) $R_{eq} = 4$ Ω,没有戴维宁和诺顿等效电路

         (c) $i_{sc} = 1$ A,没有诺顿等效电路

2-41 $i = 2$ mA

第三章

3-1 $u = 310 \sin(314t + 30°)$ V

3-2 $i = 0.1 \sin(314t - 60°)$ A

3-3 $I_1 = 0.35$ A,$\varphi_1 = 0$;$I_2 = 0.57$ A,$\varphi_2 = -\dfrac{\pi}{4}$;

       $I_3 = 0.42$ A,$\varphi_3 = \dfrac{\pi}{3}$;$I_4 = 0.85$ A,$\varphi_4 = -\dfrac{5}{6}\pi$

3-4 $\dot{U}_1 = 220\angle 0°$,$\dot{U}_2 = 220\angle -\dfrac{2}{3}\pi$,$\dot{U}_3 = 220\angle \dfrac{2}{3}\pi$,

       $\dot{U}_4 = 380\angle \dfrac{\pi}{6}$,$\dot{U}_5 = 380\angle -\dfrac{\pi}{2}$,$\dot{U}_6 = 380\angle \dfrac{5}{6}\pi$

3-5 $i_1 = 0.707 \sin(314t + 36°)$ A,$i_2 = 2.12 \sin(314t - 120°)$ A

       $i_3 = 1.13 \sin(314t + 89°)$ A,$i_4 = 1.7 \sin(314t)$ A

       $i_5 = 1.41 \sin(314t + 180°)$ A $= -1.41 \sin(314t)$ A

3-6 $i_3 = 0.5\sqrt{2} \sin(1\,000t + 53.1°)$ A

3-7 $u_3 = 1.8\sqrt{2} \sin(1\,000t - 63.7°)$ V

3-8 $u_R = 10\sqrt{2} \sin 1\,000t$ V,$u_L = 10\sqrt{2} \sin\left(1\,000t + \dfrac{\pi}{2}\right)$ V

       $u_C = 10\sqrt{2} \sin\left(1\,000t - \dfrac{\pi}{2}\right)$ V,$u = 10\sqrt{2} \sin 1\,000t$ V

3-9 $i_R = 0.31 \sin\left(314t - \dfrac{\pi}{4}\right)$ A,$i_L = 1.41 \sin\left(314t - \dfrac{3\pi}{4}\right)$ A

       $i_C = 0.96 \sin\left(314t + \dfrac{\pi}{4}\right)$ A,$i = 0.54 \sin(314t - 99.6°)$ A

3-10   (a) $U = 6$ V,$I = 0.5$ A,$R = 15$ Ω;

        (b) $U = 100$ V,$I = 1.414$ A,$B_L = -0.03$ S,$B_C = 0.04$ S;

$(c)U = 5 \text{ V}, I = 0.4 \text{ A}, X_L = 7.5 \ \Omega;$

$(d)U = 2.24 \text{ V}, I = 0.1 \text{ A}, X_C = -40 \ \Omega$

3-11　$R = 3.46 \ \Omega, L = 11.5 \text{ mH}$

3-12　$(1)Z = 2 \ \Omega, Y = 0.5 \text{ S}; \quad (2)Z = 28.25 \angle 45° \ \Omega, Y = 0.035 \angle -45° \text{ S};$

　　　$(3)Z = 20.24 \angle -8.1° \ \Omega, \ Y = 0.049 \angle 8.1° \text{ S}$

3-13　$\dot{I}_C = 0.5 \angle 90° \text{ A}, \dot{I}_R = \dfrac{2}{3} \angle 0° \text{ A}, \dot{I} = 0.836 \angle 36.7° \text{ A}, \dot{U} = \dfrac{250}{3} \angle 53.1° \text{ V}$

3-14　$C = 1\,000 \text{ pF}$

3-15　$\lambda = 0.8, Q = 1\,320 \text{ var}, R = 17.6 \ \Omega, L = 0.042 \text{ H}$

3-16　$P = 428.9 \text{ W}, Q = -100.2 \text{ var}$

3-17　$C = 3.28 \ \mu\text{F}$

3-18　$R = 381 \ \Omega, L = 0.7 \text{ H}$

3-19　$C_2 = 5\,066 \text{ pF}$

3-20　$R = 8.16 \ \Omega, L = 0.08 \text{ H}$

3-21　$(1)Z_L = 40\sqrt{5} \angle 63.4° \ \Omega$ 时，$P = P_{\max} = 12.4 \text{ W};$

　　　$(2)R_L = 89.44 \ \Omega$

第四章

4-1　$(a)k = 0.61$

4-2　$(a)u_1 = -L_1 \dfrac{di_1}{dt} - M \dfrac{di_2}{dt}, u_2 = M \dfrac{di_1}{dt} + L_2 \dfrac{di_2}{dt};$

　　　$(b)u_1 = L_1 \dfrac{di_1}{dt} - M \dfrac{di_2}{dt}, u_2 = M \dfrac{di_1}{dt} - L_2 \dfrac{di_2}{dt};$

　　　$(c)u_1 = -L_1 \dfrac{di_1}{dt} - M \dfrac{di_2}{dt}, u_2 = -M \dfrac{di_1}{dt} - L_2 \dfrac{di_2}{dt};$

　　　$(d)u_1 = -L_1 \dfrac{di_1}{dt}, u_2 = M \dfrac{di_1}{dt}; (e)u_1 = L_1 \dfrac{di_1}{dt}, u_2 = -M \dfrac{di_1}{dt};$

　　　$(f)u_1 = L_1 \dfrac{di_1}{dt}, u_2 = M \dfrac{di_1}{dt}$

4-3　$u_{ab} = 19.6 e^{-t} \text{V}, u_{bd} = -0.6 e^{-t} \text{V}, u_{cd} = -0.5 e^{-t} \text{V}$

4-4　$(1)P = 99.97 \text{ W}, Q = 300 \text{ var};$

　　　$(2)P = 137.78 \text{ W}, Q = 344.47 \text{ var}$

4-5　$\dot{I}_1 = 0.98 \angle 11.3° \text{ A}, \dot{I}_2 = 1.96 \angle -168.7° \text{ A}, \dot{U}_2 = 5.88 \angle -78.7° \text{ V}$

4-6 $\dot{U}_{oc} = 30 \angle 0° \text{ V}, Z_{eq} = 2.5 + j7.5 \ \Omega$

4-7 (a)$Z = j3 \ \Omega$; (b)$Z = j11 \ \Omega$; (c)$Z = j2 \ \Omega$; (d)$Z = j2 \ \Omega$; (e)$Z = j2 \ \Omega$

4-8 1、2 端子为同名端,$M = 0.052\ 8 \text{ H}$

4-9 $\dot{U}_2 = 0.6 \angle 0° \text{ V}$

4-10 $n = 10$

4-11 $\dot{I}_A = 4.4 \angle -37° \text{ A}, \dot{I}_B = 4.4 \angle -157° \text{ A}, \dot{I}_C = 4.4 \angle 83° \text{ A}, P = 2\ 323.2 \text{ W}$

4-12 $\dot{I}_{A'B'} = 33.5 \angle -5° \text{A}, \dot{I}_A = 58.2 \angle -35° \text{ A}, \dot{U}_{A'B'} = 362.9 \angle -28.7° \text{ A}$

4-13 (1)4.588 A; (2)48.135 $\angle 36.87° \ \Omega$

4-14 星形连接:$I_L = 11 \text{ A}, P = 4\ 356 \text{ W}$;三角形连接:$I_L = 33 \text{ A}, P = 12\ 996 \text{ W}$

4-15 $\dot{I}_A = 131.7 \angle -53.13° \text{ A}, \dot{I}_B = 76 \angle 156.87° \text{ A}, \dot{I}_C = 76 \angle 96.87° \text{ A}$

第五章

5-1 (a)$Y = \begin{bmatrix} j\left(\omega C_1 - \dfrac{1}{\omega L}\right) & j\dfrac{1}{\omega L} \\ j\dfrac{1}{\omega L} & j\left(\omega C_2 - \dfrac{1}{\omega L}\right) \end{bmatrix}$; (b)$Y = \begin{bmatrix} \dfrac{1}{R_1} + \dfrac{1}{R_2} & -\dfrac{1}{R_2} \\ g_m - \dfrac{1}{R_2} & \dfrac{1}{R_2} \end{bmatrix}$

5-2 (a)$Z = \begin{bmatrix} R - j\dfrac{1}{\omega C} & -j\dfrac{1}{\omega C} \\ -j\dfrac{1}{\omega C} & j\left(\omega L - \dfrac{1}{\omega C}\right) \end{bmatrix}$; (b)$Z = \begin{bmatrix} R_2 + R_3 & R_3 \\ R_3(1 - g_m R_2) & R_2 + R_3(1 - g_m R_2) \end{bmatrix}$

5-3 (a)$Y = \begin{bmatrix} \dfrac{5}{9} & -\dfrac{4}{9} \\ -\dfrac{4}{9} & \dfrac{5}{9} \end{bmatrix} \text{S}, Z = \begin{bmatrix} 5 & 4 \\ 4 & 5 \end{bmatrix} \Omega$; (b)$Y = \begin{bmatrix} \dfrac{4}{7} & \dfrac{1}{7} \\ -\dfrac{3}{7} & \dfrac{1}{7} \end{bmatrix} \text{S}, Z = \begin{bmatrix} 1 & -1 \\ 3 & 4 \end{bmatrix} \Omega$

5-4 (a)$Y = \begin{bmatrix} \dfrac{1}{R} & -\dfrac{4}{R} \\ -\dfrac{1}{R} & \dfrac{4}{R} \end{bmatrix}$,$Z$ 参数不存在; (b)$Z = \begin{bmatrix} \dfrac{R}{1+R} & \dfrac{R}{1+R} \\ \dfrac{R}{1+R} & \dfrac{R}{1+R} \end{bmatrix}$,$Y$ 参数不存在

5-5 (a)$H = \begin{bmatrix} (1-j2)\Omega & -1 \\ 1 & -j \text{ S} \end{bmatrix}, T = \begin{bmatrix} 1+j & (-1+j2)\Omega \\ j \text{ S} & -1 \end{bmatrix}$;

(b)$H = \begin{bmatrix} -j2 \ \Omega & -1 \\ 1 & j \text{ S} \end{bmatrix}, T = \begin{bmatrix} -3 & j2 \ \Omega \\ -j \text{ S} & -1 \end{bmatrix}$

5-6 $H = \begin{bmatrix} 10 \ \Omega & 0.5 \\ 29.5 & 0.125 \text{ S} \end{bmatrix}$

5-7 $\quad H = \begin{bmatrix} -j2 & -1 \\ 1 & 0 \end{bmatrix}, T = \begin{bmatrix} -1 & j2\ \Omega \\ 0 & -1 \end{bmatrix}$

5-9 $\quad$ (a) $\begin{cases} \dot{U}_1 = \dfrac{L_1}{M}\dot{U}_2 + j\left(\dfrac{\omega L_1 L_2}{M} - \omega M\right)(-\dot{I}_2) \\[3mm] \dot{I}_1 = -j\dfrac{1}{\omega M}\dot{U}_2 + \dfrac{L_2}{M}(-\dot{I}_2) \end{cases}$; (b) $\begin{cases} \dot{U}_1 = n\dot{U}_2 \\[3mm] \dot{I}_1 = \dfrac{1}{n}(-\dot{I}_2) \end{cases}$

5-11 $\quad$ (a) $T = \begin{bmatrix} 1 & j\omega L \\ 0 & 1 \end{bmatrix}$; (b) $T = \begin{bmatrix} 1 & 0 \\ j\omega C & 1 \end{bmatrix}$;

$\quad$ (c) $T = \begin{bmatrix} -2 & j3\ \Omega \\ j\ S & 1 \end{bmatrix}$; (d) $T = \begin{bmatrix} 1 & -j3\ \Omega \\ -j\ S & -2 \end{bmatrix}$

5-12 $\quad T = \begin{bmatrix} 1\omega^2 R^2 C^2 + j3\omega RC & 2R + j\omega R^2 C \\ -\omega^2 RC^2 + j2\omega C & 1 + j\omega RC \end{bmatrix}$

5-13 $\quad Y = \begin{bmatrix} \dfrac{2}{3}\left(\dfrac{1}{R} + j\omega C\right) & -\dfrac{1}{3}\left(\dfrac{1}{R} + j\omega C\right) \\[4mm] -\dfrac{1}{3}\left(\dfrac{1}{R} + j\omega C\right) & \dfrac{2}{3}\left(\dfrac{1}{R} + j\omega C\right) \end{bmatrix}$

5-14 $\quad$ (1) $\dot{U}_2 = -1$ V; (2) $Z_{in} = 282\ \Omega$; (3) $Z_{th} = 11\ 800\ \Omega$; (4) $A_u = 323$; (5) $A_i = 90.9$

5-15 $\quad \dot{I}_1 = 0.04$ A, $\dot{I}_2 = 0.2$ A, $\dfrac{\dot{U}_2}{\dot{U}_1} = -2.5$

5-16 $\quad n = \dfrac{g_2}{g_1}$

5-17 $\quad$ (1) $A = 0, B = 20, C = \dfrac{1}{20}, D = 0$; (2) $Z_{in} = 0.4\ \Omega$; (3) $Z_{in} = 40\ \Omega$

第六章

6-1 $\quad$ (a)(1) $\dfrac{\dot{U}_0}{\dot{U}_S} = \dfrac{1}{1 + j40 \times 10^{-6}\omega}$; (2) $\omega_c = 25\ 000$ rad/s;

$\quad$ (3) $|H(j0.1\omega_c)| \approx 1$, $|H(j10\omega_c)| \approx 0.1$

$\quad$ (b)(1) $\dfrac{\dot{U}_0}{\dot{U}_S} = \dfrac{1}{1 + j\dfrac{25\ 000}{\omega}}$; (2) $\omega_c = 25\ 000$ rad/s;

$\quad$ (3) $|H(j0.1\omega_c)| \approx 0.1$, $|H(j10\omega_c)| \approx 1$

6-2 $\dfrac{\dot{U}_0}{\dot{U}_S} = \dfrac{1}{\left(1 + \dfrac{RR_L}{1 + \omega^2 R_L^2 C^2}\right) - j\dfrac{\omega R_L^2 RC}{1 + \omega^2 R_L^2 C^2}}$

6-3 （1）$\dfrac{\dot{U}_0}{\dot{U}_S} = \dfrac{1}{1 - j\dfrac{R}{\omega L}}$； （2）$R = 6.28\ \Omega$

6-4 （1）$H(j\omega)\dfrac{\dot{U}_0}{\dot{U}_S} = -\dfrac{R_2}{R_1} \dfrac{1}{\left(\dfrac{1}{A} + 1\right)(1 + j\omega R_2 C) + \dfrac{R_2}{AR_1}}$

6-5 （1）$\omega_0 = 5\ 000\ \text{rad/s}$；

　　（2）$I_0 = 0.1\ \text{A}, U_R = 0.5\ \text{V}, U_L = U_C = 200\ \text{V}$；

　　（3）$\rho = 2\ 000\ \Omega, Q = 400$；

　　（4）$\omega_{c1} = (-6.25 + 5 \times 10^3)\ \text{rad/s}, \omega_{c2} = (6.25 + 5 \times 10^3)\ \text{rad/s}$

　　　$BW = 12.5\ \text{rad/s}$

6-6 （a）$\omega_0 = \dfrac{1}{\sqrt{LC}}$时，电路相当于短路

　　（b）$\omega_0 = \dfrac{1}{\sqrt{LC}}$时，电路相当于开路

　　（c）$\omega_0 = \dfrac{1}{\sqrt{L_2 C_2}}$时，电路相当于短路；$\omega_0 = \sqrt{\dfrac{C_1 + C_2}{C_1 C_2 L_2}}$时，电路相当于开路

　　（d）$\omega_0 = \dfrac{1}{\sqrt{L_1 C_1}}$时，电路相当于短路；$\omega_0 = \sqrt{\dfrac{1}{(L_1 + L_2)C_1}}$时，电路相当于开路

6-7 $i = 0.58\ \sin(10^6 t - 76°)\ \text{A}, u_C = 12 + 105\ \sin(10^6 t - 166°)\ \text{V}$

6-8 $u_R = 20 + 0.41\ \sin(2\omega t + 83°)\ \text{V}$

　　$u_L = 200\ \sin \omega t + 54.8\ \sin(2\omega t - 7°)\ \text{V}$

6-9 $i = 0.5 + 12.4\ \sin(314t - 37°) + 0.79\ \sin(2 \times 314t - 56°) + 0.14\ \sin(3 \times 314t - 66°)\ \text{A}$

　　$I = 8.8\ \text{A}, P = 1\ 558\ \text{W}$

6-10 $i = 0.202\sqrt{2}\ \sin(314t - 25.81°) + 0.03\sqrt{2}\ \sin(3 \times 314t + 87.85°)\ \text{A}$

　　　$I = 0.204\ 2\ \text{A}, P = 40\ \text{W}$

第七章

7-1 （2）$u_C = -15e^{-0.4t} + 16\ \text{V}$； （3）$u_C = 5e^{-0.4t} - 4e^{-2t}\ \text{V}$

7-2 $i_L = 3e^{-10t}\ \text{A}, u_L = -15e^{-10t}\ \text{V}$

7-4 $\quad i_L(0_+) = \dfrac{u_s}{R_1+R_2+R_3}, u_C(0_+) = \dfrac{R_3}{R_1+R_2+R_3}u_s, i_L'(0_+)=0, u_C'(0_+)=\dfrac{R_2}{R_1C(R_1+R_2+R_3)}u_s$

7-5 $\quad i_1(0_+)=0.05 \text{ A}, i_L(0_+)=0.05 \text{ A}, u_C(0_+)=0$

$\qquad i_L'(0_+)=-500 \text{ A/s}, u_C'(0_+)=5\times10^4 \text{ V/s}$

7-6 $\quad i_L(0_+)=0.1 \text{ A}, u_C(0_+)=2 \text{ V}$

$\qquad i_L'(0_+)=0, u_C'(0_+)=-2\times10^5 \text{ V/s}$

7-7 $\quad i_L(0_+)=1 \text{ A}, u_C(0_+)=20 \text{ V}, i_{R1}(0_+)=2 \text{ A}, i_{R2}(0_+)=0.5 \text{ A}$

$\qquad i_L'(0_+)=100\ 000 \text{ A/s}, u_C'(0_+)=0$

7-8 $\quad$ (a)$u=20\varepsilon(t)-40\varepsilon(t-1)+20\varepsilon(t-2)\text{mV}$ （t 的单位为 ms）;

$\qquad$ (b)$i=10t[\varepsilon(t)-\varepsilon(t-1)]+(10t-10)[\varepsilon(t-1)-\varepsilon(t-2)] \text{ mA}$ （t 的单位为

$\qquad$ ms)

7-9 $\quad$ (a)$u_C(0_+)=10 \text{ V}$;(b)$u_C(0_+)=20 \text{ V}$

7-10 $\quad$ (a)$i_L(0_+)=\dfrac{100}{3} \text{ A}$;(b)$i_L(0_+)=200 \text{ A}$

7-11 $\quad u_C(t)=15\text{e}^{-2t} \text{ V}$ $(t\geqslant0_+)$, $i(t)=0.3\text{e}^{-2t} \text{ mA}$ $(t\geqslant0_+)$

7-12 $\quad i(0.5 \text{ ms})\approx0.736 \text{ A}, i(1 \text{ ms})\approx0.27 \text{ A}, i(1.5 \text{ ms})\approx0.1 \text{ A}, i(2 \text{ ms})\approx0.036\ 8 \text{ A}$

7-13 $\quad$ (a)$\tau=\dfrac{1}{6} \text{ s}$;(b)$\tau=12 \text{ μs}$

7-14 $\quad i_L=\begin{cases}3\text{e}^{-2t} \text{ A} & (0_+\leqslant t\leqslant0.5_- \text{ s}) \\ 3\text{e}^{-1}\text{e}^{-\frac{t-0.5}{2}} \text{ A} & (t\geqslant0.5_+ \text{ s})\end{cases}$ $\quad u=\begin{cases}-36\text{e}^{-2t} \text{ V} & (0_+\leqslant t\leqslant0.5_- \text{ s}) \\ -9\text{e}^{-1}\text{e}^{-\frac{t-0.5}{2}} \text{ V} & (t\geqslant0.5_+ \text{ s})\end{cases}$

7-15 $\quad u(t)=\left(2\dfrac{2}{3}+1\dfrac{1}{3}\text{e}^{-\frac{t}{0.12}}\right)\text{V}$ $(t\geqslant0_+)$, $i(t)=\dfrac{1}{15}\text{e}^{-\frac{t}{0.12}} \text{ mA}$ $(t\geqslant0_+)$

7-16 $\quad u_C(t)=-\dfrac{500}{9}(1-\text{e}^{-1\ 905t})\text{V}$ $(t\geqslant0_+)$, $i(t)=-26.5\text{e}^{-1\ 905t} \text{ mA}$ $(t\geqslant0_+)$

7-17 $\quad u_C(t)=4-4\text{e}^{-2.5t} \text{ V}$ $(t\geqslant0_+)$

7-18 $\quad$ (1)$R=200 \text{ Ω}, C=5 \text{ μF}$; (2)$R=200 \text{ Ω}, L=0.2 \text{ H}$

7-19 $\quad u_C(t)=2.5(1-\text{e}^{-2t})\varepsilon(t)+2.5[\text{e}^{-2(t-1)}-1]\varepsilon(t-1)\text{V}$

7-20 $\quad u_C(t)=40-200t-40\text{e}^{-10t} \text{ V}$ $(0\leqslant t\leqslant0.1 \text{ s})$

$\qquad u_C(t)=5.28\text{e}^{-10(t-0,1)} \text{ V}$ $(t\geqslant0.1 \text{ s})$

7-21 $\quad u_C(t)=1.5\text{e}^{-t}-1.5\text{e}^{-2t} \text{ V}$ $(t\geqslant0)$

7-22 $\quad i_1(t)=5-5\text{e}^{-0.25t} \text{ A}$ $(t\geqslant0)$

7-23 $u_C(t) = \begin{cases} 10(1 - e^{-10t}) \, \text{V} & (0_+ \leqslant t \leqslant 0.1_- \, \text{s}) \\ -10 + 10(2e - 1)e^{-10t} \, \text{V} & (0.1_+ \leqslant t \leqslant 0.2_- \, \text{s}) \\ 10(-1 + 2e - e^2)e^{-10t} \, \text{V} & (t \geqslant 0.2_+ \, \text{s}) \end{cases}$

或 $u_C(t) = 10(1 - e^{-10t})\varepsilon(t) - 20[1 - e^{-10(t-0.1)}]\varepsilon(t - 0.1) + 10[1 - e^{-10(t-0.2)}]$

$\varepsilon(t - 0.2) \, \text{V}$

$i_C(t) = \begin{cases} e^{-10t} \, \text{mA} & (0_+ \leqslant t \leqslant 0.1_- \, \text{s}) \\ (1 - 2e)e^{-10t} \, \text{mA} & (0.1_+ \leqslant t \leqslant 0.2_- \, \text{s}) \\ (1 - 2e + e^2)e^{-10t} \, \text{mA} & (t \geqslant 0.2_+ \, \text{s}) \end{cases}$

7-24 $u_C(t) = 20 + 80e^{-\frac{5}{6} \times 10^6 t} \, \text{V} \quad (t \geqslant 0_+), i(t) = 0.1 + 0.4e^{-\frac{5}{6} \times 10^6 t} \, \text{A} \quad (t \geqslant 0_+)$

7-25 $u_C(t) = -5 + 15e^{-10t} \, \text{V} \quad (t \geqslant 0_+), i(t) = 0.25 + 0.75e^{-10t} \, \text{mA} \quad (t \geqslant 0_+)$

7-26 $i_L(t) = 1.18 - e^{-5t} \, \text{A} \quad (t \geqslant 0_+), u_L(t) = 25e^{-5t} \, \text{V} \quad (t \geqslant 0_+)$

7-27 $u_0(t) = -2 + 1.4e^{-1.5t} \, \text{V} \quad (t \geqslant 0_+)$

7-28 $(1) R_1 = 3 \, \Omega, R_2 = 6 \, \Omega, C = 1 \, \text{F}; (2) u_C(t) = (8 - 7.5e^{-0.5t}) \, \text{V} \quad (t \geqslant 0_+)$

7-29 $(1) u_2(t) = -e^{-10^5 t} \, \text{V} \quad (t \geqslant 0_+); (2) i_1(t) = 2 - e^{-\frac{1}{9} \times 10^6 t} \, \text{A} \quad (t \geqslant 0_+)$

7-31 $u(t) = (6 - 0.6e^{-\frac{1}{1.5}t}) \, \text{V} \quad (t \geqslant 0_+), i(t) = 1 + 0.1e^{-\frac{1}{1.5}t} \, \text{A} \quad (t \geqslant 0_+)$

第八章

8-1 $u_C(t) = 700te^{-200t} + 7e^{-200t} + 3 \, \text{V} \quad (t \geqslant 0_+)$

$i_L(t) = -70te^{-200t} + 0.3 \, \text{A} \quad (t \geqslant 0_+)$

8-2 $u_C(t) = \frac{5}{2}e^{-6t}\cos(8t + 37°) \, \text{V} \quad (t \geqslant 0_+)$

$i_L(t) = \frac{25}{2}e^{-6t}\sin 8t + 3 \, \text{A} \quad (t \geqslant 0_+)$

8-3 $i_L = 3e^{-10t} \, \text{A}, u_L = -15e^{-10t} \, \text{V}$

8-4 $u_C(t) = 15e^{-2t} \, \text{V} \quad (t \geqslant 0_+), \quad i(t) = 0.3e^{-2t} \, \text{mA} \quad (t \geqslant 0_+)$

8-5 $i(0.5 \, \text{ms}) \approx 0.736 \, \text{A}, i(1 \, \text{ms}) \approx 0.27 \, \text{A}, i(1.5 \, \text{ms}) \approx 0.1 \, \text{A}, i(2 \, \text{ms}) \approx 0.036 \, 8 \, \text{A}$

8-6 $u_C(t) = -\frac{500}{9}(1 - e^{-1\,905t}) \, \text{V} \quad (t \geqslant 0), i(t) = -26.5e^{-1\,905t} \, \text{mA} \quad (t \geqslant 0_+)$

8-7 $u_C(t) = 2.5(1 - e^{-2t})\varepsilon(t) + 2.5[e^{-2(t-1)} - 1]\varepsilon(t - 1) \, \text{V}$

8-8 $u_C(t) = 1.5e^{-t} - 1.5e^{-2t} \, \text{V} \quad (t \geqslant 0)$

8-9 $i_1(t) = 5 - 5e^{-0.25t} \, \text{A} \quad (t \geqslant 0)$

索 引

参考书目

[1]江泽佳. 电路原理[M]. 3 版. 北京:高等教育出版社,1992.

[2]邱关源. 罗先觉修订电路[M]. 5 版. 北京:高等教育出版社,2006.

[3]李瀚荪. 电路分析基础[M]. 3 版. 北京:高等教育出版社,1993.

[4]周守昌. 电路原理[M]. 2 版. 北京:高等教育出版社,2004.

[5]江辑光. 电路原理[M]. 北京:清华大学出版社,1996.

[6]陈希有. 电路理论基础[M]. 3 版. 北京:高等教育出版社,2004.

[7]吴锡龙. 电路分析[M]. 北京:高等教育出版社,2004.

[8]胡翔俊. 电路分析[M]. 北京:高等教育出版社,2004.

[9]林争辉. 电路理论:第一卷[M]. 北京:高等教育出版社,1988.

[10]周长源. 电路理论基础[M]. 2 版. 北京:高等教育出版社,1986.

[11]Alexander C K, Sadiku M N O. Fundamentals of Elektric Circuits. [s. l.]:McGraw-Hill Inc. ,2000.

[12]Chua L O, Dsoer C A, Kuh E S. Linear and Nonlinear Circuits. [s. l.]:McGraw-Hill Inc. ,1987.

[13]邱关源. 现代电路理论[M]. 北京:高等教育出版社,2001.

[14]狄苏尔 C A,葛守仁. 电路基本理论[M]. 林争辉,译. 北京:高等教育出版社,1979.